陆地表层土壤水分微波遥感定量反演方法

孙亚勇　黄诗峰　崔倩　马建威　等 著

中国水利水电出版社
www.waterpub.com.cn
·北京·

内 容 提 要

本书是作者多年陆地表层土壤水分微波遥感定量反演工作的全面总结，其内容包括绪论、微波遥感反演土壤水分物理基础、土壤介电常数特性分析与介电常数模型的适用性评价、主动微波遥感土壤水分反演方法、被动微波遥感土壤水分反演方法、主被动微波遥感土壤水分协同反演方法等。本书内容丰富，理论先进，技术实用，对陆地表层土壤水分微波遥感定量反演相关工作具有较好的理论与实践指导意义。

本书可供从事陆地表层土壤水分微波遥感定量反演等方向的科研人员使用，也可供相关专业高校师生参考。

图书在版编目（CIP）数据

陆地表层土壤水分微波遥感定量反演方法 / 孙亚勇等著. -- 北京 : 中国水利水电出版社, 2023. 12.
ISBN 978-7-5226-1328-4

Ⅰ. S152.7

中国国家版本馆CIP数据核字第2024UK3096号

书　名	**陆地表层土壤水分微波遥感定量反演方法** LUDI BIAOCENG TURANG SHUIFEN WEIBO YAOGAN DINGLIANG FANYAN FANGFA
作　者	孙亚勇　黄诗峰　崔　倩　马建威　等 著
出版发行	中国水利水电出版社 （北京市海淀区玉渊潭南路1号D座　100038） 网址：www.waterpub.com.cn E-mail：sales@mwr.gov.cn 电话：（010）68545888（营销中心）
经　售	北京科水图书销售有限公司 电话：（010）68545874、63202643 全国各地新华书店和相关出版物销售网点
排　版	中国水利水电出版社微机排版中心
印　刷	北京中献拓方科技发展有限公司
规　格	184mm×260mm　16开本　10.75印张　262千字
版　次	2023年12月第1版　2023年12月第1次印刷
印　数	001—400册
定　价	**60.00元**

序

土壤水分是水循环的关键要素，受降水、灌溉、排水、下渗、径流、植被蒸散发等综合因素影响，具有显著的年际性、季节性和日变化特征。准确评估土壤水分的时空分布和变化对于回答水文学、气象学、生态学、土壤学和农学等领域的众多问题具有重要意义。近50年来，探索和研发大区域、高频次、高精度的土壤水分监测技术一直是国内外学者的研究热点。遥感作为一门对地观测综合性科学技术，自问世以来，对于人们认识和探索自然界的客观规律呈现出无法比拟的优势。尤其是20世纪60年代发展起来的微波遥感技术，通过接收被测目标微波（波长为1mm～1m）电磁辐射和散射能量探测目标物体特征信息的能力日益增强。不受天气和光照条件限制的微波遥感，具备全天候、全天时的监测优势，是实现大范围表层土壤水分连续监测的最有可能的技术手段。在土壤水分监测原理方面，微波遥感反演土壤水分含量具有坚实的物理基础，微波亮温和后向散射系数与土壤的介电特性（介电常数）息息相关，而土壤的介电常数又受土壤水分含量主导。经过近几十年的发展，微波遥感对土壤水分等地表参数的观测已从地面理论试验阶段、算法开发、星载验证阶段，走向大区域/全球的土壤水分的业务化监测阶段。

SMOS、SMAP、FY-3、ENVISAT/ASAR、Radarsat、Radarsat-2、Sentinel-1A、Sentinel-1B、GF-3、ASCAT等微波卫星的发射极大地促进了基于微波的表层土壤水分反演方法的发展，SMOS、ASCAT、SMAP卫星纷纷发布了全球的土壤水分监测产品，分辨率从25km到9km，使得微波遥感成为当前土壤水分反演领域中最重要的研究方向之一。我国FY-3号卫星也发布了全国的土壤水分监测产品，进一步推动微波遥感土壤水分反演在我国的发展。可以展望，未来的高精度的全球、区域土壤水分产品必将是由主被动微波遥感联合生产得到的！

《陆地表层土壤水分微波遥感定量反演方法》一书的作者是我的新、老同事，他们在土壤水分微波定量遥感反演领域已经进行了长时间的系统研究，并且在实用化方面做了大量工作。这本书从星载微波载荷最新发展和趋势出发，介绍了土壤水分微波遥感反演现状和发展趋势、微波遥感反演土壤水分物理基础、多种混合介电常数模型的模拟精度与适用性评价、基于水云模型和机器学习的合成孔径雷达土壤水分反演方法、基于SMOS被动微波数据的土壤水分反演、主被动微波遥感土壤水分协同反演方法。本书在多种情况下混合介电常数模型的适用性分析和基于主流微波传感器的土壤水分反演方法的研究取得了创新性成果，可以为微波遥感在水利行业的应用提供指导，进而促进微波遥感应用于水利行业的深度和广度，有较大的参考价值。

目前，该书作者正为基于微波遥感的土壤水分监测和旱情评估的业务化运行的实现而努力，里面的一些关键问题也正是他们要在实践中解决的。只有投入了实际应用，才能发现问题和进一步创新发展。期待微波遥感在土壤水分反演和旱情监测评估业务中发挥更大的作用，并推进水利信息化快速发展。

2023年9月

前言

土壤水分是地球水、能量循环过程的重要环节。在水循环中，土壤水分扮演着地表水和地下水联系的纽带，影响着水循环中地表径流、地下潜流、地表下渗和蒸散发。在能量循环中，土壤水分的水热过程使地表参数发生变化，引起地表能量的再分配，改变着地表和大气之间的感热、潜热和长波辐射通量。土壤水分也是水资源管理、农业管理、水旱灾害监测和气候变化监测的重要指标。准确评估土壤水分的时空分布，不仅对于地球系统的科学研究具有重要意义，而且对于水文过程模拟、农业估产、生态系统平衡、水旱灾害监测及气候预测等方面都具有重要的应用价值。

传统的站点土壤水分监测法包括烘干法、张力计法、中子法、频率反射仪法和时域反射仪法等。以此为基础，世界各国家构建的区域大型观测站网络，向决策和业务部门提供了一系列站点土壤水分监测数据，为保障粮食生产安全和人民生活稳定发挥着重要作用。但是，传统的站点土壤水分监测数据一直存在区域监测值不连续的问题，难以满足目前大范围、高空时空精度的土壤水分观测需求。

近些年来，快速发展的遥感技术为区域地表参量的连续观测提供了机遇，尤其基于遥感技术的表层土壤水分反演成为了学者们研究热点。与传统站点监测手段相比，遥感技术将观测的“点”信息拓展到更加符合客观世界的“面”信息，实现了空间区域的连续观测。尤其，微波遥感可以不受天气和光照条件限制，具备一定的穿透能力，可实现全天候、全天时表层土壤水分监测，成为了大区域陆地表层土壤水分连续监测的最有潜力手段。

本书在作者多年土壤水分微波遥感反演工作实践的基础上，从主动微波遥感、被动微波遥感、主被动微波遥感联合角度，针对目前主流的合成孔径雷达和被动微波辐射计数据，总结和提出了不同的土壤水分反演理论和方法，并介绍了相关应用验证实例。

全书包括6章内容。第1章绪论，介绍了土壤水分监测意义和总体情况，总结了星载微波载荷国内外发展和土壤水分微波遥感反演研究现状，由孙亚勇、黄诗峰、马建威和杨永民撰写；第2章微波遥感反演土壤水分物理基础，介绍了微波遥感基本理论、地表和土壤参数概念，总结了国内外典型的微波后向散射模型和辐射传输模型，由孙亚勇、马建威和崔倩撰写；第3章土壤介电常数特性分析与介电常数模型的适用性评价，介绍了土壤介电常数的特性，分析了不同因子对土壤介电常数的影响，总结了国内外典型的混合介电常数模型，评价了各混合介电常数模型的适用性，由孙亚勇、黄诗峰和臧文斌撰写；第4章主动微波遥感土壤水分反演方法，介绍了基于雷达数据的水云模型与机器学习的土壤水分反演方法，由马建威和孟德馨撰写；第5章被动微波遥感土壤水分反演方法，介绍了基于SMOS被动微波数据的植被光学厚度反演和土壤水分反演方法，由崔倩撰写；第6章主被动微波遥感土壤水分协同反演方法，介绍了基于Sentinel－1SAR和SMAP辐射计数据的主被动微波协同反演方法，由孙亚勇、陈胜和孙营伟撰写。全书由孙亚勇、黄诗峰统稿，李楠和胡梦成参加了部分插图绘制和文字修改工作。

本书的出版得到了“十三五”国家重点研发计划（2017YFC0405803）、高分辨率对地观测系统重大专项（08－Y30F02－9001－20/22）、国家自然科学基金（41701431）和中国水科院基本科研业务费项目（JZ0145B042020）的资助。

本书撰写过程中得到了中国水利水电科学研究院李纪人教授、辛景峰正高级工程师的大力支持和热忱指导，在此表示感谢。

本书撰写时间仓促，限于作者水平有限，不当之处恳请读者批评指正。

作者

2023年9月

目　录

第1章　绪　论

1.1　土壤水分监测概述

土壤水分作为土壤的重要组成部分，是保持在土壤孔隙中的水分，又称土壤湿度、土壤含水量。它是全球水循环的关键要素，受降水、灌溉、下渗、径流、蒸散发等综合因素影响，具有显著的年际性、季节性和日变化特征[1-2]。土壤水分也是科学研究领域的重要参数，准确评估土壤水分的时空分布和变化对于回答水文学、气象学、生态学、土壤学等领域的众多问题具有重要意义。开展土壤水分监测，在水文过程模拟、洪旱灾害监测、水资源管理及气候预测等方面具有重要的应用价值[3-6]。

目前，国内外学者研发了多种土壤水分获取方法。主流的站点监测法包括烘干法、张力计法、中子法、频率反射仪法（frequency domain reflectometry，FDR）、时域反射仪法（time domain reflector，TDR），并且以此为基础逐步形成区域观测网络，如美国农业部的土壤气候分析网络[7]、中国气象局的气象观测系统、中国水利部的土壤墒情观测站网及欧洲地区等其他部分国家的观测网络。这些大型观测站网提供了定期的土壤水分监测数据，但存在观测频次低（通常为10天）、空间不连续的短板，很难满足大范围、高空时空精度的土壤水分信息观测需求[8]。另外，国内外众多科研团队，以气象数据为驱动，采用水文模型或陆面过程模型，开展大区域土壤水分模拟、同化与预测研究，以此获取区域土壤水分含量，但与实测值对比存在较大的不确定性[9]。

近些年来，快速发展的遥感技术为区域地表参量的连续观测提供了机遇，尤其基于遥感技术的表层土壤水分反演成为了学者们研究热点[10]。与传统站点监测手段相比，遥感技术将观测的"点"信息拓展到更加符合客观世界的"面"信息，实现了区域土壤水分的空间连续观测。根据不同的遥感传感器类型，土壤水分遥感监测方法分为可见光-近红外遥感监测、热红外遥感监测、微波遥感监测。

可见光-近红外与热红外遥感通常称为光学遥感，其土壤水分监测特点主要为理论基础简单，算法研究成熟，能获取较高的空间分辨率信息。但是，可见光-近红外、热红外遥感，容易受天气和太阳光照条件限制，难以穿透云雨层，无法实现全天候的对地观测。微波遥感不受天气和光照条件限制，具备一定的穿透能力，可实现全天候、全天时表层土壤水分监测，被认为是大区域表层土壤水分连续监测的最有潜力手段。在土壤水分监测方面，微波遥感具有坚实的物理基础。土壤微波辐射率和后向散射系数直接取决于土壤介电特性（介电常数），土壤介电常数由土壤水分含量主导。其中，干土壤与湿土壤之间的介电常数实部变化范围为5～30[10]。从20世纪六七十年代，国内外学者已经开展微波遥感反演土壤水分研究。截至目前，土壤水分的微波遥感监测技术研究，大致经过了地面理论

试验、模型算法研究、模型测试星载验证和全球产品研发等发展阶段[10]。

1.2 星载微波载荷国内外发展现状

星载微波载荷从工作机理而言可分为4种：散射计、高度计、合成孔径雷达（synthetic aperture radar，SAR）等3种星载主动微波载荷，1种被动式微波载荷即星载微波辐射计。其中，星载主动微波载荷中的散射计、合成孔径雷达和辐射计常用于土壤水分的反演。自20世纪70年代以来，在星载微波载荷的推动下，土壤水分反演研究成为定量遥感中的热点和难点。

1.2.1 星载主动微波载荷

近几十年来，世界上多个国家发射了多种搭载散射计或SAR的卫星，见表1.1，已经涵盖了X（8.0～12.5 GHz）、C（4.0～8.0 GHz）、L（1.0～2.0 GHz）多个波段，部分SAR已经具有了全极化成像能力。目前应用较为广泛的卫星包括：德国的TerraSAR-X（X波段，全极化），欧空局的Sentinel-1（C波段，双极化），加拿大的Radarsat-2（C波段，全极化）和Radarsat Constellation Mission（3颗卫星组成星座，C波段，全极化），日本的ALOS-2（L波段，全极化），阿根廷的SAOCOM（L波段，全极化），中国的高分3号（GaoFen-3，GF-3）SAR卫星（C波段，全极化）。于2016年8月发射的高分3号SAR卫星是我国首颗分辨率达到1m的C波段SAR成像卫星，基于高分3号SAR卫星数据的土壤水反演研究也陆续得以开展这些星载SAR，尤其Radarsat-2、Sentinel-1，极大地推动了SAR反演土壤水分算法的研发。

表1.1　国内外主要星载SAR和散射计系统

状态	平　台	国家和地区	发射时间	频段	极化方式
已停止使用	ERS-1/ERS-2	欧洲	1991/1995	C	VV
	JERS-1	日本	1992	L	HH
	SIR-C/X-SAR（航天飞机）	美国	1994	L/C	VV/HH/HV/VH
				X	VV
	Radarsat-1	加拿大	1995	C	HH
	ENVISAT（ASAR）	欧洲	2002	C	单极化、双极化
	ALOS1	日本	2006	L	单极化、双极化、四极化
	MetOp-A（ASCAT）	欧洲	2007	C	VV
	HJ-IC	中国	2012	S	VV
	SMAP-SAR	美国	2014	L	四极化
正在使用中	SAR-Lupe（5颗卫星）	德国	2006—2008	X	—
	TerraSAR-X	德国	2007	X	单极化、双极化、四极化
	Radarsat-2	加拿大	2007	C	单极化、双极化、四极化

续表

状态	平　　台	国家和地区	发射时间	频段	极化方式
正在使用中	COSMO - SkyMed（4 颗卫星）	意大利	2007	X	单极化、双极化
	Teesar	以色列	2008	X	单极化
	RISAT - 2	印度	2009	X	双极化、四极化
	TanDEM - X	德国	2010	X	单极化、双极化、四极化
	RISAT - 1	印度	2012	C	单极化、双极化、四极化
	MetOp - B（ASCAT）	欧洲	2007	C	VV
	Seosar	西班牙	2013	X	单极化、双极化、四极化
	ALOS - 2	日本	2014	L	单极化、双极化、四极化
	Sentinel - 1（A/B 星）	欧洲	2014	C	双极化、四极化
	GF - 3（01/02/03 星）	中国	2016/2021/2022	C	单极化、双极化、四极化
	SAOCOM - 1（A/B 星）	阿根廷	2018/2020	L	—
	Radarsat Constellation Mission（RCM）	加拿大	2019	C	单极化、双极化、四极化
	第二代 COSMO - SkyMed CSG - 2（2 颗卫星）	意大利	2019	X	单极化、双极化、四极化
计划中	Biomass	欧空局	2025（计划）	P	四极化
	水资源卫星（散射计）	中国	2028（计划）	L	四极化

1.2.2 星载微波辐射计

星载微波辐射计经过技术的快速发展，已经具备多波段、极化成像能力（含 V、H、U 极化）。近几十年来，世界各国家发射了多种搭载微波辐射计的卫星，主要的星载微波辐射计卫星系统见表 1.2。目前应用较为广泛的微波辐射计卫星系统包括：美国 1987 年开始发射的 DMSP 系列 SSM/I 和 SSMS（至少 4 波段，V、H 双极化），美国 1998 年发射的 TRMM TMI9（5 波段，V、H 双极化），美国 2002 年发射的 ADEOS - Ⅱ AMSR 和与日本 2002 年联合发射的 Aqua AMSRE（6 波段，V、H 双极化）；欧空局 2010 年发射的 SMOS（L 波段，V、H、U 全极化）；日本 2012 年发射的 GCOM - Water1 AMSR2（7 波段，V、H 双极化）；美国最新研制且于 2014 年发射 SMAP（L 波段，主被动传感器结合，V、H、U 全极化）；中国分别于 2008 年、2010 年、2013 年和 2017 年发射的 FY - 3A/B/C/D MWRI（5 波段，V、H 双极化）等。这些星载微波辐射计，尤其是针对地表水分和海洋盐分监测的 L 波段 SMOS 卫星以及专用于土壤水分主被微波协同监测的 L 波段 SMAP 卫星的星载微波辐射计，极大地推动了被动微波土壤水分反演算法的发展和反演产品生产。

表 1.2　　国内外主要的星载微波辐射计卫星系统

状态	平　台	国家和地区	发射时间	极化方式	频段（中心频率 GHz）	全球覆盖重访周期/d	采样间隔/km	测绘带幅宽/km
已停止使用	SMM（Nimbus－7）	美国	1978	H、V	6.6（C）	1～3	148×95	780
					10.7（X）		—	
					18		—	
					21		—	
					37		27×18	
	TRMM－TMI	美国	1998		10.7（X）		59×36	878
					19.4		—	
					21.3		—	
					37		—	
					85.5		—	
	AMSR（ADEOS－Ⅱ）	美国	2002	H、V	6.9（C）	1～2	74×43	1445
					10.65（X）		51×30	
					18.7		27×16	
					23.8		31×18	
					36.5		14×8	
					89		6×4	
	AMSR－E（Aqua）	美国、日本	2002	H、V	6.925（C）	1～2	74×43	1445
					10.65（X）		51×30	
					18.7		27×16	
					23.8		31×18	
					36.5		14×8	
					89		6×4	
正在使用中	SSM/I（DMSP 系列）	美国	1987 年开始（首颗）	H、V	19.3	1～3	69×43	1700
				V	22.3		50×40	
				H、V	36.5		37×28	
				H、V	85.5		15×13	
	MWRI（FY－3A/B/C/D 系列）	中国	2008（首颗）	H、V	10.65（X）	2～3	85×51	1400
					18.7		50×30	
					23.8		45×27	
					36.5		30×18	
					89		15×9	
	SMOS	欧洲	2010	H、V、U（全极化）	1.41（L）	1～3	约 50	约 1000
	Aqurius	美国	2011	H、V、U（全极化）	1.42（L）	7	76×94	390
							84×120	
							96×156	

续表

状态	平 台	国家和地区	发射时间	极化方式	频段（中心频率 GHz）	全球覆盖重访周期/d	采样间隔/km	测绘带幅宽/km
正在使用中	GCOM-Water1/AMSR2	日本	2012	H、V	6.925/7.3（C）	1～2	62×35	1450
					10.65（X）		42×24	
					18.7		22×14	
					23.8		26×15	
					36.5		12×7	
					89		5×3	
	SMAP	美国	2014	H、V、U（全极化）	1.41（L）	1～3	36	1000
计划中	陆地水资源卫星	中国	2025（计划中）	H、V、U（全极化）	1.42（L）	1～4	18	1000

1.3 土壤水分微波遥感反演研究现状

微波遥感反演土壤水分的优势体现在两个方面：一是由于干土和水的介电常数差别显著，微波遥感获取的土壤介电常数对土壤水分敏感性极高；二是微波具有一定的穿透性，可以在云雨天气获取地表信息。目前，国内外学者在主被动微波土壤水分反演方面开展了大量研究。根据其数据源特点，微波遥感土壤水分反演可分为主动微波反演、被动微波反演、主被动微波协同反演。

1.3.1 基于主动微波遥感土壤水分反演

本节以 SAR 为主要研究对象，根据地表覆盖的不同，从裸土区和植被区角度，梳理分析主动微波遥感土壤水分反演的发展动态。

1.3.1.1 裸土区土壤水分反演

基于 SAR 的裸土区土壤水反演主要是利用获取的地表后向散射系数，并建立其与土壤水分之间的关系。依据常用的划分方法，裸土区 SAR 土壤水分反演主要包括经验法、理论模型法、半经验法。

1. 经验法

经验法多是通过建立研究区内实测后向散射系数与土壤水分的线性或非线性关系，实现特定区域土壤水分反演。如 Dobson et al. 1986 年建立了后向散射系数与土壤水分的线性关系，并指出线性关系斜率主要受地表粗糙度影响，而截距则受地表纹理结构影响[11]。Zribi et al. 2005 年提出了对多角度后向散射系数进行归一化的思路，降低了地表粗糙度对土壤水分与后向散射系数线性关系的影响[12]。Baghdadi et al. 2011 年利用干湿季的 Terra-SAR 数据，假定两个时期内土壤粗糙度不变，建立了后向散射系数变化值与土壤水分的线性关系[13]。一般来说，经验法能够很好地描述所在研究区中土壤水分与后向散射系数之间的关系。然而，经验关系的构建需要大量的土壤水分实测数据，且经验关系很难直接

应用到其他区域。此外，由于忽略了粗糙度及其变化的影响，经验法的反演精度仍有进一步提升的空间。

2. 理论模型法

自20世纪60年代以来，不同学者发展了多种微波散射与辐射模型，其中被广泛应用的有基尔霍夫模型、物理光学模型、几何光学模型、小扰动模型等。这些模型分别适用于不同的粗糙度地表，而它们之间没有平稳的过渡[14]。Fung et al. 1992年基于微波辐射传输方程提出了积分方程模型IEM (integrated equation model)[15]。在此基础上，不同学者不断对IEM模型进行完善，发展了高级积分方程模型AIEM (advanced iEM)[16-20]。最新的AIEM具备完整刻画从较光滑表面到粗糙表面散射特征的能力，能够模拟包括更宽范围的介电常数、粗糙度和频率等参数条件下的地表后向散射特征，是目前裸土区中应用最为广泛的微波后向散射理论模型。考虑到理论模型参数众多，应用理论模型进行裸土区土壤水分反演时，查找表法和最小化代价函数法是求解复杂的理论模型而获取土壤水分的常用手段。Rahman et al. 2007年利用旱季的雷达影像得到表面相关长度，然后基于AIEM模型和查找表法反演了土壤水分[21]。Wang et al. 2011年和Van der Velde et al. 2012年分别利用多角度雷达数据计算粗糙度，然后基于AIEM模型，通过最小化代价函数反演了土壤水分[22-23]。最近，Mirsoleimani et al. 2019年和Ezzahar et al. 2020年基于最优相关长度和AIEM模型，实现了裸土土壤水分的高精度反演[24-25]。虽然理论模型包含了众多输入参数，但部分参数可根据经验设定，从而实现构建了一种在无法通过观测获得足够辅助参数的条件下估算土壤水分的有效途径。然而，由于地表的复杂性，已有部分学者指出AIEM的模拟与实测之间存在着较大差别并提出了解决方案[13]。

3. 半经验法

相对过于简单的经验法和过于复杂的理论模型法，半经验法由于其具有一定的物理机制，又与实际情况密切相关而被广泛应用于土壤水分反演。其中较为常用的包括Dubois模型、Oh模型和Shi模型。Dubois et al. 1995年和Oh et al. 1992年分别根据不同波段、不同极化下的实测雷达后向散射建立了后向散射模型，将这些后向散射模型进行联立，便可求解得到土壤水分[26-27]。需要指出的是，Oh模型中模型参数是直接的土壤水分，而Dubois模型中则是土壤介电常数，需进一步结合介电常数模型和土壤质地信息得到土壤水分。在无实测数据支持下，Oh模型可利用全极化SAR数据实现土壤水分和粗糙度参数的同时反演，而Dubois模型仅利用VV和HH同极化SAR数据即可反演土壤水分。总的来说，Dubois模型和Oh模型都能取得较好的土壤水分反演结果[28-30]。然而，由于实测数据的不足，这些模型通常只适用于特定范围，而在超出模型适用范围的地区往往造成很大的反演误差。考虑到这两个模型各自的优缺点，Capodici et al. 于2013年将二者进行耦合，提出了一种新的SEC (semi - empirical coupled) 模型，并成功反演了土壤水分[31]。与Dubois模型和Oh模型不同的是，Shi模型的构建源自理论模型模拟数据。Shi et al. 1997年基于IEM模型建立了L波段不同极化组合后向散射系数与介电常数以及地表粗糙度功率谱之间的半经验模型，从而克服了对实测数据的依赖，具有一定的普适性[32]。然而，Shi模型仅探讨了L波段下同极化的后向散射特征，而未涉及其他波段。总的来说，尽管半经验模型适用范围有限，但其为缺乏实测数据条件下进行土壤水分反演提供了一种有效

的解决方案。

1.3.1.2 植被区土壤水分反演

在植被区，植被的介电常数和形态结构对微波信号影响很大，使得土壤水分反演更加困难。不同波段的 SAR 对植被的穿透力不同，随着波长越长，其穿透力越强。总的来说，X 波段穿透力最弱，而 P 波段穿透力最强，但尚未有可公开获取的星载 P 波段 SAR 数据，故当前大多数研究多采用 C 或者 L 波段雷达数据开展植被区土壤水分反演。植被区 SAR 土壤水分反演主要包括理论模型法、变化检测法和机器学习法。

1. 理论模型法

当前应用最为广泛的植被后向散射模型包括水云模型和 MIMICS 模型。Attema Ulaby 1978 年将植被后向散射分为冠层直接后向散射和经双层衰减的地表后向散射，提出了针对低矮农作物水云模型。其中，植被对后向散射系数的影响主要通过植被含水量来描述。水云模型以其简洁的表达式和灵活的植被类型参数化方案被广泛地使用，是目前应用最为广泛和成功的植被后向散射模型[36]。模型中的植被含水量参数，可由可见光/近红外数据获取的植被指数来进行估算[33-35]。由于水云模型中的系数随植被类型变化，Bindlish et al. 2001 年对水云模型中的参数利用实测数据进行了率定，并提供了小麦等地表覆盖下的水云模型参数[37]。最近，Bousbih et al. 2018 年基于水云模型，利用高时空分辨率的 Sentinel－1 和 Sentinel－2 数据反演了土壤水分并据此进行了灌溉面积制图[38]。Zribi 2019 年基于水云模型和 L 波段的 ALOS－2 数据，实现了热带浓密农作物区的土壤水分反演[39]。

与针对低矮农作物的水云模型的相比，MIMICS 模型关注的是高大森林。Ulaby et al. 1990 年将植被覆盖地表分为三部分：冠层、茎叶层和下垫面，总的散射则被分为了五个部分[40]。在 MIMICS 模型中，植被对后向散射的影响更加复杂，植被的茎秆、枝干、叶片的大小及含水量以及叶片叶倾角分布等诸多因素都影响着雷达的后向散射。以 MIMICS 模型的最新的版本（V1.5）为例，其模型参数达到了 32 个。因此，大量研究聚焦在 MIMICS 模型的简化以及基于 MIMICS 模型模拟数据构建半经验模型，进而更方便地反演土壤水分[41-44]。

2. 变化检测法

由于雷达后向散射对地表粗糙度较为敏感，粗糙度的不确定性制约着土壤水分反演精度的提升。假设粗糙度在一段时间内不变，那么影响后向散射系数变化的因素可以简化为土壤水分[45]，这便是变化检测法土壤水分反演的原理。利用变化检测法，欧洲气象卫星应用组织 EUMETSAT（European organization for the exploitation of meteorological satellites）基于 ASCAT 数据，生产了全球每天 25 km 分辨率的土壤水分指数产品。Bauer－Marschallinger et al. 2019 年基于角度归一化的 Sentinel－1 SAR 数据，生产了欧洲每天 1km 分辨率的土壤水分指数产品。变化检测法原理简单，但是应用该方法需要大量具有同样观测几何的雷达数据，一定程度上降低了其实用性[46]。另外，变化检测法中粗糙度不变是建立在理想状况基础之上的假设。事实上，耕作、侵蚀、干旱等均能改变地表粗糙度，从而影响土壤水分反演结果。需要指出的是，变化检测法反演的是土壤水分指数，类似土壤的相对湿度，而非绝对的土壤体积含水量。一般来说，土壤水分指数到土壤体积含

水量的转换需要土壤质地等地面辅助信息。

3. *机器学习法*

由于电磁波与地表相互作用的复杂性，雷达后向散射系数除了受到土壤介电常数的影响外，还受到地表粗糙度、植被相关参数的影响。基于雷达反演土壤水在本质上属于“病态反演”问题，雷达后向散射系数和土壤水分之间的非线性关系必然存在着不确定性。与被动微波土壤水分反演的机器学习法类似的是，人工神经网络方法属于机器学习的一种，因强大的非线性模拟能力，常被用于SAR土壤水分反演。人工神经网络经过恰当的样本训练，尤其适合近实时土壤水分的业务化反演。Paloscia et al. 对比了基于前向模型的迭代优化、基于贝叶斯理论的统计和人工神经网络的土壤水雷达遥感反演算法，结果表明基于人工神经网络的土壤水反演精度与基于前向模型的迭代优化法大致相当[47]，但耗时较少，运算更高效。El Hajj et al. 利用人工神经网络，基于Sentinel－1和Sentinel－2数据实现了高时空分辨率的土壤水分反演[48]。El Hajj et al. 对比了基于人工神经网络的C波段Seninel－1数据和L波段的ALOS－2反演土壤水分的精度[49]。总的来说，人工神经网络能够高效地实现大范围的土壤水分反演，但反演精度受到人工神经网络训练效能的制约，训练样本的选择对于土壤水反演是一个至关重要的因素。

在植被区，SAR的后向散射机制复杂，除了SAR的极化方式、波段、入射角及地表的地形、粗糙度和土壤水分的影响外，还受植被几何结构、形态、朝向、植被含水量的影响。基于SAR数据的植被区土壤水分含量的高精度反演仍是一个难点，亟须国内外研究人员进一步深入研究。

1.3.2 基于被动微波遥感土壤水分反演

根据国内外开展的相关研究，被动微波土壤水分反演方法主要分为统计方法、物理方法和机器学习法。

1.3.2.1 统计方法

统计方法也称为回归方法，是对一系列观测数据进行统计分析，建立土壤水分与微波观测亮温之间的经验关系。其优点在于方法简单易用，实际操作性强，但其缺乏物理基础，难以很好地解释地表发射机理。因此，这类方法具有区域依赖性，普适性低。在裸土表面，统计方法就是建立比辐射率 ε_s 与土壤水分 θ 的回归关系：

$$\varepsilon_s=\alpha_0-\alpha_1\theta \tag{1.1}$$

式中：α_0 和 α_1 为系数，通常需要大量的地表实测数据来进行率定。

在实际应用中，ε_s 也可以用被动微波星上亮温与地表温度的比值进行近似。

在微波比辐射率的基础上，一些学者也利用微波辐射计观测的亮温，构建不同形式的微波指数，并建立微波指数与土壤水分之间的联系，最终实现对土壤水分时空变化的描述。研究表明，当传感器观测角超过30°时，裸露地表存在很大的极化差异，且极化差异随着土壤水分的增加而变大。因此，微波极化差值PD（polarization difference）和微波极化差异指数MPDI（microwave polarization difference index）也通常被用来表征裸露地表的土壤水分变化[50]。

针对地表有植被覆盖的情形，在经验方法中，通常需要针对不同地表类型分别建立被

动微波星上亮温与土壤水分的回归关系。其中，回归关系的斜率和截距通常表示为地表类型的函数，可以用辅助数据求得。Theis et al. 最早用植被指数描述了植被对不同地表类型被动微波亮温与土壤水分回归关系的影响[51]。Paloscia et al. 针对不同植被覆盖情况，建立了适用于不同植被覆盖条件的土壤水分与微波极化差异指数关系模型，实现了对土壤水分的估算[52]。除此之外，学者们还提出了其他指数来表征土壤水分。这些常用的指数主要包括前期降水指数 API（antecedented precipitation index）和地表湿度指数 SWI（surface wetness index）等[53-55]。

1.3.2.2　物理方法

基于被动微波的物理反演即利用被动微波辐射传输模型，建立传感器观测亮温与土壤水分、地表温度等参数之间的非线性方程组，最终求解土壤水分[56]。这类方法具有明确的物理基础，算法本身通常较为复杂，涉及较多参数（如表面粗糙度、植被光学厚度等）。根据可反演参数数量划分，可以将被动微波土壤水分物理反演方法分为单参数反演法和多参数反演法。

1. 单参数反演方法

第一代被动微波土壤水分反演算法均基于单频率双极化的传感器，只反演土壤水分一个未知数[57]。该类方法基于被动微波辐射传输方程，已知地表温度、植被光学厚度和地表粗糙度，利用最小二乘法求解土壤水分。辐射传输方程中地表温度一般借助于热红外遥感或者被动微波高频通道获取[58-59]。此外，植被对土壤水分反演的影响通常利用光学遥感中的植被指数来进行估算。地表粗糙度则一般用均方根高度来表示，在大尺度研究中可以设定为常数[60]。总的来说，单参数反演方法需要利用可见光/近红外与热红外遥感估算的地表参数作为已知量，因此通常也称为被动微波与可见光/近红外以及红外遥感协同反演方法。

2. 多参数反演方法

相比于早期的单频率双极化被动微波传感器，多频率多极化传感器的发展为多个地表参数同时反演提供了可能。多参数反演方法利用多通道的微波观测数据同步反演多个地表参数。其中，最为常见的情形是同步反演土壤水分与植被光学厚度[58-63]。这类方法不再依赖通过可见光/近红外植被指数估算的植被光学厚度作为输入，一定程度上避免了误差的传递，有利于反演精度的提高。同时，相比于单通道算法，观测通道的增加能够有效降低反演的不确定性。Njoku 和 Li.（1999）曾尝试同时反演土壤水分、植被光学厚度和地表温度，以进一步削弱被动微波土壤水分反演对地表温度的依赖[64]。近年来，一些学者尝试了土壤水分、植被光学厚度、地表粗糙度和植被单次散射反照率的同时反演，并取得了较理想的成果[65-68]。值得注意的是，不同频率的被动微波通道大气效应也不同，因此多通道同步反演地表参数需要考虑大气的影响。此外，不同频率的被动微波信号的穿透性能不同，因此，同步反演的地表参数的物理意义仍有待深入研究。

1.3.2.3　机器学习法

随着人工智能的快速兴起和发展，机器学习方法也被广泛应用于土壤水分微波遥感反演中[69-70]。人工神经网络是一种自组织性的机器学习法，它具有很强的非线性模拟能力，从理论上可以无限逼近任意复杂的非线性关系，非常适合解决土壤水分与微波亮温之间的

非线性问题。人工神经网络的实现通常借助于正向模型生成大量的地表参数——微波亮温数据集，然后利用该网络进行学习训练，在此基础上开展土壤水分以及其他参数的反演。由于神经网络的训练过程无须理解任何参数与被动微波亮温之间的物理关系，因此其实现过程非常简单，计算效率也很高。然而，反演成功与否在很大程度上受到训练样本及其分布的影响。

当前，国内外学者提出的一系列反演方法，部分取得了较好的结果（L 波段，ubRMSE 不大于 $0.04m^3/m^3$）。相比 SAR，被动微波遥感能够较容易实现大范围区域土壤水分的高精度反演。但是，植被区被动微波遥感土壤水分反演仍然受到极化方式、波段、入射角及地表的地形、粗糙度和植被冠层含水量等多重因素影响。

1.3.3　基于主被动微波遥感协同土壤水分反演

一般来说，主动微波遥感数据空间分辨率高、重访期长、处理复杂，而被动微波数据空间分辨率低，重访周期短、处理简单。为了最大化利用主被动微波的优势，开展基于主被动微波微波协同的土壤水分反演成为了研究热点之一。

在主被动微波微波协同的土壤水分物理反演方法中，主动微波后向散射系数与被动微波的亮度温度同为两个输入参量，共同作用于土壤水分反演。O'Neill et al. 1996 年和 Chauhan 1997 年分别独立推导了离散植被散射模型和裸土 Bragg 散射模型算法，构建了基于主动微波的作物冠层透过率和单次散射反照率与地表粗糙度的估算算法，并结合被动微波一阶辐射传输模型[71-72]，实现了基于 L 波段 PLMR 被动微波亮度温数据和 L/C 波段 AirSAR 雷达数据的作物区土壤水分反演，为后续主被动微波数据协同反演土壤水分奠定了理论基础。随后，Lee et al. 2004 年分别基于 TRMM 卫星被动微波成像仪 10.7GHz 亮度温度与 TRMM 卫星测雨雷达后向散射强度数据，通过耦合主动微波的水云模型与被动微波的一阶微波辐射传输模型（$\tau-\omega$ 模型），建立了针对主动微波后向散射系数和被动微波亮度温度模拟的前向模型，利用迭代算法同时反演了土壤水分和叶面积指数[73]。该方法利用后向散射系数与亮度温度作为输入参数，增加了模型参数信息量，提升了迭代过程中反演算法收敛性，但是未充分考虑主被动微波遥感数据空间分辨率的尺度差异。在假设植被对微波后散射与辐射影响较小的前提下，武胜利 2006 年采用类似 Lee 的算法思路，在利用 TRMM 卫星被动微波数据反演青藏高原地区低分辨率土壤水分基础上，结合主动微波的几何光学模型估算了地表均方根斜度，再利用地表均方根斜度与主动微波后向散射系数反演高空间分辨率土壤水分[74]。虽然该方法初步实现了主被动微波数据的优势融合，但其植被影响较小的假设条件不适宜中高密度植被区。李芹 2011 年基于 AIEM 模拟数据，探索了利用主动微波双极化后向散射数据估算地表粗糙度以及基于被动微波辐射模型估算植被透过率的可行性，提出了基于 Quick-sat/Seawinds 与 AMSR－E 主被动协同的土壤水分反演方法[75]。该方法需要同时满足植被对主动微波后向散射的贡献远小于土壤项的贡献的要求和被动微波同频率的双极化植被透过率相同的假设。

有学者陆续研究了雷达后向散射系数与微波发射率的关系，为基于主被动微波协同反演土壤水分提供了新的思路[76-77]。在土壤水分反演过程中，以被动微波遥感为主而主动微

波遥感为辅，充分利用被动微波土壤水分高精度反演的优势和主动微波高空间分辨率的特性，弥补被动微波遥感的空间分辨率太低的缺点，实现高空间分辨率、高精度的土壤水分反演。该方法主要通过主动微波数据实现被动微波的降尺度，又称为被动微波降尺度算法[78]。

第 2 章　微波遥感反演土壤水分物理基础

微波遥感分主动微波遥感和被动微波遥感，两者既有区别又有内在联系。主动微波遥感通过传感器接收由传感器主动发射且经地表散射的微波频段电磁波能量，一般以后向散射系数等形式表征地表后向散射能量强度。被动微波遥感通过传感器接收地表自身热辐射能，以亮度温度（brightness temperature，T_B）的形式记录微波频段热辐射能量强度。本章介绍主被动遥感反演的相关物理理论、地表参数概念以及裸土区微波辐射模型和植被区微波辐射模型。

2.1　微波遥感基本理论

微波主要指 0.1～100cm 波长的电磁波[79]，其中 1～100cm 之间的电磁波，几乎不受大气影响，透过率几乎为 100%[80]。微波遥感系统常用频段见表 2.1。

表 2.1　微波遥感系统常用频段

频段代码	波长/cm	频率/GHz	频段代码	波长/cm	频率/GHz
P	30.0～100.0	0.3～1.0	K	1.18～1.67	18.0～26.5
L	15.0～30.0	1.0～2.0	Ka	0.75～1.18	26.5～40.0
S	7.5～15.0	2.0～4.0	U	0.5～0.75	40.0～60.0
C	3.75～7.5	4.0～8.0	V	0.375～0.5	60.0～80.0
X	2.5～3.75	8.0～12.5	W	0.3～0.375	80.0～100.0
Ku	1.67～2.5	12.5～18.0			

以上频段，适宜土壤水分监测的主要有 P、L、S、C、X，尤其针对 L、C 波段的应用最多。

极化是指电磁场中电场场强的振动方向。以地表水平面为准时，电磁波的电场场强方向与由水平方向和入射方向所构成的平面垂直，称为垂直极化（vertical polarization，V）；而与地面平行，称为水平极化（horizontal polarization，H）。一般任一极化的电场波可分解为水平极化部分和垂直极化部分。由于微波遥感传感器天线设计的特点，微波传感器发射垂直极化微波或者水平极化微波，接收微波的垂直极化部分或者水平极化部分（图 2.1）。因此，

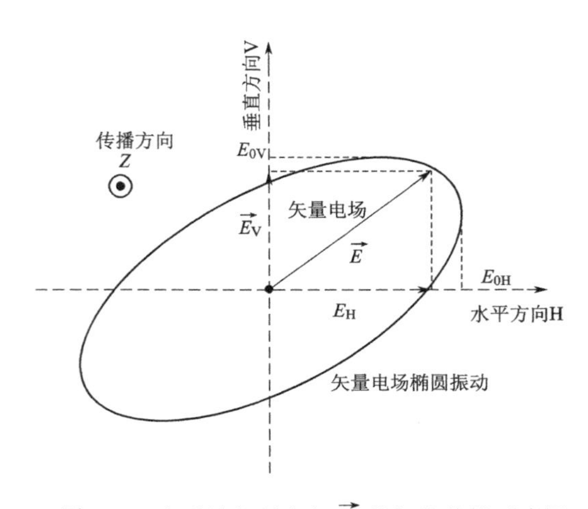

图 2.1　电磁波矢量电场 $\vec{E}$ 的极化特性示意图

一般辐射计接收的地表微波辐射信息对应于V、H两种极化数据，雷达接收的地表微波散射信息对应于水平-水平（HH）、水平-垂直（HV）、垂直-垂直（VV）、垂直-水平（VH）四种极化部分。

2.1.1 辐射亮温与发射率

被动微波遥感传感器（辐射计）以亮度温度的形式记录着地表辐射微波段电磁波能量强度，用来研究地表物体的物理特性。黑体作为理性的电磁波发射体，其辐射的电磁波谱对于研究现实中物体的辐射规律具有根本性意义。根据普朗克（Planck）辐射定律，黑体在所有方向上均一辐射，辐射的电磁波亮度为[79]：

$$B(f,T)=\frac{2hf^3}{c^2(e^{hf/kT}-1)} \tag{2.1}$$

式中：h 为普朗克常数，J·s；f 为电磁波频率，Hz；k 为玻尔兹曼常数，J/K；c 为电磁波速度，m/s；T 为黑体物理绝对温度，K。

相对微波频率，$hf/kT \ll 1$，满足瑞利-金斯（Rayleigh - Jeans）定律，则辐射的微波亮度由式（2.1）简化为

$$B(f,T)=\frac{2kT}{\lambda^2} \tag{2.2}$$

式中：λ 为电磁波波长，m。

根据辐射理论，入射到现实世界物体表面的电磁波能量，一部分被物体吸收，一部分被物体反射；只有黑体才对入射到表面的电磁波全吸收。其中，吸收的电磁波能量与入射的总能量之比称为吸收率。根据基尔霍夫定律，任一现实世界中物体辐射的电磁波亮度与其对电磁波的吸收率之比等于同一温度下的黑体辐射的电磁波亮度。现实世界中物体的辐射亮度具有方向性，为了理解需要，θ 表示入射角，φ 表示方位角，将现实世界中物体辐射的亮度表示成 $B_{实}(f,T,\theta,\varphi)$，黑体的辐射亮度表示成 $B_{黑}(f,T)$。如果现实世界物体在物理温度为 T 时辐射的亮度为 $B_{实}$（f，T，θ，φ），则与其亮度相等的黑体辐射亮度 $B(f,T_B)$ 所对应的温度 T_B 称为该物体在（θ,φ）方向上的亮度温度 $T_B(\theta,\varphi)$。

物体的发射率是指物体在某一方向上的辐射亮度与相同物理温度 T 下黑体辐射亮度的比值，其表示为[79]

$$e(\theta,\varphi)=\frac{B_{实}(f,T,\theta,\varphi)}{B_{黑}(f,T)}\approx\frac{T_B(\theta,\varphi)}{T} \tag{2.3}$$

由于现实世界中的物体辐射的亮度小于相同物理温度下黑体辐射的亮度，通常 $0<e(\theta,\varphi)<1$。另外，微波传感器接收到的微波属于一个频段 Δf，所对应的辐射亮度应是相应频率辐射亮度在 Δf 区间的积分。

在被动遥感中，亮度温度是由地物的发射率决定，地物发射率又与地物的参数密切相关，因此发射率是被动微波中更为关注的关键变量。事实上，在地表参数反演中，被动微波遥感首先将亮度温度转化为发射率，然后构建发射率与地表参数的关系，以此进行地表参数的反演。

2.1.2 后向散射系数与发射率

与被动微波传感器不同，主动微波传感器——雷达主要记录地物对雷达系统所发射微

波的散射特征信息。在分布式目标中一般用归一化的散射截面，即散射系数 σ^0，来替代雷达散射截面，用于描述与目标物特性相关的微波散射特征[81]。散射系数作为无量纲参数，依赖于频率、极化方式和散射波的入射方向、散射方向，其表示如下：

$$\sigma_{pq}^{0}=\frac{\sigma}{A}=\frac{4\pi R^{2}}{A}\frac{|\overline{E}_{q}^{s}(\theta,\varphi)|^{2}}{|\overline{E}_{p}^{i}(\theta_{s},\varphi_{s})|^{2}} \tag{2.4}$$

式中：θ、φ 分别为入射方向的入射角和入射方位角；θ_s，φ_s 分别为散射方向的散射角和散射方位角；p、q 均为极化方式，水平极化取 H，垂直极化取 V；$\overline{E}_p^i(\theta,\varphi)$ 为 (θ,φ) 方向上 p 极化入射电场强度；$\overline{E}_q^s(\theta_s,\varphi_s)$ 为 (θ_s,φ_s) 方向上 q 极化散射电场强度；A 为目标的面积；R 为散射电场球面半径。

式（2.4）计算所得的散射系数为 linear 形式，但由于散射系数值很小，为了计算简便，散射系数还以无量纲的分贝（decibel，dB）形式表示。散射系数的 dB 形式与 linear 形式转换公式如下：

$$\sigma_{\mathrm{dB}}^{0}=10\log_{10}\sigma^{0} \tag{2.5}$$

其中，后向散射系数是描述在入射方向逆向上流密度散射的电磁波能与入射电磁波能流密度平衡关系的参数，属于散射系数的一个特例。根据微波发射和接收的极化方式，雷达的后向散射系数（散射系数）主要包括：水平-水平极化后向散射系数 σ_{HH}^0、垂直-水平极化后向散射系数 σ_{VH}^0、垂直-垂直极化后向散射系数 σ_{VV}^0、垂直-水平极化后向散射系数 σ_{VH}^0。

事实上，无论被动微波遥感的发射率还是主动微波遥感的后向散射系数，在地表参数的定量反演中，两者都具有紧密的内在联系。根据基尔霍夫定律和能量守恒定律，物体电磁波的发射率与地表反射率之和为 1，则微波的发射率 $e_p(\theta,\varphi)$ 与反射率 $r_p(\theta,\varphi)$ 的关系为：

$$e_{p}(\theta,\varphi)=1-r_{p}(\theta,\varphi) \tag{2.6}$$

式中：p 为微波的极化方式，为水平极化 H 或者垂直极化 V。

由式（2.4）可知，雷达散射系数本是描述散射能流密度与入射能流密度的关系。根据电磁波反射定律及互易原理，粗糙地表微波反射率可以通过主动微波的散射系数在散射方向的上半球空间积分计算获得，公式如下[79]：

$$r_{p}(\theta,\varphi)=\frac{1}{4\pi\cos\theta}\int_{0}^{2\pi}\int_{0}^{\frac{\pi}{2}}[\sigma_{pp}^{0}(\theta_{s},\varphi_{s},\theta,\varphi)+\sigma_{qp}^{0}(\theta_{s},\varphi_{s},\theta,\varphi)]\sin\theta_{s}\mathrm{d}\theta_{s}\mathrm{d}\varphi_{s} \tag{2.7}$$

式中：p、q 均为极化方式，水平极化取 H，垂直极化取 V；pp 为同极化；qp 为交叉极化；$\sigma_{pp}^0(\theta_s,\varphi_s,\theta,\varphi)$、$\sigma_{qp}^0(\theta_s,\varphi_s,\theta,\varphi)$ 为 (θ,φ) 方向上 p 极化入射微波在 (θ_s,φ_s) 方向上散射后，散射波分别在 p、q 两极化方向上所对应的后向散射系数。

式（2.6）和式（2.7）联立，可得到微波的发射率与散射系数之间的关系，具体为

$$e(\theta,\varphi)=1-\frac{1}{4\pi\cos\theta}\int_{0}^{2\pi}\int_{0}^{\frac{\pi}{2}}[\sigma_{pp}^{0}(\theta_{s},\varphi_{s},\theta,\varphi)+\sigma_{qp}^{0}(\theta_{s},\varphi_{s},\theta,\varphi)]\sin\theta_{s}\mathrm{d}\theta_{s}\mathrm{d}\theta_{s}\mathrm{d}\varphi_{s} \tag{2.8}$$

以上被动微波发射率与主动微波散射系数的关系，是主被动微波内在联系的物理基础。

2.1.3 散射矩阵和相干矩阵

电磁波是具有不同极化特性的矢量波。如前文所述，式（2.4）表示的后向散射系数描述了电磁场能流密度对于极化方式的依赖关系，但并没有直接利用电磁波的不同极化的矢量特性。散射矩阵作为描述散射过程中地物的散射特征的另一种形式，包含了散射强度和散射相位信息，表征了完整的电磁波散射信息[81]。地物的散射过程表达式如下：

$$E_s=\frac{e^{-ik_cR}}{R}[S]E_i \tag{2.9}$$

式中：[S] 称为 Sinclair 矩阵，即散射矩阵。

散射矩阵为 2×2 的矩阵形式，包含 4 个矩阵元素，具体表示如下：

$$[S]=\begin{bmatrix} S_{HH} & S_{HV} \\ S_{VH} & S_{VV} \end{bmatrix} \tag{2.10}$$

式中：S_{HH}、S_{HV}、S_{VH}、S_{VV} 为散射矩阵元素，分别为不同极化方式的复散射系数或复散射幅度。

其中散射矩阵元素与雷达散射系数（linear 形式）的关系如下：

$$\sigma_{pq}^0=4\pi|S_{pq}|^2 \tag{2.11}$$

地物的散射特征除了以散射矩阵表示，还可以表示成 Pauli 散射矢量形式。针对单基散射机制，$S_{VH}=S_{HV}$，因此 Pauli 矢量表示如下：

$$k_p=\frac{1}{\sqrt{2}}[S_{HH}+S_{VV} \quad S_{HH}-S_{VV} \quad 2S_{VH}] \tag{2.12}$$

现实世界中分布目标具有时空不稳定性，为了更好表征分布式目标的动态变化特征，将 Puali 矢量矩阵化，得到一个 3×3 形式的矩阵，称为 $\boldsymbol{T}_3$ 相干散射矩阵[81]。$\boldsymbol{T}_3$ 相干矩阵表示如下：

$$[T_3]=k_p\cdot k_p^*=\begin{bmatrix} T_{11} & T_{12} & T_{13} \\ T_{21} & T_{22} & T_{23} \\ T_{31} & T_{32} & T_{33} \end{bmatrix}$$

$$=\begin{bmatrix} |S_{HH}+S_{VV}|^2 & (S_{HH}+S_{VV})(S_{HH}-S_{VV})^* & 2(S_{HH}+S_{VV})S_{VH}^* \\ (S_{HH}+S_{VV})^*(S_{HH}-S_{VV}) & |S_{HH}-S_{VV}|^2 & 2(S_{HH}-S_{VV})S_{VH}^* \\ 2(S_{HH}+S_{VV})^*S_{VH} & 2(S_{HH}-S_{VV})^*S_{VH} & 4|S_{VH}|^2 \end{bmatrix} \tag{2.13}$$

式中：* 为共轭复数；| | 为复数的模。

相干矩阵包含了散射二阶矩信息，能够更精确地刻画分布式目标的散射特征。

2.2 地表参数

由雷达成像原理可知，雷达回波信号用后向散射系数表示，在雷达影像上则表现为图像的亮度值。雷达后向散射系数的获取则与 2.1 节介绍的雷达系统参数相关，主要包括波长/频率、极化方式、入射角。后向散射系数可以表征地表的物理性质，包括地表粗糙度、

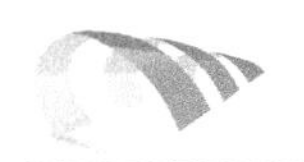

介电特性等。因此，地表参数的变化直接影响着图像亮度值的变化。

2.2.1　地表粗糙度

雷达入射的电磁波在与地表相互作用的过程中，不仅会受到来自雷达系统自身参数（例如极化方式、波长以及入射角等参数）的影响，而是地面的几何特征也会影响到信号的反射方向。几何特征通常会用到地表粗糙程度表征。当雷达波束入射到粗糙面的分界面上时，光滑部分的反射被称为镜面反射，而由于地表粗糙造成的其余方向的反射称为散射，最终形成漫反射。

微波散射模型一般会用到以下 3 个参数对地表的粗糙程度进行描述[82]。

1. 均方根高度

均方根高度是描述地表粗糙度在垂直尺度上的重量参量。其值的估算方法如下：假设地块为二维 $x-y$ 平面内 L_x 和 L_y 尺度的区域，以地块中心为原点，在地块中具有统计意义上代表性点的（x,y）高度 $z(x,y)$，则该表面平均高度为

$$\overline{z}=\frac{1}{L_xL_y}\int_{-L_x/2}^{L_x/2}\int_{-L_y/2}^{L_y/2}z(x,y)\mathrm{d}x\mathrm{d}y \tag{2.14}$$

其二阶矩为

$$\overline{z^2}=\frac{1}{L_xL_y}\int_{-L_x/2}^{L_x/2}\int_{-L_y/2}^{L_y/2}z^2(x,y)\mathrm{d}x\mathrm{d}y \tag{2.15}$$

则均方根高度 s 为（表面高度的标准偏差）：

$$s=(\overline{z^2}-\overline{z}^2)^{1/2} \tag{2.16}$$

在实际应用中多采用粗糙度板测量的一维离散数据，则均方根高度 s 的计算公式如下：

$$s=\left\{\frac{1}{N-1}\left[\sum_{i=1}^{N}(Z_i)^2-(\overline{Z})^2\right]\right\}^{1/2} \tag{2.17}$$

2. 表面相关长度

表面相关长度 l 给出了计算表面上两点高度互相独立的标准。假如两点高度在同一水平方向上相隔距离大于 l，那么这两点的高度值在统计上也是描述为近似不相关的，因为地表的后向散射在不同的地表相对高度条件下的变化都相对比较均一。表面相关长度需要由归一化的自相关函数确定，归一化相关函数定义为

$$\rho(x')=\frac{\int_{L_y/2}^{L_x/2}z(x)z(x+x')\mathrm{d}x}{\int_{L_y/2}^{L_x/2}z^2(x)\mathrm{d}x} \tag{2.18}$$

它是点高度与偏离点距离点高度之间相似性的一种度量。对于离散数据，距离相隔 $x'=(j-1)\Delta x$ 的自相关函数如下：

$$\rho(x')=\frac{\sum_{L_y/2}^{L_x/2}z_iz_{i+j-1}}{\sum_{L_y/2}^{L_x/2}z_i^2},(j=1,2,3,\cdots,N) \tag{2.19}$$

当相关函数 $\rho(x')=1/e$ 时，间隔 x' 被称为表面相关长度，用于描述水平尺度的表面粗糙度情况。

3. 表面自相关函数

表面自相关函数是描述在地表水平方向上有一定距离的两点的表面高程之间相关性的函数，它们之间的相关性随着两点间距的增加而被削弱。真实地表起伏不规则，其表面自相关函数非常复杂，经研究统计，一般情况下，较为平滑的表面可以用指数函数近似表示，粗糙表面可以用高斯相关函数近似表示。

高斯自相关函数 ACF：

$$\rho(x)=e^{-(x/l)2} \tag{2.20}$$

指数自相关函数 ACF：

$$\rho(x)=e^{-x/l} \tag{2.21}$$

此外，还有类指数相关函数（exponential - like）等，它们处于高斯和指数相关函数之间的形式。关于农田区，一般采用指数自相关函数。

2.2.2 土壤特性参数

土壤主要包含固状颗粒、液状土壤水以及空气等三相物质。根据土壤质地可将土壤分为不同类型，其持水能力不同。除了土壤质地，描述土壤特性指标参数还有土壤孔隙度、土壤密度、土壤容重、土壤含水量和田间持水量等。

1. 土壤质地

土壤质地指由不同粒级的颗粒、按不同的比例组合表现出来的土壤粗细状况，常被用于描述土壤的物理特性，与土壤水存储和分配紧密相关，在微波遥感反演土壤水分中起重要作用。国际上按照砂粒（0.02～2mm）、粉粒（0.002～0.02mm）、黏粒（小于0.002mm）不同粒径固体颗粒在土壤中的相对含量，将土壤按土壤质地分为砂土、壤土和黏土等。

2. 土壤孔隙度 η

土壤孔隙度指土壤中孔隙体积占土壤体积的百分比。计算公式如下：

$$\eta=\frac{V-V_w}{V}\times 100\% \tag{2.22}$$

式中：V 为土壤的体积；V_w 为土壤中水分的体积。

3. 土壤的密度 ρ_s

土壤密度指土壤固体物质的质量与干土体积的比值。计算公式如下：

$$\rho_s=\frac{m_s}{V_s} \tag{2.23}$$

式中：m_s 为土壤固体物质的质量；V_s 为土壤中干土体积。

4. 土壤容重（干容重）ρ_b

土壤容重指一定容积的土壤烘干后质量与烘干前体积的比值。计算公式如下：

$$\rho_b=\frac{m_s}{V} \tag{2.24}$$

式中：m_s 为土壤烘干后的质量（简称“干土质量”）；V 为土壤烘干前的体积。

5. 土壤含水量

土壤含水量的表达方式主要分为质量含水量和体积含水量两种。

（1）质量含水量 m_g，指土壤中所含水分的质量与干土质量的比值。计算公式如下：

$$m_g = \frac{m_w}{m_s} \tag{2.25}$$

式中：m_w 为土壤中水分的质量；m_s 为土壤中干土的质量。

（2）体积含水量 m_v，指土壤中水分所占的体积与土壤总体积的比值。计算公式如下：

$$m_v = \frac{V_w}{V} \tag{2.26}$$

式中：V_w 为土壤中水分的体积；V 为土壤总体积。

土壤体积含水量和质量含水量两者之间的关系如下：

$$m_v = \frac{\rho_b}{\rho_w} m_g \tag{2.27}$$

式中：ρ_b 为土壤容重；ρ_w 为水的密度，一般情况下 $\rho_w = 1$。

6. 田间持水量

一般来说，田间持水量被认为是土壤能够稳定保持的最高土壤水分含量。在农业和水文研究中，当土壤被灌溉两天后的土壤体积含水量被定义为田间持水量。同时试验显示，对于无机质类型的土壤，田间持水能力随着土壤中黏粒含量的增大而增大，砂土的田间持水力远低于黏土。

2.3 主动微波后向散射模型

2.3.1 裸土区雷达后向散射模型

针对裸土区的雷达后向散射模型，国内外开展的研究较多。目前应用最为广泛的包括 AIEM 理论模型、Dubois、Oh、Shi 等半经验模型。

2.3.1.1 理论模型

微波遥感理论模型为准确理解和描述地表粗糙表面的微波辐射和散射机制提供强有力的分析工具，是微波地表参数遥感的重要依据[82]。在众多模型中，AIEM 模型具有宽泛的粗糙度适用范围，能描述从较光滑表面到粗糙表面的散射特征，对于地表散射特征的模拟精度整体最好[15]。

Fung et al. 于 1992 年提出了以电磁波辐射传输方程为基础的积分方程模型（integrated equation model，IEM）[15]。自 IEM 提出后，很多学者都对其进行了改进。最新发展的高级积分方程模型 AIEM（advanced IEM）是在 IEM 的基础上改进的模型，能描述从较光滑表面到粗糙表面的散射特征，能模拟更宽输入参数范围的地表辐射特征[16]。AIEM 模型中[15-16,83]，将电磁波作用面的表面场分为两部分：一是基尔霍夫表面场（kirchhoff surface fields），将复杂自然地表的表面场进行了切面场近似；另一是补偿场（complementary surface fields），用于基尔霍夫表面场的纠正，使其更符合复杂的自然地表现象。基于此，散射系数由基尔霍夫表面场项、补偿表面场项和两者交叉项计算组成。

AIEM 模型的（双基）散射系数的表达式如下：

$$\sigma_{qp}^{0}=\sigma_{qp}^{k}+\sigma_{qp}^{c}+\sigma_{qp}^{kc} \tag{2.28}$$

式中：p、q 分别为发射和接收的极化方式（H、V）；σ_{qp}^{0} 为散射系数；σ_{qp}^{k} 基尔霍夫场项；σ_{qp}^{c} 为补偿场项；σ_{qp}^{kc} 为交叉项。

基尔霍夫表面场项、补偿场项和交叉项的计算公式非常复杂，详细内容见文献［15］。将基尔霍夫表面场项、补偿场项和交叉项计算公式，代入式（2.28），则散射系数的具体表达式重写为

$$\sigma_{pq}=\frac{k^{2}}{2}\exp(-2k^{2}\cos\theta^{2}s^{2})\sum_{n=1}^{\infty}\frac{s^{2n}}{n!}\mid I_{pq}^{n}\mid^{2}\cdot W^{n}(-2k\sin\theta,0) \tag{2.29}$$

其中，

$$I_{pq}^{n}=(2k)f_{pq}\exp(-k_{z}^{2}s^{2})+\frac{k_{z}^{n}[F_{pq}(-k_{x},0)+F_{pq}(k_{x},0)]}{2} \tag{2.30}$$

式中：σ_{pq} 为后向散射系数；p、q 分别为发射和接收的极化方式（H 水平极化，或 V 垂直极化）；$k=2\pi/\lambda$ 为波数，cm^{-1}；θ 为入射角，(°)；s 为均方根高度，cm；W^{n} 为表面相关函数的 n 阶粗糙度谱；I_{pq}^{n} 为菲涅尔反射系数和粗糙度谱的函数。

从式（2.29）和式（2.30）可以看出，AIEM 模型表达式非常复杂，无法得到土壤水分的解析式。实际中通常利用 AIEM 在不同参数下模拟地表后向散射系数，然后根据这些模拟数据分析后向散射特征，建立半经验关系来估算土壤水分。

2.3.1.2　半经验模型

1. Oh 模型

Oh et al. 1992 年基于多波段（L、C、X）、全极化车载散射计 POLARSCAT 采集了不同土壤含水量和地表粗糙度条件下裸露地表多角度后向散射系数，通过回归分析，提出了将后向散射系数同极化比（p）和交叉极化比（q）由介电常数（ε）及地表均方根高度（s）表示的经验模型：

$$p=\frac{\sigma_{\text{HH}}^{0}}{\sigma_{\text{VV}}^{0}}=\left\{1-\left(\frac{2\theta}{\pi}\right)^{1/3\Gamma_{0}}\cdot\exp(-ks)\right\}^{2} \tag{2.31}$$

$$q=\frac{\sigma_{\text{HV}}^{0}}{\sigma_{\text{VV}}^{0}}=0.23\sqrt{\Gamma_{0}}\cdot[1-\exp(-ks)] \tag{2.32}$$

$$\Gamma_{0}=\left|\frac{1-\sqrt{\varepsilon}}{1+\sqrt{\varepsilon}}\right|^{2} \tag{2.33}$$

式中：k 为自由空间波数，$k=2\pi/\lambda$；θ 为入射角；Γ_{0} 为雷达波法线方向入射时的菲涅尔反射率。

该模型在 $10°\leqslant\theta\leqslant70°$、$0.1\text{cm}\leqslant ks\leqslant6.0\text{cm}$、$2.5\text{cm}\leqslant kl\leqslant20\text{cm}$、$0.09\leqslant m_{v}\leqslant0.31$ 范围内的预测值较好。

Oh et al. 1994 年进一步对交叉极化比 q 做了修正，引入了入射角 θ[85]：

$$q=0.25\sqrt{\Gamma_{0}}(0.1+\sin^{0.9}\theta)\{1-\mathrm{e}^{-1.4-1.6\Gamma_{0}ks}\} \tag{2.34}$$

以上模型在裸土地区没有考虑与地表后向散射密切相关的表面相关长度的影响，因

此，Oh et al. 在 2002 年基于以上模型，在车载散射计数据的基础上加入 JPL 的 Airborne SAR 的数据，重新建立了裸露地表的半经验模型，考虑了表面相关长度对交叉极化比的影响，并直接给出了交叉极化的计算公式[86]：

$$q=\frac{\sigma_{HV}^{0}}{\sigma_{VV}^{0}}=0.1\left[\frac{s}{l}+\sin(1.3\theta)\right]^{1.2}\left\{1-\exp[-0.9(ks)^{0.8}]\right\} \tag{2.35}$$

$$\sigma_{VH}^{0}=0.11m_{v}^{0.7}(\cos\theta)^{2.2}\{1-\exp[-0.32(ks)^{1.8}]\} \tag{2.36}$$

Oh et al. 2004 年进一步研究发现，交替极化比 q 对均方根坡度 s/l 不敏感，且表面相关长度极其难以准确测量，故将公式中的相关长度去掉，最新的公式为[87]

$$q=0.095[0.13+\sin(1.5\theta)]^{1.4}\left\{1-\exp[-1.3(ks)^{0.9}]\right\} \tag{2.37}$$

在不同土壤类型和土壤水分含量条件下，Oh 模型表现出了完全不同的结果。在高入射角和粗糙地表，Oh 模型能够精确地估计同极化比以及 C 波段下 Radar Sat2 的所有极化的后向散射系数[88]。然而，有些研究指出 Oh 模型会高估雷达或低估后向散射。另外，Oh 模型早期主要应用于机载雷达数据上，随着近些年全极化星载雷达的发展，才逐渐应用于星载雷达的土壤水分反演中，其适用性还需通过更多的数据来开展进一步的评价。

2. Dubois 模型

Dubois et al. 1995 年先后两次利用前人的测量数据，提出了一个 VV 极化和 HH 极化后向散射系数的半经验公式[95,84]：

$$\sigma_{VV}^{0}=10^{-2.35}\left[\frac{\cos^{3}\theta}{\sin^{3}\theta}\right]\cdot 10^{0.046\varepsilon\tan\theta}\cdot(ks\cdot\sin\theta)^{1.1}\cdot\lambda^{0.7} \tag{2.38}$$

$$\sigma_{HH}^{0}=10^{-2.75}\left[\frac{\cos^{1.5}\theta}{\sin^{5}\theta}\right]\cdot 10^{0.028\varepsilon\tan\theta}\cdot(ks\cdot\sin\theta)^{1.4}\cdot\lambda^{0.7} \tag{2.39}$$

Dubois 模型的使用条件为 $30°\leqslant\theta$、$ks\leqslant 2.5\text{cm}$、$m_v\leqslant 0.35$，在该条件下，Dubois 模型效果较好，另外，Dubois 模型仅需要双极化雷达数据，提高了其应用能力。但是在模拟后向散射系数中 Dubois 模型出现粗糙地表区高估和光滑地表区低估现象。另外，在土壤水分较高的地方，Dubois 模型会造成后向散射系数的低估[88]。

3. Shi 模型

Shi et al. 1997 年基于 IEM 模型，根据蒙特卡罗模拟，基于 L 波段不同极化组合数据与复介电常数和地表粗糙度谱的关系构建了半经验模型[32]。

$$10\lg\left[\frac{|\alpha_{pp'}|^{2}}{\sigma_{pp'}^{0}}\right]=a_{pp'}(\theta)+b_{pp'}(\theta)\cdot 10\lg\left(\frac{1}{S_r}\right) \tag{2.40}$$

$$10\lg\left[\frac{|\alpha_{qq'}|^{2}}{\sigma_{qq'}^{0}}\right]=a_{qq'}(\theta)+b_{qq'}(\theta)\cdot 10\lg\left(\frac{1}{S_r}\right) \tag{2.41}$$

式中：当 p、p'为 H 和 q、q'为 V 时，水平极化状态下的极化幅度为 $\alpha_{HH}=\dfrac{\varepsilon_s-1}{(\cos\theta+\sqrt{\varepsilon_s-\sin^2\theta})^2}$

垂直极化状态下的极化幅度为 $a_{VV}=\dfrac{(\varepsilon_s-1)[\sin^2\theta-\varepsilon_s(1+\sin^2\theta)]}{(\varepsilon_s\cos\theta+\sqrt{\varepsilon_s-\sin^2\theta})^2}$；$S_r=(ks)^2W$ 为联合

粗糙度参数，与均方根高度和表面相关长度有关；$a_{pp'}(\theta)$、$b_{pp'}(\theta)$ 为与入射角有关的经验系数；ε_s 为土壤介电常数。

利用 HH 和 VV 两种不同极化方式数据，组合式（2.40）和式（2.41），即可消除其中的 S_r，得到土壤水分反演模型：

$$10\lg\left(\frac{|a_{\mathrm{VV}}|^2+|a_{\mathrm{HH}}|^2}{\sigma_{\mathrm{VV}}^0+\sigma_{\mathrm{HH}}^0}\right)=a_{\mathrm{HH/VV}}(\theta)+b_{\mathrm{HH/VV}}(\theta)\cdot 10\lg\left(\frac{|a_{\mathrm{VV}}||a_{\mathrm{VV}}|}{\sqrt{\sigma_{\mathrm{VV}}^0\sigma_{\mathrm{HH}}^0}}\right) \tag{2.42}$$

利用数值算法，从式（2.42）中求取 ε_s，然后根据土壤介电常数模型，即可求得土壤水分。

由于考虑了粗糙度谱，Shi 模型在实际应用中取得较好的结果。但是，Shi 模型是根据 IEM 模型模拟 L 波段后向散射特征发展而来，对于其他波段，如 C 波段的适用性，仍需进一步的研究。

2.3.2　植被区雷达后向散射模型

目前，植被覆盖区微波辐射传输模型主要有水云模型和 MIMICS 模型 。

2.3.2.1　水云模型

Attema et al. 1978 年[36] 提出了水云模型，该模型假定植被层为一个各向均质散射体，忽略了植被层及地表之间的相互多次散射，将植被覆盖地区的总后向散射简单描述为两部分：①由植被直接反射回来的体散射项（图 2.2 中的“1”）；②经过作物双程衰减后的地面的后向散射项（图 2.2 中的“2”）。

水云模型的表达式为

$$\sigma_{pp}^{t}=\sigma_{pp}^{v}+L_{pp}^{2}\sigma_{pp}^{s} \tag{2.43}$$

式中：σ_{pp}^{t} 为总后向散射；σ_{pp}^{v} 为冠层直接后向散射；σ_{pp}^{s} 为地表直接后向散射；L_{pp}^{2} 为冠层双程消光系数。

其中

$$\sigma_{pp}^{v}=A\cdot m_{\mathrm{veg}}\cdot\cos\theta\cdot(1-L_{pp}^{2}) \tag{2.44}$$

$$L_{pp}^{2}=\exp(-2B\cdot m_{\mathrm{veg}}\cdot\sec\theta) \tag{2.45}$$

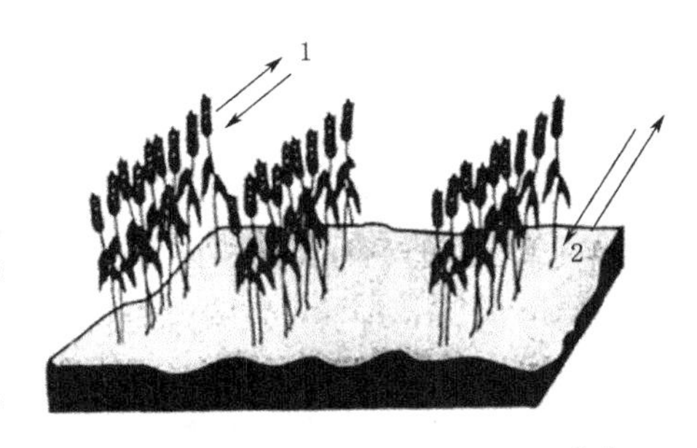

图 2.2　水云模型中雷达散射机制[36]

式中：A、B 分别为依赖于植被类型和频率的参数。

水云模型公式相对简单，在小麦等农作物地区得到了广泛的应用。但是，水云模型将整个农作物覆盖层作为一个一致的散射体，而没有考虑多次散射的作用。而在一些具有一定高度的农作物（如玉米、高粱等）覆盖下及特定波长（如 L 波段）下，植被与土壤之间的二次散射在总的后向散射中占有一定的比例，如果简单地将其忽略将会造成较大的误差[72]。

2.3.2.2　MIMICS 模型

密歇根微波植被散射模型（MIMICS）是基于微波辐射传输方程一阶解的植被散射模型，是目前应用最为广泛的研究微波植被散射特性的理论模型[40]。MIMICS 模型中根据微波散射特性将植被覆盖地表分为三部分：植被冠层（包括不同大小、朝向、形状的枝条

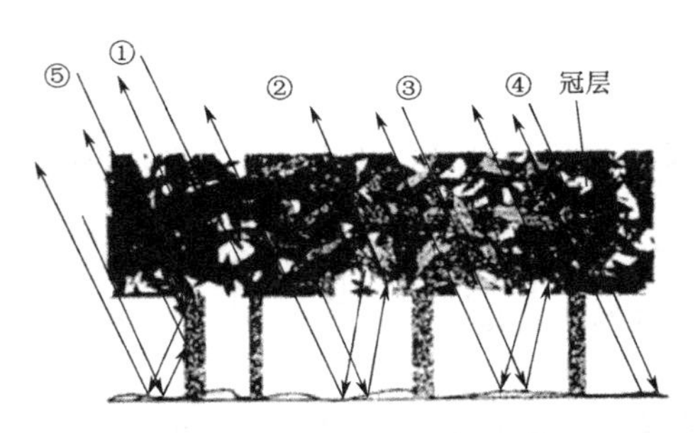

图 2.3　MIMICS 模型中雷达散射机制[40]

和叶片），植被茎秆部分（被描述为一介电圆柱体）和植被下垫面粗糙地表（用土壤介电特性和随机地表粗糙度表示）。相应的微波后向散射分为三部分：来自植被冠层的直接后向散射，来自下垫面粗糙地表的直接后向散射，以及冠层、杆部和地表各部分之间相互耦合的后向散射。MIMICS 模型的优点是对植被结构刻画得较为详细，因此能够较为真实地模拟植被地表微波后向散射。MIMICS 模型将植被覆盖地表微波后向散射 σ_{pq}^0 分为五部分（图 2.3）：①σ_{pq1}^0 为冠层直接后向散射；②σ_{pq2} 为冠层-土壤和土壤-冠层相互耦合的后向散射部分；③σ_{pq3} 为土壤-冠层-土壤相互耦合的后向散射部分；④σ_{pq4} 为经过冠层双程衰减的土壤的直接后向散射部分；⑤σ_{pq5} 为经过植被冠层衰减的树干层-土壤和土壤-树干层的二面角反射。

$$\sigma_{pq}^0=\sigma_{pq1}^0+\sigma_{pq2}^0+\sigma_{pq3}^0+\sigma_{pq4}^0+\sigma_{pq5}^0 \tag{2.46}$$

其中：

$$\sigma_{pq1}^0=\frac{\sigma_{pq1}\cos\theta}{\kappa_{cp}+\kappa_{cq}}(1-T_pT_q) \tag{2.47}$$

$$\sigma_{pq2}^0=2T_{cp}T_{cq}T_{tp}T_{tq}(\Gamma_p+\Gamma_q)d\sigma_{pq2} \tag{2.48}$$

$$\sigma_{pq3}^0=\sigma_{pq1}^0T_pT_q\Gamma_p\Gamma_q \tag{2.49}$$

$$\sigma_{pq4}^0=\sigma_{pqs}^0T_{cp}T_{cq}T_{tp}T_{tq} \tag{2.50}$$

$$\sigma_{pq5}^0=2T_{cp}T_{cp}T_{tp}T_{tp}(\Gamma_p+\Gamma_q)H_t\sigma_{pq3} \tag{2.51}$$

式中：σ_{pq1} 为每单位体积内植被叶和茎的雷达后向散射截面，m^2/m^3；σ_{pq2} 为每单位体积叶和茎的散射截面 m^2/m^3；σ_{pq3} 为每单位面积植被秆层树干的散射截面，m^2/m^2；κ_{cp} 为 p-极化植被冠层消光系数，Np/m；κ_{tp} 为 p-极化植被秆层消光系数，Np/m；d 为植被冠层高度，m；H_t 为植被树干高度，m；T_{cp} 为 p-极化波植被冠层单程透射率：$T_{cp}=\exp(-\kappa_{cp}d\sec\theta)$；$T_{tp}$ 为 p-极化波植被树干层单程透射率：$T_{tp}=\exp(-\kappa_{tp}H_t\sec\theta)$；$\Gamma_p$ 为 p-极化粗糙地表反射率；$\Gamma_p=\Gamma_{p0}\exp[-(2ks\cos\theta)^2]$；$\Gamma_{p0}$ 为 p-极化镜面 Fresnel 反射系数，其中水平极化和垂直极化 Fresnel 反射系数分别为

$$\Gamma_{h0(\theta)}=\left|\frac{\cos\theta-\sqrt{\varepsilon_r-\sin^2\theta}}{\cos\theta+\sqrt{\varepsilon_r-\sin^2\theta}}\right|^2 \tag{2.52}$$

$$\Gamma_{v0}(\theta)=\left|\frac{\varepsilon_s\cos\theta-\sqrt{\varepsilon_r-\sin^2\theta}}{\varepsilon_s\cos\theta+\sqrt{\varepsilon_r-\sin^2\theta}}\right|^2 \tag{2.53}$$

式中：k 为自由空间波数；s 为地表均方根高度；σ_{pqs}^0 为地表后向散射系数；θ 是雷达入射角；ε_r 是土壤介电常数。

2.4 微波辐射传输模型

2.4.1 裸土区地表辐射传输模型

在自然界中，陆-气介质之间的界面通常是不规则的曲面，其对电磁波的散射和辐射很难精确计算，一般通过建立模型，求取近似解[79]。随着研究的深入，国内外建立了不同的裸露区粗糙地表辐射模型，主要包括理论物理模型，半经验模型。

2.4.1.1 物理模型

在众多模型中，AIEM模型具有宽泛的粗糙度适用范围，不仅能描述从较光滑表面到粗糙表面的散射特征，还能进一步描述地表辐射特征，对于地表发射率的模拟精度整体最好[15,83]。下面将对AIEM模型的微波辐射传输原理进行介绍。

一般来说，同极化的散射系数 σ^0_{pp} 由相干部分 $\sigma^0_{pp_{coh}}$ 和非相干部分 $\sigma^0_{pp_{\text{int}}}$ 两者构成，具体形式如下：

$$\sigma^0_{pp}=\sigma^0_{pp_{coh}}+\sigma^0_{pp_{\text{int}}} \tag{2.54}$$

式中：p 为极化方式。

粗糙地表散射系数的相干部分可以由粗糙度因子纠正后的菲涅耳反射率计算，表示如下：

$$\sigma^0_{pp_{coh}}=\Gamma_p \mathrm{e}^{-(k\sigma\cos\theta)^2}\delta(\cos\theta-\cos\theta_s)\delta(\cos\varphi-\cos\varphi_s) \tag{2.55}$$

式中：p 为H、V极化；Γ_p 为 p 极化的菲涅耳反射率；k 为波数，$k=\dfrac{2\pi}{\lambda}$；σ 为均方根高度；θ，θ_s 分别为入射角和散射角；φ，φ_s 分别为入射方位角和散射方位角；$\delta(\cdot)$ 函数表示只有 $\theta_s\neq\theta$ 且 $\varphi_s\neq\varphi$ 时，为非零。

在AIEM中，双基后向散射系数属于散射系数中的非相干部分。按照式（2.6）～式（2.8），AIEM模拟发射率的公式表示如下：

$$e(\theta,\varphi)=1-\Gamma_p \mathrm{e}^{-(k\sigma\cos\theta)^2}-\frac{1}{4\pi\cos\theta}\int_0^{2\pi}\int_0^{\frac{\pi}{2}}[\sigma^0_{pp}(\theta_s,\varphi_s,\theta,\varphi)+\sigma^0_{qp}(\theta_s,\varphi_s,\theta,\varphi)]\sin\theta_s\,\mathrm{d}\theta_s\,\mathrm{d}\varphi_s \tag{2.56}$$

以上关于微波散射系数与发射率的AIEM计算表达式非常复杂，在土壤水分反演中无法得到土壤水分的解析式，一般需要采用查表或者迭代运算法。实际中通常利用AIEM模拟不同条件参数下的地表发射率、后向散射系数，然后根据这些模拟数据，分析地物的辐射特征、散射特征，建立半经验关系来估算土壤水分。

2.4.1.2 半经验模型

一般用于粗糙地表发射率和散射系数模拟的物理模型，很难直接应用于大区域土壤水分等地表参数反演中。多年来，众多研究者经过基于物理模型的发射率和散射系数与地表介电常数、均方根高度、相关长度等关键参数的相关性研究，开发了多种简单、方便的半经验模型。在发射率的模拟或被动微波的地表参数反演中，半经验模型表现出非常好的应用效果。目前，主要的半经验模型包括QH模型、Hp模型、Qp模型等。

1. Hp模型

Choudhury等[59] 1979年针对粗糙地表最早建立了Hp模型，用于地表发射率和反射

率的计算，粗糙表面的发射率表达式如下：

$$e_p = 1 - r_p = 1 - \Gamma_p H_p \tag{2.57}$$

式中：p 为极化方式；e_p、r_p 分别为粗糙表面 p 极化发射率、反射率；Γ_p 为平滑表面 p 极化菲涅耳反射率；H_p 为 p 极化粗糙度参数。

根据 Fresnel 方程，光滑地表反射率 Γ_p 可以表示为

$$\begin{aligned} \Gamma_v &= \left| \frac{\varepsilon_r \cos\theta - \sqrt{\varepsilon_r - \sin^2\theta}}{\varepsilon_r \cos\theta + \sqrt{\varepsilon_r - \sin^2\theta}} \right|^2 \\ \Gamma_h &= \left| \frac{\cos\theta - \sqrt{\varepsilon_r - \sin^2\theta}}{\cos\theta + \sqrt{\varepsilon_r - \sin^2\theta}} \right|^2 \end{aligned} \tag{2.58}$$

式中：θ 为地表入射角；ε_r 为复介电常数。

粗糙度参数 H_p，被表示如下：

$$H_p = \mathrm{e}^{-h(\cos\theta)^N} \tag{2.59}$$

式中：h 为有效粗糙度因子，与波长和均方根高度相关的粗糙度，一般表示为 $h=2ks$；N 为有效粗糙度对于角度的依赖情况，一般为整数，默认值为−1。

2. QH 模型

Wang 和 Choudhury 等[89] 1981 年针对粗糙地表重新建立了 QH 模型用于地表反射率和发射率估算，粗糙表面的发射率表达式如下：

$$e_p = 1 - r_p = 1 - [(1-Q)\Gamma_q + Q\Gamma_p] \cdot H \tag{2.60}$$

式中：p 为极化方式；e_p、r_p 分别为粗糙表面 p 极化发射率、反射率；Γ_p 为平滑表面 p 极化菲涅耳反射率；Q 为引起极化混淆的粗糙度参数；H 为有效粗糙度参数。

粗糙度参数 Q 和 H 具体的表达式如下：

$$Q = 0.35 \cdot (1 - \mathrm{e}^{0.6s^2 f}) \tag{2.61}$$

$$H = \mathrm{e}^{-(2ks\cos\theta)^2} \tag{2.62}$$

式中：Q 为与频率和均方根高度相关的粗糙度参数，频率为低频时，常默认为 0，此时与 Hp 模型形式一致；H 为与波长和均方根高度相关的粗糙度参数，目前部分研究指出该参数还与土壤含水量相关。

3. Qp 模型

Shi 等[90] 2002 年针对高频率大入射角的 AMSR－E 数据特点提出了 Qp 模型，用于粗糙地表反射率和发射率的计算，发射率的表达式如下：

$$e_p = 1 - r_p = 1 - [(1-Q_p)\Gamma_p + Q_p\Gamma_q] \tag{2.63}$$

式中：p、q 为极化方式；e_p、r_p 分别为粗糙表面 p 极化发射率、反射率；Γ_p 为平滑表面 p 极化菲涅耳反射率；Q_p 为引起极化混淆的粗糙度参数，除了与频率、均方根高度等相关外，还与极化方式相关。

有效粗糙度参数 Q_p 的具体表达式如下：

$$\log(Q_p) = a_p + b_p \log(s/l) + c_p (s/l) \tag{2.64}$$

式中：a_p、b_p、c_p 分别为与极化、频率相关的常数。

Shi 等 2003 年通过利用 AIEM 模拟数据，给出了 10.65GHz 微波对应的 a_p、b_p、c_p 常数值。

以上可以看出，Hp 模型、QH 模型和 Qp 模型中的有效粗糙度参数都是粗糙度均方根高度的函数，并且有效粗糙度参数部分表达形式一致。总的来说，Hp 模型、QH 模型和 Qp 模型关于发射率计算简单、方便、高效，但是这些粗糙表面模型是基于模拟数据和实验数据构建，在不同场景下的应用具有一定局限性。另外影响粗糙度参数的因素较多，对于粗糙度参数的具体表达式尚没有定论。

2.4.2 植被区辐射传输模型

在植被区，与主动微波的散射情况类似，被动微波遥感中辐射信息包括植被覆盖下的地表辐射和植被冠层辐射。针对被动遥感观测的总辐射，进行地表辐射和冠层辐射的分解，是开展地表参数的关键。为此，许多学者经过多年对植被区微波辐射机制的研究，开发了多种植被区辐射模型。目前植被区辐射模型主要分为物理模型和以 $\tau-\omega$ 模型为代表的半经验模型。

2.4.2.1 物理模型——Tor Vergata 模型

物理模型基于电磁波与植被的作用，通过辐射传输方程求解双基散射系数（bistatic scattering），进行空间积分，根据能量守恒定律来求被动微波的发射率。在主被动微植被的物理模型中，主动微波的植被冠层散射模拟是被动微波辐射模拟的基础，两者并无本质的差异和明显界限。一般微波物理模型同时具备被动微波辐射分析和主动微波散射模拟，在此，根据需要，物理模型将侧重于被动微波辐射。经过多年的发展植被微波辐射模型主要分为两类：相干模型和非相干模型。其中 Tor Vergata 离散后向散射和辐射模型（Tor Vergata discrete backscatter and emission model），作为一种非相干模型，已被广泛应用于植被微波辐射模拟研究。

Ferrazzoli et al. 1995 年提出了 Tor Vergata 离散后向散射和辐射模型。该模型基于辐射传输理论，将植被冠层当作离散介质，利用双矩阵方法（matric doubling agorithm）开展植被散射与辐射模拟，又被称为 Doubling - Matric 模型。由于模型机理复杂，有关模型的详细内容请参考文献［91］～［93］。模型将地表-植被划分为 3 层，分别为土壤层、树干层和枝叶层。在土壤层，微波散射和辐射由 IEM 模型模拟；在树干层，树干由离散的大型介电圆柱体模拟；枝叶层中，叶柄和小型枝由离散小型介电常圆柱体模拟，叶子由介电圆盘模拟。模型将主动微波的辐射分为五部分贡献（图 2.4）：A 为地面土壤层散射，B 为植被冠层体散射，C 为冠层与地面之间散射，D 为地面与树干间二面角散射，E 为地面

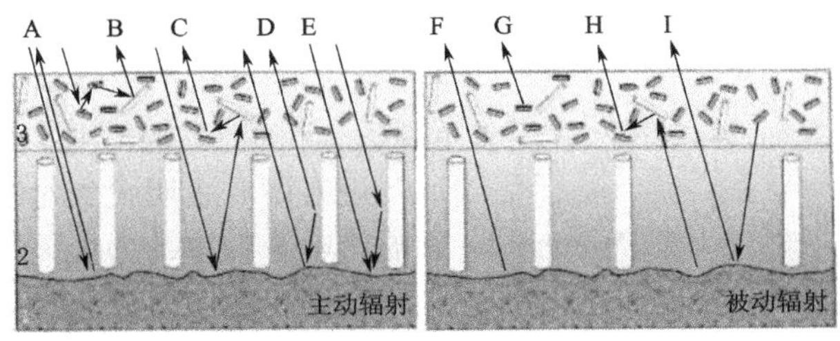

图 2.4 Tor Vergata 模型（Doubling - Matric model）散射和辐射机制[91] 示意图

与树干间二面角散射。模型将被动微波的辐射传输分为四部分贡献：F 为地面土壤层辐射；G 为冠层辐射；H 为冠层散射的地面辐射；I 为地面反射的冠层下行辐射。

$$\sigma_{pq}^{0}=\sigma_{pq1}^{0}+\sigma_{pq2}^{0}+\sigma_{pq3}^{0}+\sigma_{pq4}^{0}+\sigma_{pq5}^{0} \tag{2.65}$$

$$\varepsilon_{p}^{0}=\varepsilon_{p1}+\varepsilon_{p2}+\varepsilon_{p3}+\varepsilon_{p4} \tag{2.66}$$

2.4.2.2 半经验模型——$\tau-\omega$ 模型

当土壤表面有植被覆盖时，植被层将削减土壤的微波辐射，与此同时，总的辐射能中增加了植被辐射。植被层一般被认为是位于粗糙土壤表面以上的一个单次散射层，Mo et al. 1982 年提出的 $\tau-\omega$ 模型在辐射传输方程中用植被的光学厚度 τ_v 和单次散射反照率 ω 两个参数来表征植被的衰减属性及其在植被冠层的散射效果[94]。该模型是目前基于星载和机载的被动微波遥感的土壤水分反演算法的基础。对于植被覆盖表面，星上亮温的贡献主要由以下六个方面组成（图 2.5）：①土壤发射辐射；②植被直接发射辐射；③地表对植被的反射辐射；④大气上行辐射；⑤地面对大气下行辐射的反射辐射；⑥地面对宇宙背景辐射的反射辐射，一般情况下宇宙背景辐射亮温为 2.725K，可忽略。微波辐射传输方程可以表示为

$$\begin{aligned}T_{bp}=T_{u}+\exp(-\tau_{ap})\{T_{d}r_{p}\exp(-2\tau_{p})+(1-r_{p})T_{s}\exp(\tau_{p})+\\T_{c}(1-\omega_{p})[1-\exp(-\tau_{p})][1+r_{p}\exp(-\tau_{p})]\}\end{aligned} \tag{2.67}$$

式中：p 为极化方式；T_{bp} 为地表总辐射亮度温度；T_u、T_d 分别为大气的上行、下行辐射亮度温度；τ_{ap} 为大气的光学厚度，与极化相关；τ_p 为植被冠层的光学厚度，与极化相关；ω_p 为植被冠层的单次反照率，与极化相关；T_s 为地表裸土的物理温度，K；T_c 为地表植被冠层的物理温度，K；r_p 为地表裸土粗糙表面的 p 极化微波反射率；exp(·) 为以自然常数为底的指数函数。

一般认为大气层为无散射媒介。大气层的吸收和发射主要由大气的透过率和大气上下行辐射体现。Γ_a 与地表入射角 α，大气中的氧气，水汽和液态水的含量有关[95]。对于大气影响较小的低频波段或大气窗口波段，大气上行和下行辐射亮温（T_u 和 T_d）可以表示为

$$T_u\cong T_d\cong T_{ae}(1-\Gamma_a) \tag{2.68}$$

在低于 37GHz 的波段，大气温度垂直分布的变化对 T_{ae} 的影响较小，因此 Kerr 等 2012 年把 T_{ae} 简单表示为地表空气温度 T_{as} 和残差 δT_a 的函数[97]：

$$T_{ae}\cong T_{as}-\delta T_a \tag{2.69}$$

其中，δT_a 可以由模型计算或者通过大气数据获取。

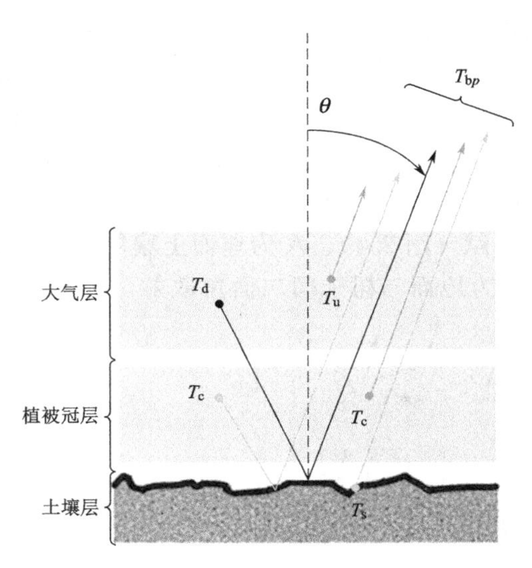

图 2.5　观测亮度温度 T_{bp} 的不同组分示意图[94]

现有研究表明大气对被动微波星上亮温的影响将随着频率的增大而增大，因此，在微波土壤水分反演中假设大气效应可完全忽略会对反演结果带来一定的误差[40]。

由于微波穿透性很强，其频率低于 10GHz

时大气层的影响基本可以忽略。Dobson 和 Ulaby 等[96] 1986 年对 Mo 等提出的模型进一步简化，则修改后的 $\tau-\omega$ 模型为

$$T_{bp}=T_s(1-r_p)\exp(-\tau_p)+T_c(1-\omega_p)[1-\exp(\tau_p)]+T_c(1-\omega_p)[1-\exp(-\tau_p)]r_p\exp(-\tau_p) \tag{2.70}$$

以上 $\tau-\omega$ 模型中的光学厚度 τ 与垂直光学厚度 τ_{Nad} 的转换关系的计算公式如下：

$$\tau=\tau_{Nad}/\cos\theta \tag{2.71}$$

其中，垂直光学厚度 τ_{Nad} 多是通过垂直光学厚度 τ_{Nad} 与植被含水量的线性关系计算，而其线性关系的系数由地面试验拟合获取，关系式如下：

$$\tau_{Nad}=b\cdot VWC \tag{2.72}$$

式中：b 为线性关系系数，与植被的结构、形态、微波的频率和极化等因素相关；VWC 为植被的含水量。

由于获取区域植被含水量比较困难，目前针对植被含水量 VWC 的估算开展了大量研究。通过利用生物量、光学遥感 NDVI、NDWI 和 LAI 等数据，实现了植被含水量的估算。如 Jackson et al. 1991 年提出利用 NDVI 数据估算植被含水量，构建了植被含水量与 NDVI 之间的多项式关系[98]；Jackson et al. 2002 年针对不同作物类型，根据地面实测数据利用 NDVI、NDWI 分别构建了玉米和大豆的作物含水量估算的经验关系[99]。

2.5 小结

本章详细介绍了微波遥感的理论基础及微波辐射和散射模型，包括微波遥感相关概念、裸土区地表散射和辐射模型以及植被区散射和辐射模型。其中，针对裸土区后向散射模型，详细介绍了以 AIEM 为代表物理模型及 Oh、Dubois 和 Shi 等半经验模型；针对植被区后向散射模型，详细介绍了水云模型和 MIMICS 模型，前者常用于植被区主动微波土壤水分反演，后者常用于主动微波散射特征辐模拟研究；针对裸土区微波辐射模型详细介绍以 AIEM 为代表物理模型及 QH、Hp 和 Qp 等半经验模型；针对植被区微波辐射模型，介绍了 Tor Vergata 模型为代表的物理模型及 $\tau-\omega$ 半经验模型，前者常用于开展植被区的辐射特征的模拟研究，后者常用于被动微波土壤水分反演。

第 3 章　土壤介电常数特性分析与介电常数模型的适用性评价

在微波与地表土壤的相互作用中，土壤的微波散射和辐射强度受土壤的介电常数控制，而土壤介电常数又决定于土壤水分含量，进而土壤的微波散射和辐射强度直接受土壤水分含量变化的影响。土壤介电常数作为连接微波辐射亮温、后向散射系数与土壤水分的纽带，深入认识其特性对于土壤水分反演具有重要意义。多年来，许多学者一直在致力于土壤介电特性的研究，并进行介电常数模型的开发。但是，由于土壤理化性质的复杂性，理论简化而发展的介电常数模型具有不同的局限性。在微波土壤水分反演过程中，一般介电常数模型属于反演算法的重要组成部分，直接影响着土壤水分反演的精度。为此，本章在土壤介电特性分析的基础上，对 Hallikainen、Wang 和 Schmugge、Dobson、Mironov 4 种代表性模型进行适用性评价。

3.1　土壤介电常数特性的分析

土壤作为土壤固体颗粒、空气和水分等混合物，其介电特性受多种因素影响。根据相关文献介绍，在微波频率段中，一般认为干土的介电特性与温度和电磁波频率无关，其介电常数的实部一般为 3～5，介电常数的虚部小于 0.05；湿土的介电特性相对复杂，除了受土壤水含量影响外，还受土壤质地、矿物类型/组成、水分相态、温度、微波频率等多种因素的间接或直接影响。深入分析土壤介电特性，对于后续微波遥感土壤水分监测的应用及相关算法改进具有重要的意义。本节介绍了利用收集的国内外土壤介电特性相关的试验数据开展的土壤特性的分析成果。其中，重点分析了土壤介电常数与土壤质地、矿物组成及水分相态的关系。收集的主要国内外试验数据包括：Smith et al. 1971 年开展的三种土壤矿物（高岭土、伊利石和蒙脱石）的介电常试验数据[100]，Ray et al. 1972 年开展的液态水的介电常数试验数据[101]，Hoekstra et al. 1974 年开展的粉砂黏土的介电常数试验数据[102]，Newton et al. 1975 年和 1976 年开展的多种土壤质地的土壤微波介电特性试验数据[103]，Hallikainen et al. 1985 年开展的多种土壤质地的土壤微波介电特性试验数据[104]，Curtis et al. 1993 年和 1995 年开展的土壤微波介电特性试验数据[105,106]。

3.1.1　土壤介电常数与电磁场的物理关系

介电常数与介质的电磁场密切相关，在电磁波与介质的相互作用中起关键作用。为了理解土壤介电常数在微波遥感中的作用，以下内容从介电常数与电磁场的物理关系着手分析介电常数的特性。时变电磁场的电场表示如下[107]：

$$\begin{aligned}\vec{\boldsymbol{E}} &= E_0 e^{\vec{k}\boldsymbol{r} - j\omega t} \\ \vec{\boldsymbol{H}} &= H_0 e^{\vec{k}\boldsymbol{r} - j\omega t}\end{aligned} \tag{3.1}$$

式中：$\vec{E}$ 为电场的矢量表示；$\vec{H}$ 为磁场的矢量表示；k 为电磁波的波数，与电磁波的波长相关；ω 为电磁波的角速度，与电磁波的周期相关。

电磁波微波段在土壤介质中传播时，根据麦克斯韦方程可知，地微波的电场与磁场两部分的关系如下：

$$\nabla\times\vec{E}=-\mu\frac{\partial\vec{H}}{\partial t}$$
$$\nabla\times\vec{H}=\sigma\vec{E}+\varepsilon\frac{\partial\vec{E}}{\partial t} \tag{3.2}$$

式中：∇为旋度；σ 为土壤的导电率，与自由电荷相关；ε 为与土壤介质电极化相关的介电常数；$\sigma\vec{E}$ 为自由电荷所引起的传导电流密度；$\varepsilon\dfrac{\partial\vec{E}}{\partial t}$为时变电场所引起电位移的位移电流密度[100]。

其中与位移电流密度相关的电位移表示如下：

$$D=\varepsilon_0\vec{E}+\varepsilon_0\chi_e\vec{E}=\varepsilon_0(1+\chi_e)\vec{E}=\varepsilon_0\varepsilon_r\vec{E} \tag{3.3}$$

式中：ε_0 为真空电容率（真空介电常数）；χ_e 为土壤介质电极化率，与电磁波的频率相关；ε_r 为土壤相对介电常数。

一般外电场所引起的介质极化需要经过一定的弛豫过程，与时变外电场相比电位移出现相位延迟（与频率相关）[100-101]，则电位移的表示形式进一步修改为

$$D=\varepsilon_0\varepsilon_r e^{j\Delta\Phi}\vec{E}=\varepsilon\vec{E} \tag{3.4}$$

式中：ε 为复介电常数，包含了延迟相位项。

介质介电常数 ε 的代数形式表示如下：

$$\varepsilon=\varepsilon'-j\varepsilon'' \tag{3.5}$$

由式（3.1）、式（3.2）和式（3.5）进一步可得

$$\nabla\times\vec{H}=-j\omega\left(-j\frac{\sigma}{\omega}\right)\vec{E}+\varepsilon\frac{\partial\vec{E}}{\partial t}=\left(-j\frac{\sigma}{\omega}-j\varepsilon''+\varepsilon'\right)\frac{\partial\vec{E}}{\partial t} \tag{3.6}$$

其中，$-j\dfrac{\sigma}{\omega}-j\varepsilon''$表示土壤的导电特性（自由电荷运动和电极化过程），为微波能量流在土壤介质中损耗。

由式（3.6）可以看出，一般测量的复介电常数 ε 应该为

$$\varepsilon=\varepsilon'-j\left(\varepsilon''+\frac{\sigma}{\omega}\right) \tag{3.7}$$

其中，括号中电极化损耗与导电损耗在介电常数的工程应用中有时不进行区分，相关文献中将复介电常数的虚部当作导电损耗，即复介电常数虚部表示为 ε''或者$\dfrac{\sigma}{\omega}$，导致一定的理解偏差。另外，在本节的分析中所提到的介电常数，若无明确说明为绝对介电常数，都应为相对复介电常数 ε_r。

3.1.2 土壤质地对土壤介电常数的影响分析

土壤是气相、液相和固相物质的混合物，固相物质主要包括有机质、初生矿物（岩石

母质的风化物）和次生矿物[107]。其中，由不同粒级的颗粒、按不同的比例组合表现出来的土壤粗细状况，常被称为土壤质地。土壤质地属于土壤自然属性之一，与土壤水存储和分配紧密相关，常用于描述土壤的物理特性。目前土壤质地标准有多个版本，不同版本的分类标准稍有差异。最常用的标准包括国际制、中国制和美国制，其中国际上按照砂粒（0.02～2mm）、粉粒（0.002～0.02mm）、黏粒（小于 0.002mm）不同粒径固体颗粒在土壤中的相对含量，将土壤分成不同类型见表 3.1。

表 3.1　　国际制土壤分类标准

质地分类		各粒级的含量/%		
类名	级名	黏粒（<0.002mm）	粉粒（0.002～0.02mm）	砂粒（0.02～2mm）
砂土类	1. 壤质砂土	0～15	0～15	85～100
壤土类	2. 砂质壤土	0～15	0～45	55～85
	3. 壤土	0～15	35～45	40～55
	4. 粉砂质壤土	0～15	45～100	0～55
黏壤土类	5. 砂质黏壤土	15～25	0～30	55～85
	6. 黏壤土	15～25	20～45	30～55
	7. 粉砂质黏壤土	15～25	45～85	0～40
黏土类	8. 砂质黏土	25～45	0～20	55～75
	9. 壤质黏土	25～45	0～45	10～55
	10. 粉砂黏土	25～45	45～75	0～30
	11. 黏土	45～65	0～35	0～55
	12. 重黏土	65～100	0～35	0～35

根据不同学者的研究[108-109]，土壤质地是控制土壤介电特性的重要因素，影响着微波遥感的土壤水分反演精度。Wang et al. 于 1980 年在微波反演土壤水过程中，也指出在相同土壤水分含量下土壤的介电常数随土壤质地中砂粒、粉粒和黏粒相对含量的变化而变化，但是未说明不同的土壤质地中砂粒、粉粒和黏粒对于土壤介电常数的影响程度和机制[111]。为了进一步弄清土壤质地对土壤介电常数的影响程度，本书作者深入分析了 Newton 1975 年在美国得克萨斯农工大学开展的 L 波段的微波土壤介电常数测量试验数据及 Hallikainen et al. 1985 年针对美国农田区的 5 种土壤质的土壤开展的土壤常数测量试验数据，该数据记录了壤质砂土、黏壤土和黏土 3 种质地条件下 1.4GHz 微波的土壤介电常数随土壤水分的变化值（图 3.1）和砂质壤土、粉砂质壤土及粉砂黏土 3 种质地条件下 4GHz 微波的土壤介电常数随土壤水分增加变化值（图 3.2）。

从图 3.1 和图 3.2 可以看出，在不同质地条件下，1.4GHz（L 波段）和 4GHz（C 波段）微波具有不同的土壤介电常数。尤其是砂土类、壤土类和黏土类土壤的介电常数差异明显。在相同的含水量下，土壤介电常数一般随着土壤砂粒含量的减少、黏粒含量的增加而递减，即从砂土类向黏土类减小。其中，土壤质地对于土壤介电常数实部影响 1.4GHz 和 4GHz 微波具有相同的趋势，但是对于土壤介电常数的虚部，其趋势稍有差异。例如，

1.4GHz 微波的土壤介电常数虚部受土壤质地的影响趋势与介电常数实部基本一致，而 4GHz 微波的土壤介电常数虚部不一定随土壤砂粒减少而减小，可能还会增大。以上表明，针对 1.4GHz 和 4GHz 的微波，土壤质地对于土壤介电常数具有显著影响。

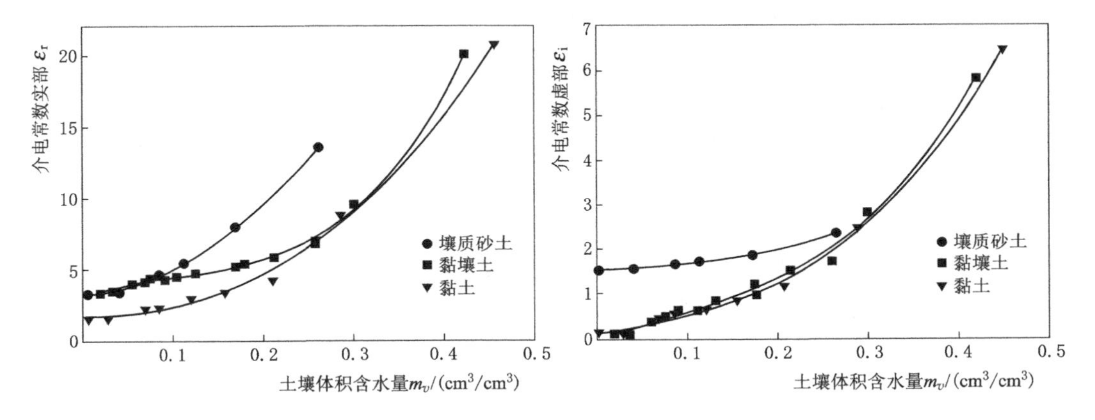

图 3.1　3 种土壤质地类型下 1.4GHz 微波的介电常数变化图

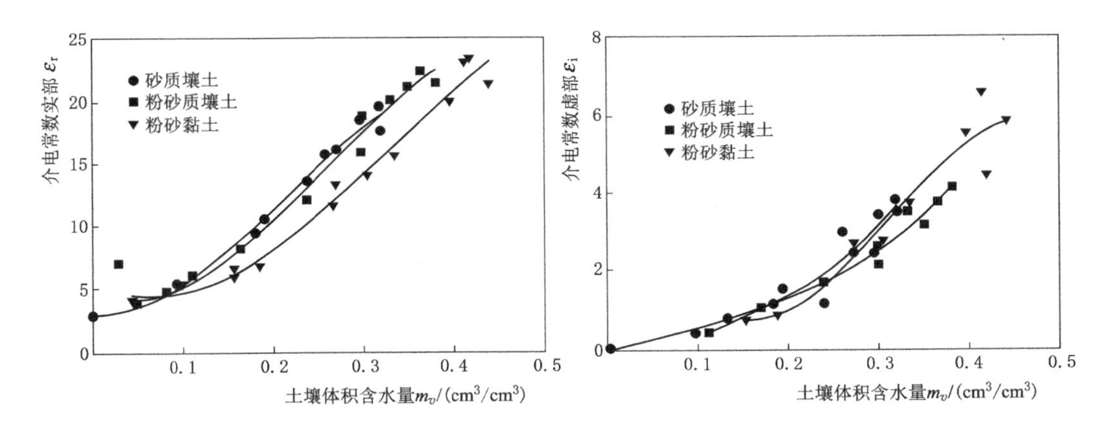

图 3.2　3 种土壤质地类型下 4GHz 微波的介电常数变化图

土壤介电常数虚部一般代表着电磁损耗，其物理机制更加复杂。例如，Campbell 1988 年分析了 3 种质地的土壤低频（小于 50MHz）介电特性，也发现低频波微波的土壤电场能损耗（与介电常数虚部紧密相关）受土壤质地的显著影响。当土壤水分含量较小时，土壤电场能损耗随着土壤黏粒含量增加而减小，但当土壤水分含量较大时，土壤电场能损耗反而增大[109]。

为了理解土壤质地影响土壤介电常数的原因，进一步分析土壤土壤质地对应的土壤颗粒与土壤水的作用关系。土壤质地对土壤物理和化学特性影响的相关文献指出，单位体积的黏粒表面远大于土壤质地的砂粒和粉粒，并且土壤表面一般带负电，而电荷量又与颗粒的表面积成正比[105]。黏粒与砂粒相比，大表面和大电荷量的土壤黏粒与极性水分子和离子的之间的相互作用更强。一般土壤固体颗粒的介电常数较小，为 2～5，而液态水因自由极性水分子的定向极化位移具有较高介电常数［根据式（3.3）可以看出介电常数的实部

与极化位移的关系]，约为 80。在土壤含水量一定的情况下，阻碍水分子的极化位移，减小液态水的介电常数，是降低土壤水对土壤介电常数贡献的关键。一般认为液态水变成固态冰、施加高频电磁场或者水分子与土壤颗粒通过共价键紧密结合，将会减小水的介电常数[110]。土壤质地对于土壤介电常数的影响，主要是通过土壤颗粒与水分子的吸附作用，限制水分的极化移动，从而降低土壤中液态水的介电常数。例如，当土壤处于干土状态时，逐渐加入水分，前期时由于水分子属于极性带电，会被土壤颗粒表面吸附，与土壤颗粒紧密结合，限制了水分子的极化位移，水分子对土壤的介电常数贡献缓慢增加，当水分加入到一定程度，水分子远离土壤颗粒表面以自由状态存在，此时水分的介电常数变成了 80，对于土壤的介电常数产生较大的贡献。相比砂粒和粉粒，黏粒的土壤颗粒拥有更大的土壤表面，对于土壤水分拥有更强的吸引力，土壤介电常数变化的过渡点一般处于更高的土壤含水量位置。另外，土壤的固体颗粒主要是岩石母质风化的初生矿物或者次生矿物，其中不同比例的砂粒、粉粒和黏粒反映了矿物物理化学过程的程度和土壤中带电离子的浓度（土壤中带电离子与土壤的导电性相关），进而将间接反映土壤的导电损耗。

3.1.3　土壤矿物影响分析

土壤矿物属于土壤固相物质的主要组成成分，如石英、长石、云母、角闪石、辉石等原生矿物以及高岭石、蒙脱石、水云母、含水氧化铁、含水氧化铝等次生矿物，影响着土壤的质地、孔隙、通气性、透水保水性等一系列土壤物理特性[108]。在土壤质地组成中，砂粒和粉粒主要包括原生矿物（一般原生矿物粒径大于 0.002mm），黏粒主要包括次生矿物。土壤黏粒具有最大表面积与体积比，是决定土壤物理性质的主要因素，而由原生矿物组成的砂粒和粉粒对土壤的物理性质影响较小[105,110]。黏粒的次生矿物组成与结构，直接影响着土壤黏粒与土壤水分之间相互交互作用，进而影响土壤的介电特性。以下将探讨矿物组成结构与土壤的介电常数的关系。

土壤黏粒主要为晶体结构矿物，由 Si、Al、Fe、Mg、O 原子和羟基（OH^-）组成。晶体矿物组成主要包含硅氧四面体、铝氧（氢氧）八面体两种基本结构单元，并由此两种基本单元有序排列构成硅氧四面体结构与铝氧八面体按 1∶1、2∶1 的比例连接而成的板状晶体结构[112]。该晶体矿物的表面一般呈电中性。而在现实中，两种晶体单元结构存在同晶结构的阳离子替换现象，使得链接而成的晶体矿物带负电，并且结构出现一定不规则变化。例如，Al^{3+} 替代硅氧四面体中 Si^{4+}，Mg^{2+}、Fe^{2+} 和 Fe^{3+} 替代铝氧八面体中 Al^{3+}[112]。另外，由于一系列因素矿物边缘存在非饱和键，同样使得矿物边缘带负电[103]。如上所述，同晶替换和矿物边缘非饱和键等因素导致颗粒表面带负电，使得颗粒表面具有吸附阳离子的能力，其阳离子的数量称为阳离子交换能力[103,112]。根据两种类型对阳离子交换能力贡献的比例，土壤黏粒晶体矿物成分主要分为 3 类，分别为高岭土矿物类、水云母矿物类（伊利石类）和蒙脱石类。为此，本书作者利用 Smith et al. 1971 年的高岭土矿物、伊利石和蒙脱石 3 种土壤矿物介电特性试验数据，分析了不同矿物的介电特征及对土壤介电常数影响的机制。其中 3 种黏粒矿物在土壤水分饱和状态下的介电常数特征如图 3.3 所示。

从图 3.3 中，可以看出黏粒高岭土矿物、伊利石矿物和蒙脱石矿物具有不同的土壤介

电常数，矿物的介电常数大小顺序为蒙脱石＞伊利石＞高岭土，尤其是蒙脱石矿物的介电常数远大于伊利石及高岭土矿物。图 3.3 中的 3 种矿物都属于水分饱和状态，由于粒子粒径属于黏粒、矿物粒子空隙较小，矿物中水分主要被吸附在矿物表面。在土壤所包含的主要物质中，水是影响土壤介电常数的关键（液态水的介电常数最大），图 3.3 反映出土壤水分饱和状态下不同矿物的介电常数主要取决于矿物粒子对水分子吸附的能力。从黏粒矿物结构[103] 分析中可知，高岭土矿物主要由硅氧四面体与铝氧八面体 1∶1 的紧密结合且表面结构规则，同晶离子替换和表面不饱和键较少，只呈现出弱电性，粒子表面与水分子的结合能力较差；伊利石主要是四面体与八面体 2∶1 的紧密结合，同晶替换不强，但表面不饱和键较多，阳离子交换能力较强，矿物粒子表面与水分子结合能力稍强于高岭土；蒙脱石矿物由四面体与八面体的 2∶1 比例组成，同晶离子交换与不饱和键都较多，阳离子交换能力强，粒子内部晶体层间及粒子表面对于土壤水分都具有很强的结合能力。当受外电场时，这种带负电的矿物晶体或粒子、阳离子与水分等所形成电偶极子的极化，才导致饱和状态矿物的高介电常数特性。另外吸附在表面的阳离子多是从原四面晶体或八面晶体置换的阳离子，可以被其他离子交换，具有一定的流动性，受外电场时易形成导电电流，造成导电损耗，即影响介电常数的虚部。但是由于本节未收集到高频电场（大于 1GHz）的数据，图 3.3 的数据呈现出低频外电场下不同矿物对土壤介电常数影响的程度。总的来说，从图 3.3 反映出，如果土壤颗粒粒径分布相同（土壤质地）时，土壤的矿物组成在一定程度上影响着土壤粒子与水分子的结合能力和粒子表面阳离子浓度，进而影响土壤的介电常数。

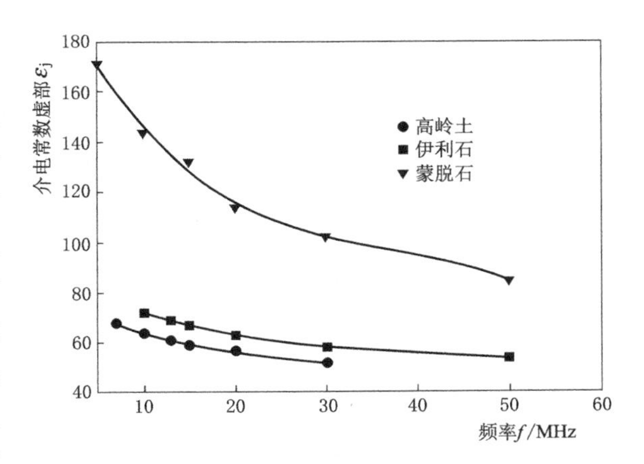

图 3.3　土壤水分饱和状态下 3 种土壤矿物的介电常数变化图

3.1.4　土壤水分影响分析

土壤水分在土壤中受重力、毛管引力、水分子引力、土粒表面分子引力等不同作用力的情况下，分为重力水、毛管水、膜状水和吸湿水等不同类型。尽管土壤水分作为土壤介电常数的主导因素，但由于不同类型的土壤水分具有不同物理化学特性，导致不同类型土壤水分对于土壤介电常数的贡献不同。其中重力水和毛管水不受土壤颗粒表面电荷吸引的影响，可以自由移动，称为自由水；膜状水和吸湿水受到土壤粒子表面电荷的吸引，吸附在土壤颗粒表面，称为结合水[105,108]。自由水和结合水的物理化学特性不同，两者的介电常数具有较大差异，从而导致了相同土壤水分条件下不同质地土壤的不同介电常数。一般认为土壤质地主导着土壤中自由水和结合水的相对比例。本书作者为了分析土壤水分对于土壤介常数的影响，选择 Lundien 1972 年和 Newton 1975 年获取的 1.4GHz 的三种质地不同土壤水分含量下的土壤介电常数试验数据，基于此，分析不同土壤水分含量的土壤介

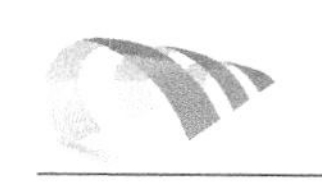

电常数特征如图3.4所示。

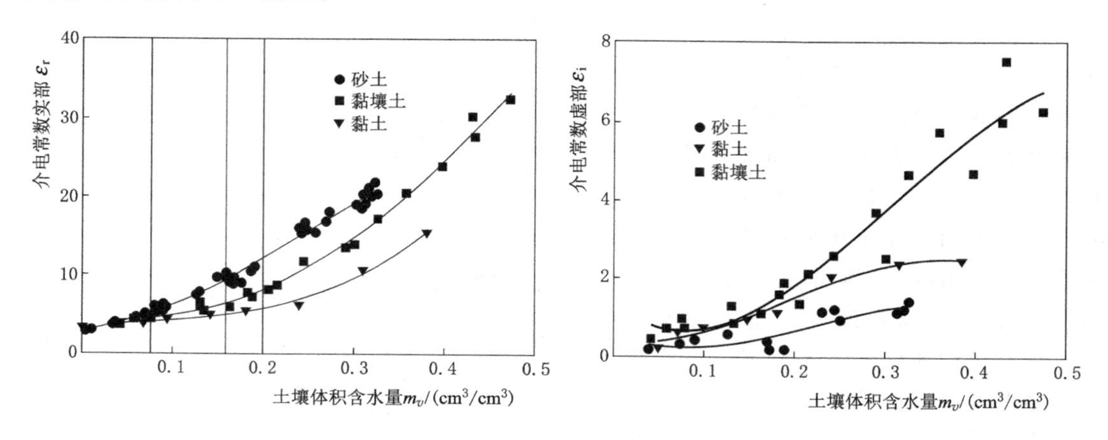

图3.4　土壤介电常数随土壤含水量变化图

从图3.4中可以看出，土壤水分对于土壤介电常数的主导作用，砂土、黏壤土与黏土的介电常数都随土壤含水量的增加而增加，相比于土介电常数实部为3～5，湿土介电常数可达30左右；并且在相同的土壤含水量下，砂土的介电常数实部＞黏壤土的介电常数实部＞黏土的介电常数实部，与3.1.2节分析结果一致。图3.4显示，随土壤含水量的增加，三种土壤质地的土壤介电常数实部增加的幅度具有一个明显的过渡变化点，其中过渡点土壤含水量大致的位置已在图中分别用3条竖线标出。Wang et al. 1980年对土壤介电常数研究时，提出该过渡点对应着土壤结合水向自由水过渡的临界位置[111]。在图3.4中，土壤含水量小于过渡点含水量时，土壤的介电特性主要是受结合水影响，超过过渡点时，土壤介电特性主要受自由水影响。并且，相比结合水，自由水对于土壤的介电常数影响幅度更大。其中主要原因是：自由水与纯净液态水物理化学性质基本一致。自由水的水分子具有偶极子特性，即液态水的水分子呈电极性。一般受到外时变电场的作用时自由水（纯净液态水）的水分子出现自旋、电荷移动及定性排列等偶极子极化现象，使得其介电常数呈现非常高的现象，约为80[110]；结合水主要是由于土壤颗粒对于水分的吸附作用，包括水分子与土壤颗粒矿物表面的氧原子与氢氧原子之间的水合作用（与土壤矿物影响相关）、通过分子之间的作用力极性水分子与带负电的土壤颗粒表面相结合形成一个微小电容等，使得水分子紧密围绕在土壤颗粒表面或者土壤颗粒表面结合而无法自由地移动且部分形成了新的偶极子，使得受外电场时新的偶极子呈现稍弱的极化现象，进而土壤表现出了较小的介电常数特性。土壤颗粒对于水分的吸附作用，主要与土壤颗粒表面积、表面电荷量及距离相关，该部分已经在土壤质地影响分析中详细阐述。

另外，在相同土壤含水量条件下，一般土壤结合水的相对含量会随土壤黏粒比例的增加而增加，如图3.4所示随着土壤质地所导致的结合水的相对含量增加，土壤介电常数实部反而减小。与介电常数实部相比，介电常数虚部呈现出的该特性更加复杂。尽管结合水的相对含量增加，但黏土介电常数虚部低于黏壤土介电常数虚部。这些表明，介电常数的虚部不仅仅与结合水和自由水电偶极化相关，还受其他因素的影响，例如，麦克斯韦效应[108]、电磁振荡、土壤颗粒表面导电[101]、自由离子导电等。

3.1.5 土壤温度影响分析

根据 Ray 等 1972 年获得了 0℃、20℃、40℃ 3 种温度的液态水介电常数数据如图 3.5 所示，分析发现液态纯净水的介电常数是温度的函数。在较低频率区液态水的介电常数随温度的增加而降低，较高频率随温度的增加而增加，表明温度对液态水介电常数的影响与电磁场频率相关。液态水作为土壤的重要组成部分，随着土壤中的水分比例增大，液态水介电常数的特性一定程度上影响着土壤介电特性。作者利用 Hoekstra et al. 1974 年获得的 10GHz 的粉砂质壤土介电常数测验数据，分析温度对于介电常数的影响特征，如图 3.6 所示。

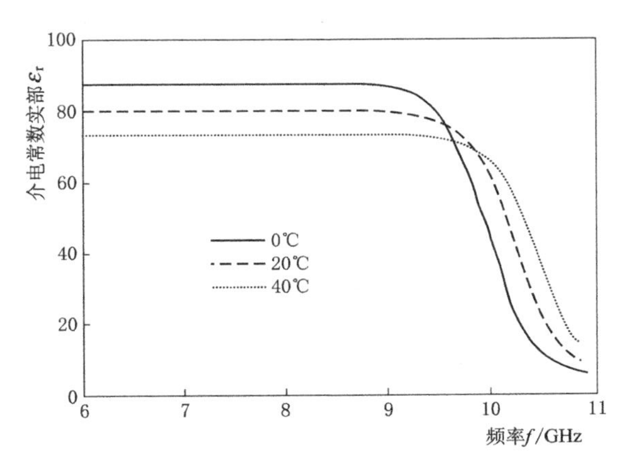

图 3.5 三种温度的液态水介电常数变化图

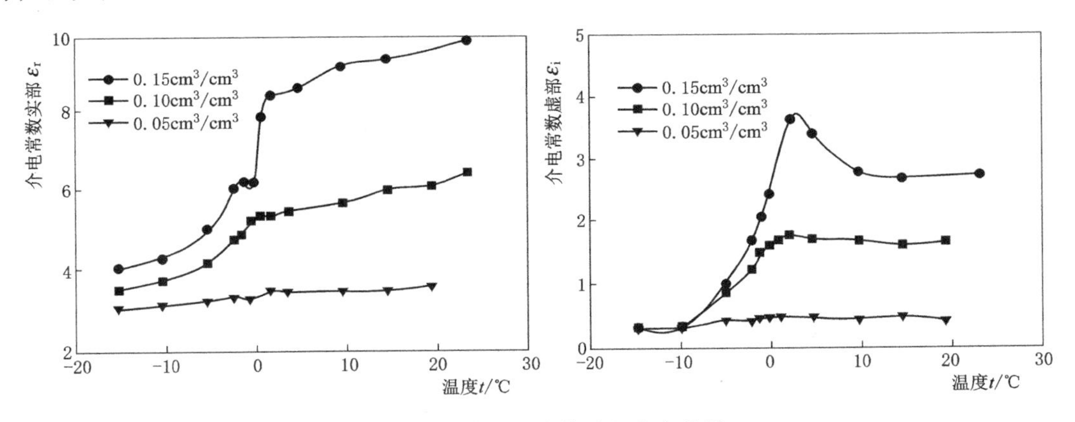

图 3.6 土壤介电常数随温度变化图

从图 3.6 中可以看出随土壤含水量的增加，温度对土壤介电常数的影响增大。在 0℃ 附近，随着温度的增加，土壤由冻土状态向非冻土状态转变，土壤介电常数实部和虚部都呈现大幅提升。当土壤处于非冻土状态后，土壤的介电常数实部随温度增加继续增大，但增大幅度变小，而土壤的介电常数虚部随温度增加反而呈减小，且减小到一定程度随温度增加而保持不变。另外图 3.6 显示土壤含水量为 $0.05\text{cm}^3/\text{cm}^3$ 时，温度对于土壤的影响基本可忽略不计，表明温度对于干土的影响较低，对于湿土的影响主要受水介电常数的温度特性主导。

3.1.6 频率影响分析

根据 Ray 等 1972 年获得的 6～11GHz 频率区间的液态水介电常数数据显示，液态纯净水的介电常数不仅受温度影响还是受频率影响，尤其大于 10GHz 随频率增加液态水的介电常数实部急剧减小而虚部先增加后减小。液态水作为土壤的重要组成部分。随着土壤中的水分比例增大，液态水介电常数的特性一定程度上影响着土壤介电特性。为此，作者利用 Curtis 1993 年、1995 年获得的 25℃粉砂质壤土介电常数测验数据，分析频率对于介电常数的影响特征，如图 3.7 所示。

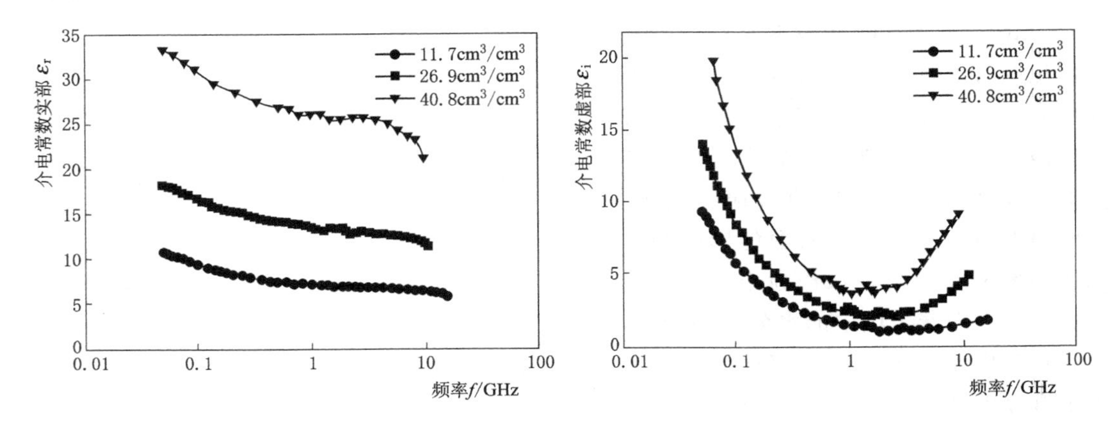

图 3.7　土壤介电常数随频率变化图

从图 3.7 中，看出随频率的增加土壤介电常数实部一直减小，而土壤介电常数的虚部先减小后增大。当频率在大于 10GHz 附近时，随频率增加土壤介电常数实部呈现大幅下降趋势；当频率在 1～5GHz 区间时，土壤介电常数虚部最小，当小于 1GHz 时，土壤介电常数虚部随频率增加而减小，当大于 5GHz 时，土壤介电常数虚部随频率增大而增大。根据 3 种不同土壤含水量的土壤介电常数随频率增加而变化的趋势，可知随土壤含水量的增加，频率变化对于土壤介电常数的影响增大，间接表明水介电常数的频率特性对于土壤介电特性具有重要影响。

3.2　土壤介电常数模型

根据以上对于土壤介特性的分析研究，可知土壤的介电特性受多种因素影响，十分复杂。过去几十年，为了推动微波遥感在土壤水分监测中的应用，国内外学者开展了与土壤介电常数相关大量研究，尤其国外学者发展了一系列的混合介电常数模型，包括物理、半经验与经验模型。其中，在微波遥感反演土壤水分领域中，用于描述土壤介电常数与土壤含水量关系的模型主要有四种：Mironov 模型、Dobson 模型、Wang 模型和 Hallikainen 模型。以上模型属于应用于微波遥感土壤水分反演的主流模型，本节将进行详细介绍。

3.2.1　Mironov 模型

Mironov 模型是 Mironov[113-115] 基于多种土壤类型的宽频率土壤介电常数试验数据开发且多次改进的一种物理的混合介电常数模型。该模型是以折射率混合模型为基础，充分考虑土壤水中结合水和自由水的介电特性差异，将土壤介电常数划分为土壤固体颗粒介电常数、土壤空气介电常数、土壤自由水和土壤结合水介电常数 4 个贡献部分。Mironov 模型，又称为通用折射率混合介电模型（generalized refractive mixing dielectric model，GRMDM），通过计算不同成分的折射率加权求和，获得总的混合复折射率，进而计算出土壤的介电常数。其中复折射率（complex refractive index）与复介电常数的关系如下：

$$n^* = \sqrt{\varepsilon} \tag{3.8}$$

土壤的总复折射率 n_m^* 为

$$n_m^* = \sqrt{\varepsilon_m} = \sqrt{\varepsilon_s} \cdot V_s + \sqrt{\varepsilon_a} \cdot V_a + \sqrt{\varepsilon_w} \cdot V_w \tag{3.9}$$

式中：ε_m、ε_s、ε_a、ε_w 分别为土壤复介电常数、土壤矿物固体颗粒介电常数、空气介电常数和纯水的复介电常数；V_s、V_a、V_w 分别为土壤中矿物固体颗粒、空气和水的三者体积比例。

由于空气的介电常数 ε_a 为 1，且 $V_a = 1 - V_s - V_w$，则土壤的总复折射率 n_m^* 的计算表达式简化为

$$\sqrt{\varepsilon_m} = \sqrt{\varepsilon_d} + (\sqrt{\varepsilon_w} - 1)V_w \tag{3.10}$$

$$\sqrt{\varepsilon_d} = 1 + (\sqrt{\varepsilon_s} - 1)V_s \tag{3.11}$$

式中：ε_d 为绝对干土的介电常数，与土壤矿物固体颗粒的介电常数和土壤体密度相关。

Mironov 将土壤水分分为结合水和自由水两种类型，并定义结合水的最大体积含水量为 m_{vt}，当土壤水分体积含水量不大于 m_{vt} 时，只以结合水形态存在，当土壤水分体积含水量大于 m_{vt} 时，土壤水分以结合水和自由水两种形态存在，因此式（3.10）进一步转化为

$$\sqrt{\varepsilon_m} = \sqrt{\varepsilon_d} + (\sqrt{\varepsilon_b} - 1)m_v \quad m_v \leqslant m_{vt} \tag{3.12}$$

$$\sqrt{\varepsilon_m} = \sqrt{\varepsilon_d} + (\sqrt{\varepsilon_d} - 1)m_{vt} + (\sqrt{\varepsilon_u} - 1)(m_v - m_{vt}) \quad m_v > m_{vt} \tag{3.13}$$

式中：ε_m、ε_d、ε_b、ε_u 分别为土壤、干土、结合水、自由水的复介电常数；m_v、m_{vt} 分别为土壤体积含水量、土壤结合水最大体积含量。

为了表示方便，进一步将复折射率 n^* 的复数形式表示为

$$n^* = n - jk \tag{3.14}$$

式中：n 为折射率（refractive index），即复折射率 n^* 的实部；k 为归一化衰减系数（normalized attenuation coefficient），即为复折射率 n^* 的虚部。

土壤的介电常数可以进一步转化为

$$\varepsilon_m' = n_m^2 - k_m^2 \tag{3.15}$$

$$\varepsilon_m'' = 2n_m \cdot k_m \tag{3.16}$$

式中：n_m、k_m 分别为土壤的折射率、归一化衰减系数。

土壤折射率 n_m 的计算表达式如下：

$$n_m = n_d + (n_b - 1) \cdot m_v \quad m_v \leqslant m_{vt} \tag{3.17}$$

$$n_m = n_d + (n_b - 1) \cdot m_{vt} + (n_u - 1) \cdot (m_v - m_{vt}) \quad m_v > m_{vt} \tag{3.18}$$

式中：n_d、n_b、n_u 分别为干土、结合水、自由水的折射率。

土壤归一化衰减系数 k_m 的计算达式如下：

$$k_m = k_d + k_b \cdot m_v \quad m_v \leqslant m_{vt} \tag{3.19}$$

$$k_m = k_d + k_b \cdot m_{vt} + k_u \cdot (m_v - m_{vt}) \quad m_v > m_{vt} \tag{3.20}$$

式中：k_d、k_b、k_u 分别为干土、结合水、自由水的归一化衰减系数。

自由水和结合水折射率与归一化衰减系数的计算表达式如下：

$$n_p = \frac{1}{\sqrt{2}}\{[(\varepsilon_{wp}')^2 + (\varepsilon_{wp}'')^2]^{1/2} + \varepsilon_{wp}'^{\,2}\}^{1/2} \tag{3.21}$$

$$k_p=\frac{1}{\sqrt{2}}\{[(\varepsilon'_{wp})^2+(\varepsilon''_{wp})^2]^{1/2}-\varepsilon'^{\,2}_{wp}\}^{1/2} \tag{3.22}$$

式中：p 表示结合水和自由水的标志符号，$p=\mathrm{b}$ 表示结合水，$p=\mathrm{u}$ 表示自由水；ε'_{wp}、ε''_{wp} 分别为土壤中结合水或自由水的复介电常数的实部与虚部。

根据 Debye 方程，结合水或自由水的复介电常数实部 ε'_{wp}、虚部 ε''_{wp} 的计算表达式如下：

$$\varepsilon'_{wp}=\varepsilon_{w\infty}+\frac{\varepsilon_{w_{0p}}-\varepsilon_{w\infty}}{1+(2\pi f\tau_{wp})^2} \tag{3.23}$$

$$\varepsilon''_{wp}=\frac{2\pi f\tau_{wp}(\varepsilon_{w_{0p}}-\varepsilon_{w\infty})}{1+(2\pi f\tau_{wp})^2}+\frac{\sigma_p^{\mathrm{eff}}}{2\pi\varepsilon_0 f} \tag{3.24}$$

式中：p 为结合水和自由水的标志符号，$p=\mathrm{b}$ 表示结合水，$p=\mathrm{u}$ 表示自由水；$\varepsilon_{w\infty}$ 为纯水高频极限的介电常数，取 $\varepsilon_{w\infty}=4.9$；$\varepsilon_{w_{0p}}$ 为结合水或自由水的静介电常数；f 为波频率，Hz；τ_{wp} 为结合水或自由水的极化松弛时间，s；σ_p^{eff} 为结合水或自由水的有效导电率；ε_0 为真空自由介电常数。

Mironov et al. 2009 年根据收集的多套土壤介电特性测量数据集，确立了 Mironov 模型参数与土壤黏粒百分含量 C 的函数关系式，并以此来估算 Mironov 模型参数值。其中，该数据集所覆盖的温度范围为 20～22℃、频率范围为 0.3～26GHz、土壤类型为 15 种。以上公式所需参数的估算表达式如下：

$$n_{\mathrm{d}}=1.634-0.539\times10^{-2}C+0.2748\times10^{-4}C^2 \tag{3.25}$$

$$k_{\mathrm{d}}=0.03952-0.04038\times10^{-2}C \tag{3.26}$$

$$m_{\mathrm{vt}}=0.02863-0.30673\times10^{-2}C \tag{3.27}$$

$$\varepsilon_{\mathrm{w0b}}=79.8-85.4\times10^{-2}C+32.7\times10^{-4}C^2 \tag{3.28}$$

$$\tau_{\mathrm{wb}}=1.062\times10^{-11}+3.450\times10^{-12}C \tag{3.29}$$

$$\sigma_{\mathrm{wb}}^{\mathrm{eff}}=0.3112+0.467\times10^{-2}C \tag{3.30}$$

$$\sigma_{\mathrm{wu}}^{\mathrm{eff}}=0.3631+1.217\times10^{-2}C \tag{3.31}$$

$$\varepsilon_{\mathrm{w0u}}=100 \tag{3.32}$$

$$\tau_{\mathrm{wu}}=8.5\times10^{-12} \tag{3.33}$$

另外，由于受实测数据的限制，以上模型参数的估算仅考虑了土壤黏粒百分含量。实际上，模型参数不仅与土壤质地相关，还受土壤温度影响。为此，Mironov et al. 后续收集了 10℃、20℃、30℃、40℃所对应的土壤介电常数数据，并对以上表达式估算的模型参数值进行修订，建立其与土壤温度的函数关系[116]。

任意温度时结合水、自由水的静介电常数 $\varepsilon_{w_{0p}}(T)$ 计算表达式如下：

$$\varepsilon_{w_{0p}}(T)=\frac{1+2\mathrm{e}[F_p(T_s)-\beta_p(T-T_s)]}{1-2\mathrm{e}[F_p(T_s)-\beta_p(T-T_s)]} \tag{3.34}$$

$$F_p(T_s)=\ln\left(\frac{\varepsilon_{w_{0p}}(T_s)-1}{\varepsilon_{w_{0p}}(T_s)+2}\right) \tag{3.35}$$

式中：p 为结合水和自由水的标志符号，$p=\mathrm{b}$ 表示结合水，$p=\mathrm{u}$ 表示自由水；T 为温度,℃；T_s 为参考温度,℃；β_p 为体积扩张系数；$\varepsilon_{w_{0p}}(T)$ 表示温度 T 时，自由水、结合

水的静介电常数；$\varepsilon_{w_{0p}}(T_s)$ 为参考温度 T_s 时，自由水、结合水的静介电常数。

任意温度时结合水、自由水的极化松弛时间 $\tau_p(T)$ 的计算公式为

$$\tau_p(T)=\frac{48\times10^{-12}}{T+273.15}e^{\frac{\Delta H_p}{(T+273.15)R}-\frac{\Delta S_p}{R}} \tag{3.36}$$

式中：p 为结合水和自由水的标志符号，$p=\mathrm{b}$ 表示结合水，$p=\mathrm{u}$ 表示自由水；T 为温度,℃；ΔH_p、Δs_p 分别为激活能、激活熵；R 为常用的气体系数。

任意温度时结合水、自由水的有效导电率 $\sigma_p^{\mathrm{eff}}(T)$ 的计算公式为

$$\sigma_p^{\mathrm{eff}}(T)=\sigma_p^{\mathrm{eff}}(T_s)+\beta_{\sigma_p}(T-T_s) \tag{3.37}$$

式中：p 为结合水和自由水的标志符号，$p=\mathrm{b}$ 表示结合水，$p=\mathrm{u}$ 表示自由水；T 为温度,℃；T_s 为参考温度,℃；$\sigma_p^{\mathrm{eff}}(T_s)$ 表示参考温度 T_s 对应的有效导电率；β_{σ_p} 为导电率的温度增加系数。

式（3.28）～式（3.33）定义了参考温度 $T_s=20$℃时所需的模型参数，而任意温度时式（3.34）～式（3.37）所对应的其他参数的估算公式为

$$\begin{aligned}\beta_b(T_s)=&8.57\times10^{-19}-0.00126\times10^{-2}C+\\&0.00184\times10^{-4}C^2-9.77\times10^{-10}C^3-1.39\times10^{-15}C^4\end{aligned} \tag{3.38}$$

$$\begin{aligned}\beta_u(T_s)=&1.11\times10^{-4}-1.603\times10^{-7}C+1.239\times10^{-9}C^2-\\&8.33\times10^{-13}C^3-1.007\times10^{-14}C^4\end{aligned} \tag{3.39}$$

$$\begin{aligned}\frac{\Delta H_b}{R}=&1467+2697\times10^{-2}C-980\times10^{-4}C^2+1.368\times10^{-10}C^3-\\&8.61\times10^{-13}C^4\end{aligned} \tag{3.40}$$

$$\begin{aligned}\frac{\Delta S_b}{R}=&0.888+9.7\times10^{-2}C-4.262\times10^{-4}C^2+6.79\times10^{-21}C^3+\\&4.263\times10^{-22}C^4\end{aligned} \tag{3.41}$$

$$\begin{aligned}\frac{\Delta H_u}{R}=&2231-143.1\times10^{-2}C+223.2\times10^{-4}C^2-\\&142.1\times10^{-6}C^3+27.14\times10^{-8}C^4\end{aligned} \tag{3.42}$$

$$\begin{aligned}\frac{\Delta S_u}{R}=&3.649-0.4894\times10^{-2}C+0.763\times10^{-4}C^2-\\&0.4859\times10^{-6}C^3+0.0928\times10^{-8}C^4\end{aligned} \tag{3.43}$$

$$\begin{aligned}\beta_{\sigma_b}(T_s)=&0.0028+0.02094\times10^{-2}C-0.01229\times10^{-4}C^2-\\&5.03\times10^{-22}C^3+4.163\times10^{-24}C^4\end{aligned} \tag{3.44}$$

$$\begin{aligned}\beta_{\sigma_u}(T_s)=&0.00108+0.1413\times10^{-2}C-0.2555\times10^{-4}C^2+\\&0.2147\times10^{-6}C^3-0.0711\times10^{-8}C^4\end{aligned} \tag{3.45}$$

$$\sigma_{wu}^{\mathrm{eff}}=0.05+1.4\times[1-(1-10^{-2}C)^{4.664}] \tag{3.46}$$

3.2.2 Dobson 模型

Dobson 模型是 Dobson 等基于 5 种土壤类型、0.3～1.3GHz 和 1.4～18GHz、22℃左右的土壤介电常数实验数据，开发的半经验混合介电常数模型[117-118]。该模型是以折射率混合模型为基础，将土壤介电常数分为土壤固体颗粒介电常数、土壤空气介电常

数、土壤自由水介电常数和土壤结合水介电常数 4 个部分。但由于结合水的介电常数难以测量，模型不再区分结合水与自由水的介电常数差异性，通过引入 1 个经验系数将结合水和自由水贡献合并为自由水贡献。其中该模型只适用于 0.3～1.3GHz 和 1.4～18GHz 频率范围。由于空气的介电常数默认为 1，则 Dobson 模型计算土壤的复介电常数的表达式如下：

$$\varepsilon_m = \varepsilon'_m - j\varepsilon''_m \tag{3.47}$$

$$\begin{aligned} \varepsilon'_m &= \left[1+\frac{\rho_b}{\rho_s}(\varepsilon_s^a - 1) + m_v^{\beta'}\varepsilon'^a_{fw} - m_v\right]^{1/\alpha} \\ \varepsilon''_m &= (m_v^{\beta''}\varepsilon''^a_{fw})^{1/\alpha} \end{aligned} \tag{3.48}$$

式中：常量 α 为形状因子，一般取 $\alpha=0.65$；β'、β''为结合水与自由水合并时引入的复数系数 β 实部与虚部，其与土壤质地相关；ε'_m、ε''_m分别为土壤复介电常数的实部和虚部；ρ_b 为土壤的体密度；ρ_s 为土壤固体颗粒的密度，一般取 $\rho_s=2.66$；ε_s 为土壤固态物质介电常数；m_v 为土壤体积含水量；ε'_{fw}、ε''_{fw}分别为自由水介电常数的实部和虚部。

土壤固态物质介电常数 ε_s 的计算表达式如下：

$$\varepsilon_s = (1.01+0.44\rho_s)^2 - 0.062 \tag{3.49}$$

但为了计算简便，一般常把土壤固体物质介电常数 ε_s 设为定值，取 $\varepsilon_s=4.7$。

由 Debye 方程，所得自由水介电常数（纯水）实部和虚部 ε'_{fw}、ε''_{fw}的计算表达式如下：

$$\varepsilon'_{fw} = \varepsilon_{w_\infty} + \frac{\varepsilon_{w_0} - \varepsilon_{w_\infty}}{1+(2\pi f\tau_w)^2} \tag{3.50}$$

$$\varepsilon''_{fw} = \frac{2\pi f\tau_w(\varepsilon_{w_0} - \varepsilon_{w_\infty})}{1+(2\pi f\tau_w)^2} + \frac{\sigma_{eff}}{2\pi\varepsilon_0 f}\cdot\frac{\rho_s - \rho_b}{\rho_s m_v} \tag{3.51}$$

式中：$\varepsilon_{w\infty}$ 为高频介电常数，一般取 $\varepsilon_{w_\infty}=4.9$；$\varepsilon_{w0}$ 为纯水静态介电常数，与温度 T 相关；ε_0 为自由空间电导率，取 $\varepsilon_0=8.854\times10^{-12}Fm^{-1}$ τ_w 为纯水的弛豫时间，单位 s，与温度 T 相关；f 为电场频率，Hz；σ_{eff} 为水的有效导电率，水中离子浓度的函数，与土壤质地等相关；ρ_s 为干土的密度；ρ_b 为土壤体密度；m_v 为土壤体积含水量。

纯水静态介电常数 ε_{w_0} 的计算表达式如下：

$$\varepsilon_{w_0}(T) = 88.045 - 0.4147T + 6.295\times10^{-4}T^2 + 1.075\times10^{-5}T^3 \tag{3.52}$$

式中：T 为温度,℃。

纯水的弛豫时间 τ_w（单位为 s）的计算表达式如下：

$$2\pi\tau_w(T) = 1.1109\times10^{-10} - 3.824\times10^{-12}T + 6.938\times10^{-14}T^2 - 5.096\times10^{-16}T^3 \tag{3.53}$$

式中：T 为温度,℃。

复数参数 β 实部与虚部的计算表达式如下：

$$\beta' = (127.48 - 0.519S - 0.152C)/100 \tag{3.54}$$

$$\beta'' = (133.797 - 0.603S - 0.166C)/100 \tag{3.55}$$

式中：S、C 分别为土壤中砂粒、黏粒的百分比含量。

在 1.4～18GHz 的自由水有效导电率 σ_{eff} 的计算表达式如下：

$$\sigma_{eff}=-1.645+1.939\rho_b-0.0225622S+0.01594C \tag{3.56}$$

在 0.3～1.3GHz 的自由水有效导电率 σ_{eff} 的计算表达式如下：

$$\sigma_{eff}=0.0467+0.2204\rho_b-0.004111S+0.006614C \tag{3.57}$$

另外，为了获得更准确地计算 0.3～1.3GHz 土壤介电常数实部 ε'_m，须要对以上公式计算结果进行线性纠正，表达式如下：

$$\varepsilon'=1.15\varepsilon'_m-0.68 \tag{3.58}$$

3.2.3 Wang 和 Schmugge 模型

Wang 和 Schmugge 模型是 Wang 和 Schmugge 根据收集的多种土壤类型、1.4GHz 和 5GHz 的土壤介电常数试验数据开发的一种半经验混合介电模型[102]。Wang et al. 发现结合水与自由水的介电特性具有较大差异，随着土壤含水量的增加土壤介电常数的变化存在一个显著的含水量过渡点（结合水最大含量），指出估算土壤介电常数时应将结合水和自由水的介电常数分开考虑。在模型开发过程中，Wang et al. 将土壤的介电常数划分为土壤基质混合物、空气、结合水与自由水四部分贡献。其中，由于结合水被土壤颗粒紧紧吸附在固体颗粒表面，Wang et al. 认为结合水的介电常数与冰相似，引入冰的介电常数来描述土壤结合水。Wang 模型计算土壤介电常数 ε_m 的表达式如下：

$$\begin{aligned}\varepsilon_m&=m_v\cdot\varepsilon_x+(P-m_v)\cdot\varepsilon_a+(1-P)\cdot\varepsilon_{r0}\\ \varepsilon_x&=\varepsilon_{ic}+(\varepsilon_w-\varepsilon_{ic})\cdot\frac{m_v}{w_t}\cdot\gamma\end{aligned}\qquad m_v\leqslant w_t \tag{3.59}$$

$$\begin{aligned}\varepsilon_m&=w_t\cdot\varepsilon_x+(m_v-w_t)\cdot\varepsilon_w+(P-m_v)\cdot\varepsilon_a+(1-P)\cdot\varepsilon_{ro}\\ \varepsilon_x&=\varepsilon_{ic}+(\varepsilon_w-\varepsilon_{ic})\cdot\gamma\end{aligned}\qquad m_v>w_t \tag{3.60}$$

式中：m_v 为土壤体积含水量；w_t 为随土壤含水量增加土壤介电常数变化时过渡点体积含水量，$m_v\leqslant w_t$，土壤水以结合水的形态存在，$m_v>w_t$，土壤水以结合水和自由水形态存在；ε_x、ε_{ro}、ε_{ic}、ε_w 分别为土壤颗粒吸附水（结合水）的介电常数、土壤基质岩石矿物的介电常数、冰晶的介电常数、液态水（自由水）的介电常数；p 为土壤孔隙度；γ 为结合水介电常数计算时的调节参数。

经过研究发现过渡点含水量与萎蔫点含水量之间具有较好的线性关系，过渡点含水量 w_t 的计算表达式如下：

$$w_t=0.09+0.59w_p \tag{3.61}$$

式中：w_p 为萎蔫点含水量，与土壤质地相关。

萎蔫点含水量 w_p 的计算表达式如下：

$$w_p=0.06774-0.00064S+0.00478C \tag{3.62}$$

式中：S、C 为土壤砂粒、黏粒含量百分比含量。

调节参数 γ 的计算表达式如下：

$$\gamma=-0.59w_p+0.481 \tag{3.63}$$

干土的孔隙度 p 的计算表达式如下：

$$p=1-\frac{\rho_b}{\rho_s} \tag{3.64}$$

式中：ρ_b 为干土的密度（土壤体密度），一般由实验获取；ρ_s 为土壤固体物质密度，一般取 $\rho_s=2.65$。

冰的介电常数 ε_{ic}，一般为

$$\varepsilon_{ic}=3.2+0.1j \tag{3.65}$$

空气的介电常数 ε_a，一般为

$$\varepsilon_a=1+0j \tag{3.66}$$

纯水的介电常数 ε_w 可以由 Debye 方程计算，相应的实部和虚部的表达式如下：

$$\varepsilon'_w=\varepsilon_{w_\infty}+\frac{\varepsilon_{w_0}-\varepsilon_{w_\infty}}{1+(2\pi f\tau_w)^2} \tag{3.67}$$

$$\varepsilon''_w=\frac{2\pi f\tau_w(\varepsilon_{w_0}-\varepsilon_{w_\infty})}{1+(2\pi f\tau_w)^2}+\frac{\sigma_{eff}}{2\pi\varepsilon_0 f} \tag{3.68}$$

式中：ε_{w_∞} 为高频上界介电常数，一般取 $\varepsilon_{w_\infty}=4.9$；$\varepsilon_{w_0}$ 为纯水静态介电常数，与温度 T 相关；ε_0 为自由空间电导率，$\varepsilon_0=8.854\times10^{-12}Fm^{-1}\tau_w$ 取为纯水的弛豫时间，s，与温度 T 相关；f 为电场频率，Hz；σ_{eff} 为水的有效导电率，水中离子浓度的函数，与土壤质地等相关。

纯水静态介电常数 ε_{w_0} 的计算表达式如下：

$$\varepsilon_{w_0}(T)=88.045-0.4147T+6.295\times10^{-4}T^2+1.075\times10^{-5}T^3 \tag{3.69}$$

式中：T 为温度，℃。

纯水的弛豫时间 τ_w 的计算表达式如下：

$$2\pi\tau_w(T)=1.1109\times10^{-10}-3.824\times10^{-12}T+6.938\times10^{-14}T^2-5.096\times10^{-16}T^3 \tag{3.70}$$

式中：T 为温度，℃。

σ_{eff} 为有效导电率，在 1.4～18GHz 频率区的表达式为

$$\sigma_{eff}=-1.645+1.939\rho_b-0.02013S+0.01594C \tag{3.71}$$

有效电导率 σ_{eff} 在 0.3～1.3GHz 频率区的表达式为

$$\sigma_{eff}=0.0467+0.2204\rho_b-0.4111S+0.6614C \tag{3.72}$$

式中：ρ_b 为土壤的体密度；S、C 为土壤砂粒、黏粒百分比含量。

3.2.4　Hallikainen 模型

Hallikainen 模型是 Hallikainen et al. 根据 5 种土壤类型、22℃左右、1.4～18GHz 频率区的土壤介电常数试验数据，开发的一种与频率和土壤质地相关的经验模型[104]。模型土壤介电常数 ε_m 的计算表达式如下：

$$\varepsilon_m=(a_0+a_1S+a_2C)+(b_0+b_1S+b_2C)\cdot m_v+(c_0+c_1S+c_2C)m_v^2 \tag{3.73}$$

式中：m_v 为土壤体积含水量；S、C 分别为土壤中砂土和黏土的百分比含量；a_0、a_1、a_2、b_0、b_1、b_2、c_0、c_1、c_2 分别为多项式的相关系数，与频率相关，见表 3.2。

表 3.2　　Hallikainen 模型多项式系数

项　目	频率/GHz	a_0	a_1	a_2	b_0	b_1	b_2	c_0	c_1	c_2
介电常数实部 ε_r	1.4	2.862	−0.012	0.001	3.803	0.462	−0.341	119.006	−0.5	0.633
	4	2.927	−0.012	−0.001	5.505	0.371	0.062	114.826	−0.389	−0.547
	6	1.993	0.002	0.015	38.086	−0.176	−0.633	10.72	1.256	1.522
	8	1.997	0.002	0.018	25.579	−0.017	−0.412	39.793	0.723	0.941
	10	2.502	−0.003	−0.003	10.101	0.221	−0.004	77.482	−0.061	−0.135
	12	2.2	−0.001	0.012	26.473	0.013	−0.523	34.333	0.284	1.062
	14	2.301	0.001	0.009	17.918	0.084	−0.282	50.149	0.012	0.387
	16	2.237	0.002	0.009	15.505	0.076	−0.217	48.26	0.168	0.289
	18	1.912	0.007	0.021	29.123	−0.19	−0.545	6.96	0.822	1.195
介电常数虚部 ε_i	1.4	0.356	−0.003	−0.008	5.507	0.044	−0.002	17.753	−0.313	0.206
	4	0.004	0.001	0.002	0.951	0.005	−0.01	16.759	0.192	0.29
	6	−0.123	0.002	0.003	7.502	−0.058	−0.116	2.942	0.452	0.543
	8	−0.201	0.003	0.003	11.266	−0.085	−0.155	0.194	0.584	0.581
	10	−0.07	0	0.001	6.62	0.015	−0.081	21.578	0.293	0.332
	12	−0.142	0.001	0.003	11.868	−0.059	−0.225	7.817	0.57	0.801
	14	−0.096	0.001	0.002	8.583	−0.005	−0.153	28.707	0.297	0.357
	16	−0.027	−0.001	0.003	6.179	0.074	−0.086	34.126	0.143	0.206
	18	−0.071	0	0.003	6.938	0.029	−0.128	29.945	0.275	0.377

3.3　不同介电常数模型精度验证

3.2 节详细介绍了 Mironov、Dobson、Wang 和 Hallikainen 4 种主流土壤混合介电常数模型，其中，Mironov 模型属于物理模型，考虑了结合水和自由水对土壤介电特性的独立贡献，具有明确的物理基础；Dobson 属于半经验模型，具有一定的物理基础，对于自由水和结合水的介电特性进行部分假设，未考虑结合水和自由水对土壤介电特性的独自贡献。Wang 模型属于半经验模型，具有一定的物理基础，考虑结合和自由水的特点差异性，但是未能准确描述结合水的介特性，仅根据结合水与冰晶的相似性假设，引入冰晶介电常数进行结合水的介电常数估算；Hallikainen 模型是由 1.4～18GHz 的土壤介电常数数据采用多项式模拟法发展而来的经验模型。从以上可以看出，4 种模型各具自身特点，见表 3.3。

表 3.3　　四种介电常数模型的对比

模　型	Hallikainen	Wang	Dobson	Mironov
输入参数	土壤体积含水量、频率、砂土含量、黏土含量	土壤体积含水量、频率、温度、砂土含量、黏土含量、土壤容重	土壤体积含水量、频率、温度、砂土含量、黏土含量、土壤容重	土壤体积含水量、频率、温度、黏土含量
开发时间	1985 年	1980 年	1985 年	2004—2008 年
类型	经验	半经验	半经验	物理（系数经验拟合）

续表

模　型	Hallikainen	Wang	Dobson	Mironov
频率有效范围	1.4～18GHz	0.3～1.3GHz，1.4～18GHz	0.3～1.3GHz，1.4～18GHz	0.3～26GHz
是否考虑结合水和自由水差异	否	是	否	是
是否考虑温度	否	是	是	是
是否适用于冻土	否	否	否	否

介电常数模型作为微波遥感土壤水分反演算法中重要组成部分，其中 Mironov、Dobson、Wang 和 Hallikainen 4 种不同模型已经在被动微波土壤水分反演的不同算法中进行应用，例如，SMOS 全球土壤水分产品前期 L－MED 算法选用 Mironov 模型、AMSE－E 土壤水分产品 NASA 基础算法中选用 Dobson 模型、AMSR－E 土壤水分产品 LPRM 算法中选用 Wang 模型、较多的机载微波遥感土壤水分反演试验选用 Hallikainen 模型等。但是，目前微波遥感土壤水分反演算法并未考虑不同土壤条件下土壤介电常数的适应性及不同介电常数的差异对于土壤水分反演的影响。因此，开展不同介电常数模型适应性和应用精度评价，对于未来改善微波遥感土壤水分反演算法及提高土壤水分产品生产精度具有重要作用和实际价值。由于土壤介电特性影响因素的复杂性和实际操作的局限性，近几十年来每个土壤介电常数试验仅仅考虑了部分因素，单次试验对于土壤介电特性的认识具有一定的片面性。目前，通过一次试验数据无法对不同介电场常数模型的适用性和精度验证开展深入研究。根据实际情况和试验数据的质量分析，本书作者筛选了 Newton 1972 年、Hallikainen 1985 年、Curtis 1993 年和郭鹏 2013 年[119] 获取的多种土壤介电常数试验数据，采用模拟值与真实值之间的均方根误差（root mean squared error，RMSE）、线性相关系数（R）、线性斜率（slope）3 个指标开展四种模型在不同土壤水分含水量、土壤质地、土壤温度和频率下介电常数模拟对比分析和精度验证。其中，均方根误差 RMSE 是评价精度的重要指标，主要描述模拟值与真实值的偏差，其值越小说明模型精度越高；线性相关系数 R 描述模拟值与真实值的相关性，表征模型模拟值变化趋势是否和真实情况一致，其值越接近于 1 说明线性关系越好、模型精度越高；线性斜率 Slope 是模拟值与真实值线性拟合的线性系数，其值越接近于 1 说明模拟值的变化幅度与真实值的变化幅度更一致、模型精度更高。介电常数试验数据见表 3.4。

表 3.4　　介电常数试验数据

土壤类型	土壤类型英文名称	土壤质地百分比/%			土壤容重	频率	温度/℃	土壤体积含水量/(cm^3/cm^3)	描述	数据来源
		砂粒	粉粒	黏粒						
砂质壤土 2	sandy loam	77.27	16.02	6.71	1.38	多种	20	1.55	张家口土壤	郭鹏 2013 年试验数据
粉砂质壤土 3	silty loam	36.83	53.44	9.74	1.5			27.14	郑州土壤	
粉砂质壤土 2		8.66	84.5	6.84	1.02			21.29	黑河土壤	
粉砂黏壤土	silty clay loam	28.84	52.03	19.13	1.35			17.41	保定土壤	
黏土 4	clay	17.92	35.42	46.66	1.12			31.65	东北土壤 A	
黏土 5		4.41	38.25	57.34	1.02			26.51	东北土壤 B	

续表

土壤类型	土壤类型英文名称	土壤质地百分比/%			土壤容重	频率	温度/℃	土壤体积含水量/(cm^3/cm^3)	描述	数据来源
		砂粒	粉粒	黏粒						
壤质砂土 2	loamy sand	99.5	0.5	0	1.7	多种	多种	多种	Ottawa sand	Curtis 1993 年试验数据
粉砂质壤土 1	silty loam	4.7	86.8	8.5	1.4				Tan silt	
黏土 3	clay	1	32.4	66.6	0.9				Kaolinite	
砂质壤土 1	sandy Loam	51.51	35.06	13.43	1.54	多种	23	多种	Field 1	Hallikainen 1985 年试验数据
粉砂黏土	silty clay	5.02	47.6	47.38	1.42				Field 5	
壤质砂土 1	loamy sand	86	7	7	1.69	1.4	25	多种	Sample Sand	Newton 1972 年试验数据
黏壤土 1	clay loam	39.8	26	34.2	1.2				Sample 4、5	
黏壤土 2		36	29	35	1.25				Sample 7、18	
砂质黏土	sandy clay	51.9	9	39.6	1.52				Sample 14、15	
黏土 1	clay	44.4	12	43.6	1.19				Sample 13	
黏土 2		3	35	62	1.28				Sample Miller clay	

3.3.1 不同土壤质地下介电常数模型的精度分析

土壤质地与土壤水存储和分配紧密相关，是影响土壤介电常数的重要因素。在土壤介电模型中，土壤质地作为模型的关键输入参数，直接影响着模型模拟的土壤介电常数特征。根据前文所述，Mironov、Dobson、Wang 和 Hallikainen 4 种模型对于土壤质地的考虑不尽相同。研究不同土壤质地条件下的土壤介电常数模型的精度和适用性，对于微波遥感的土壤水分高精度反演具有重要意义。本节根据 Newton et al. 获取的壤质砂土 、黏壤土 1、黏壤土 2、黏土 1、黏土 2、砂质黏土土壤类型以及 Hallikainen et al. 获取的砂质壤土、粉砂质黏土土壤类型在常温下 1.4GHz 土壤介电常数试验数据，分析不同土壤质地条件下 4 种介电常数模型的模拟特征及精度，其中土壤质地试验数据详细信息见表 3.4。

如图 3.8～图 3.15 所示，在砂土、壤土、黏壤土和黏土 4 类土壤质地条件下，4 种模型模拟的土壤介电常数随土壤水分变化呈现较大差异。4 种介电常数模型模拟的土壤介电

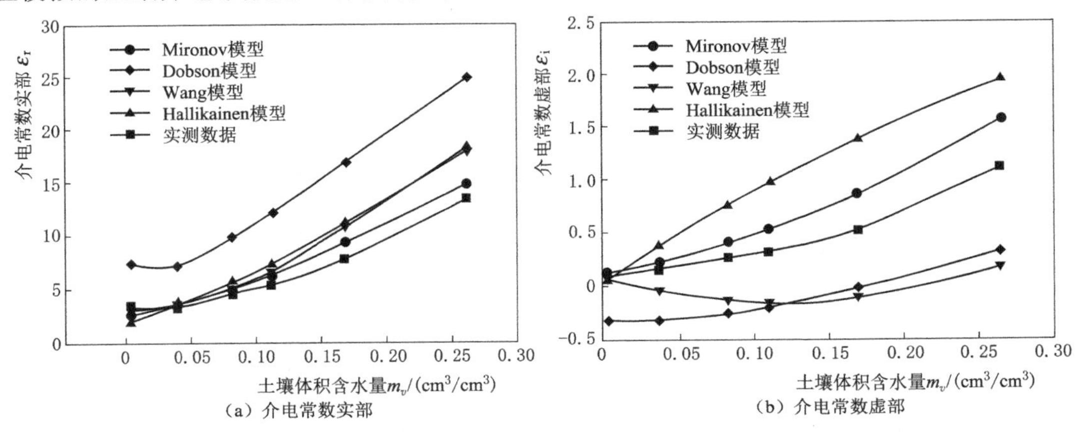

(a) 介电常数实部　　(b) 介电常数虚部

图 3.8 不同土壤水分的壤质砂土 1 土壤介电常数模拟值与实测值对比图

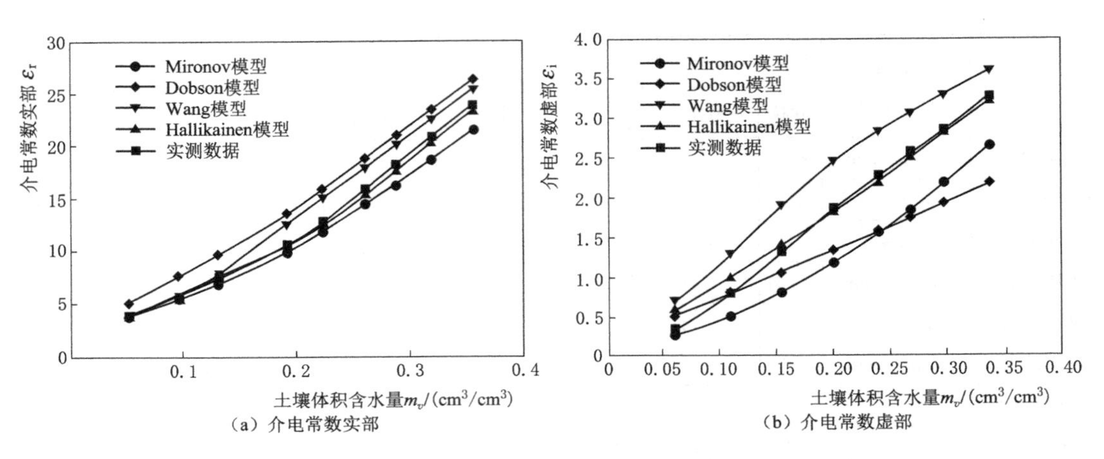

(a) 介电常数实部　(b) 介电常数虚部

图 3.9　不同土壤水分的砂质壤土 1 土壤介电常数模拟值与实测值对比图

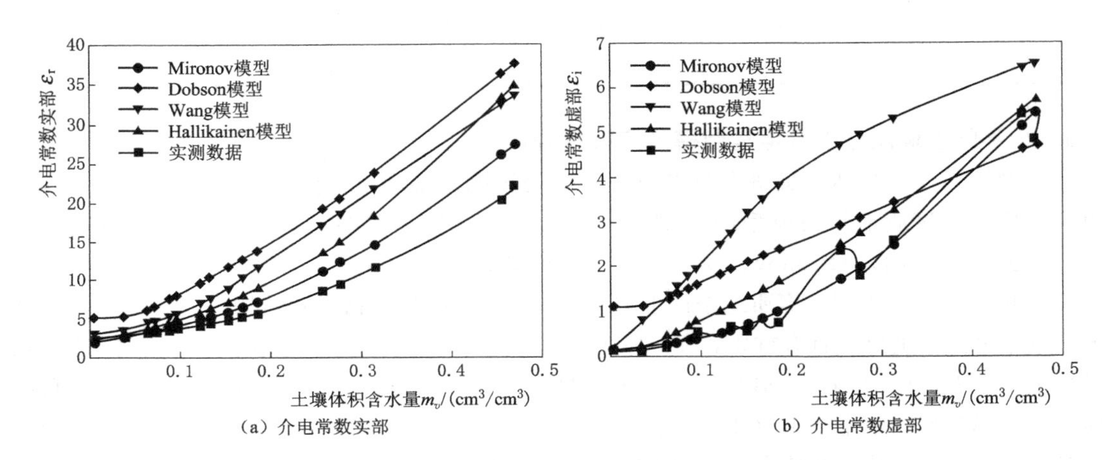

(a) 介电常数实部　(b) 介电常数虚部

图 3.10　不同土壤水分的黏壤土 1 土壤介电常数模拟对比图

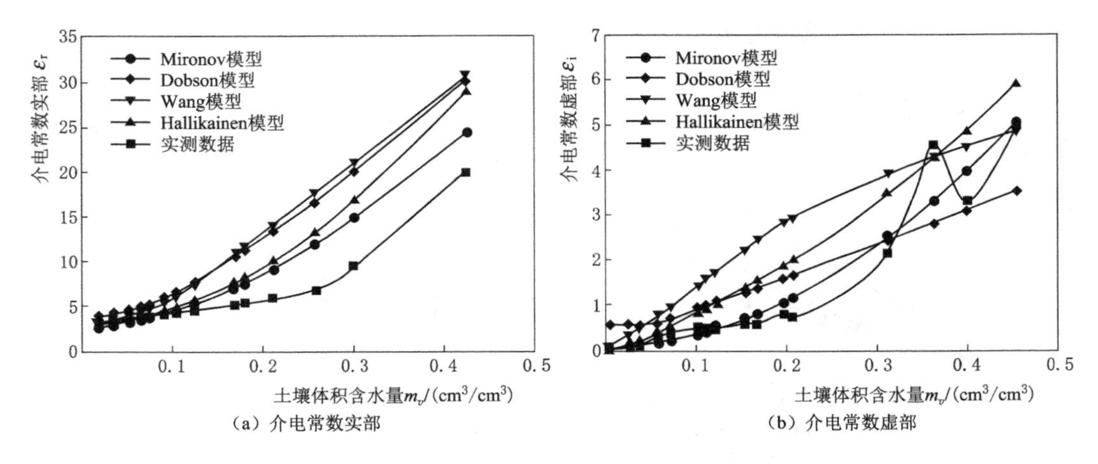

(a) 介电常数实部　(b) 介电常数虚部

图 3.11　不同土壤水分的黏壤土 2 土壤介电常数模拟值与实测值对比图

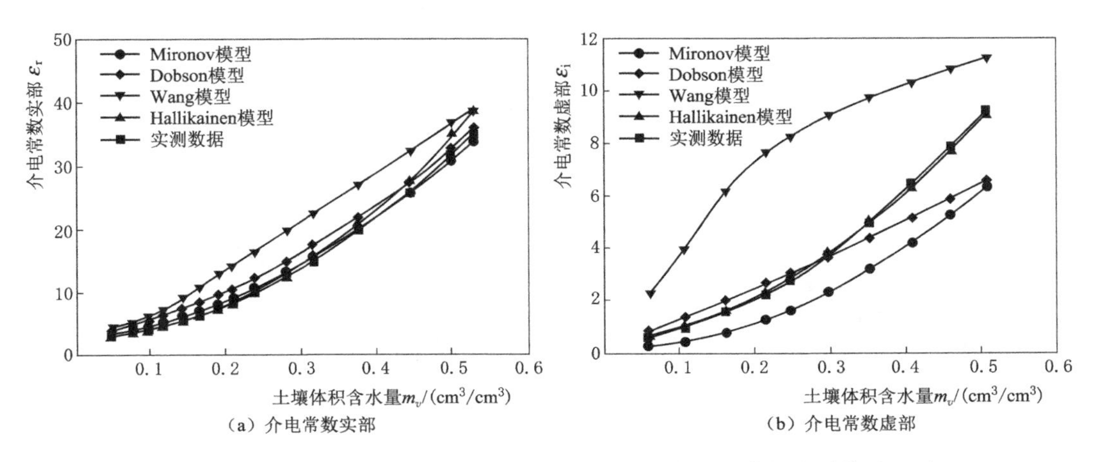

图 3.12　不同土壤水分的粉砂质黏土土壤介电常数模拟值与实测值对比图

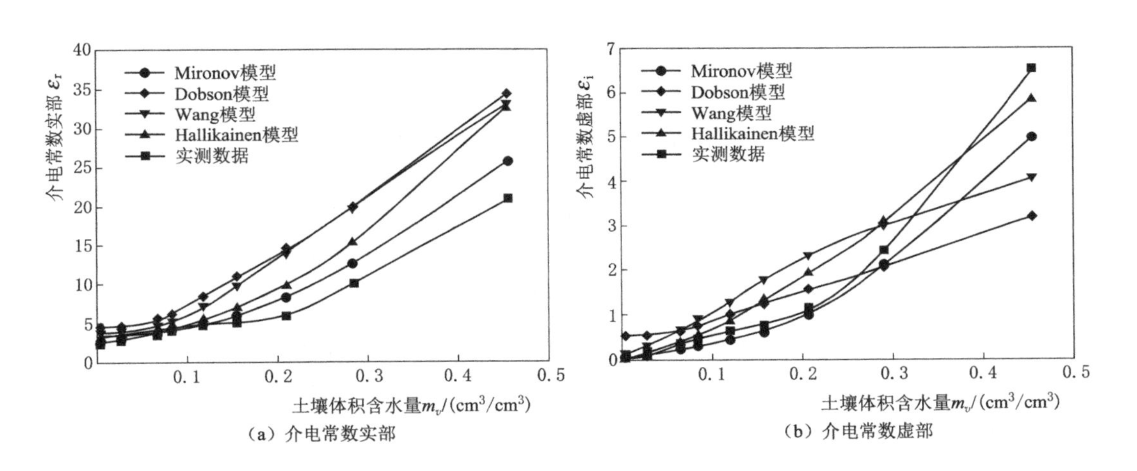

图 3.13　不同土壤水分的黏土 1 土壤介电常数模拟值与实测值对比图

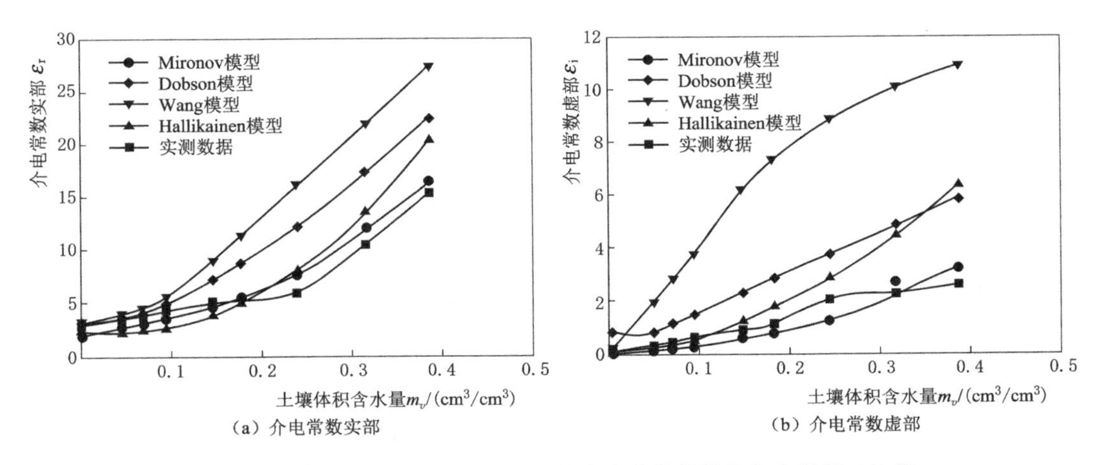

图 3.14　不同土壤水分的黏土 2 土壤介电常数模拟值与实测值对比图

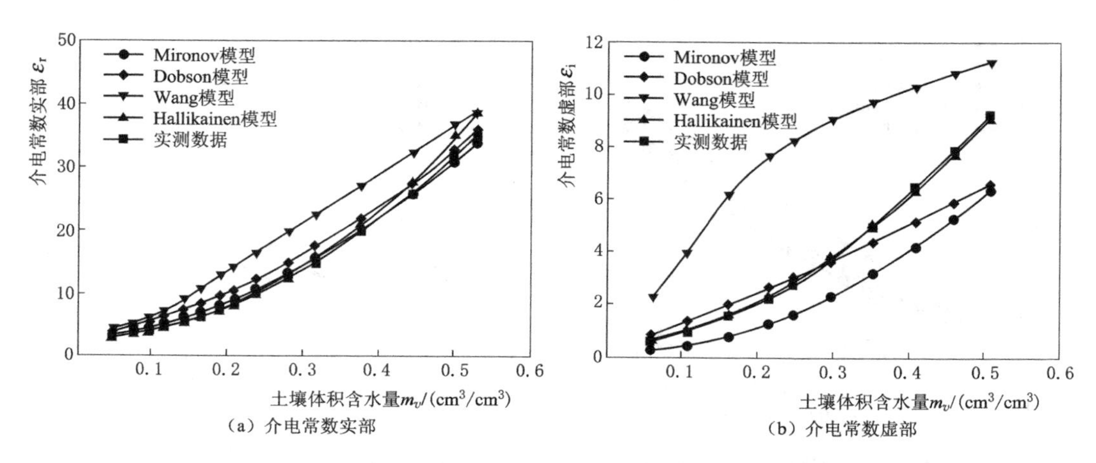

（a）介电常数实部　　（b）介电常数虚部

图 3.15　不同土壤水分的粉砂黏土土壤介电常数模拟值与实测值对比图

常数随土壤含水量变化的趋势与实测情况相似，但是随土壤含水量的增加而增加，变化幅度呈现显著差异。相比 Dobson、Wang 和 Hallikainen 3 种模型，Mironov 模型在整个土壤水分变化区间内模拟的土壤介电常数与测量的土壤介电常数真实值最一致。除了壤质砂土外，在 4 种模型对于不同类型土壤的介电常数实部和虚部的模拟中，Wang 模型整体效果最差。另外，相比土壤含水量较高时，在土壤含水量较低时 4 种模型的土壤介电常数实部模拟值与真实值更接近，表明相比湿土 4 种模型对于干土的模拟精度更好。

为了更详细地定量分析不同土壤质地条件下 4 种不同介电常数模型的模拟精度，分别统计了多种土壤质地条件下 4 种模型的模拟值与真实值之间的均方根误差 RMSE、线性相关系数 R、线性关系的斜率 Slope 3 个指标用于模型模拟精度的评价。针对 4 种模型，不同土壤质地条件下 RMSE、R 和 Slope 的统计结果如图 3.16～图 3.18 所示。

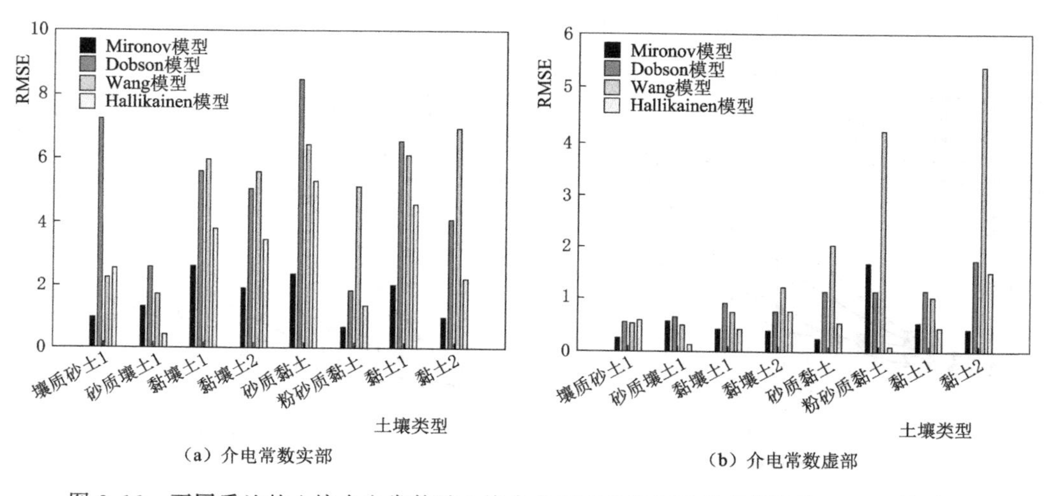

（a）介电常数实部　　（b）介电常数虚部

图 3.16　不同质地的土壤介电常数随土壤含水量变化的四种模型模拟值 RMSE 统计图

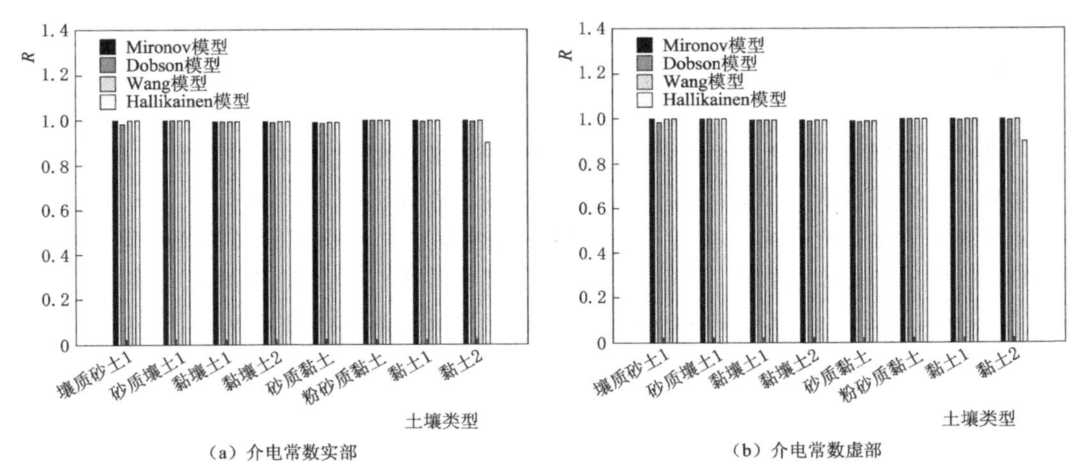

(a) 介电常数实部　　(b) 介电常数虚部

图 3.17 不同质地的土壤介电常数随土壤含水量变化的四种模型模拟值 R 统计图

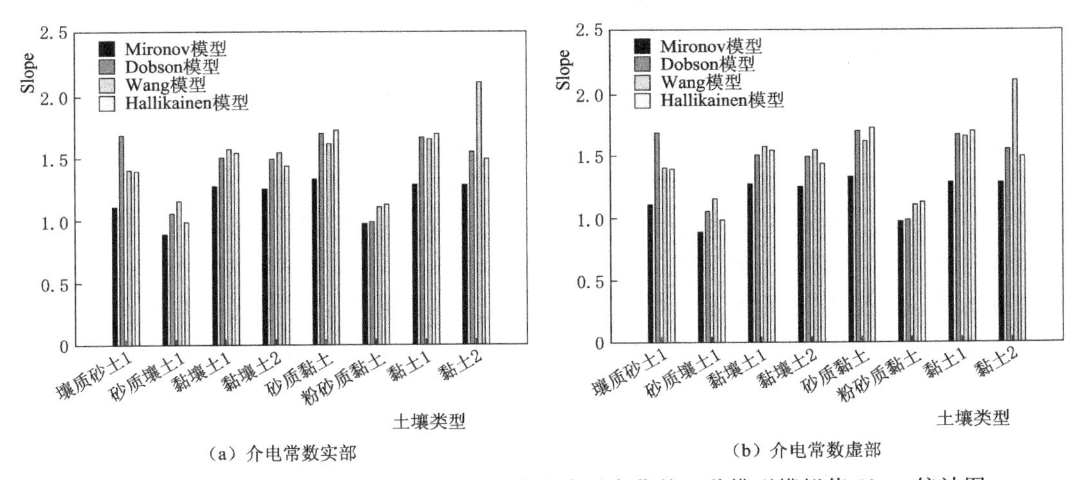

(a) 介电常数实部　　(b) 介电常数虚部

图 3.18 不同质地的土壤介电常数随土壤含水量变化的四种模型模拟值 Slope 统计图

图 3.17 (a) 显示了由 4 种模型所模拟的土壤介电常数实部相关系数 R 统计值分布，从图中可以看出不同土壤质地条件下四种模型所对应的相关系数 R 十分相似并接近 1，Mironov、Dobson、Wang 和 Hallikainen 4 种模型所对应的 R 平均值分别为 0.998、0.994、0.998、0.985，表明土壤介电常数实部在不同土壤质地条件下 4 种模型的模拟值与实际真实值具有很强的相关性，即所模拟的介电常数实部随土壤水分含水变化的趋势与实际情况基本一致。

图 3.16 (a) 显示了由 4 种模型所模拟的土壤介电常数实部 RMSE 统计值分布，Mironov、Dobson、Wang 和 Hallikainen 4 种模型所对应的 RMSE 平均值分别为 1.58、5.18、5.02 和 2.94，表明土壤介电常数实部在不同土壤质地条件下 4 种模型的模拟值与真实值的整体偏差性，Mironov 模型最小、Hallikainen 模型次之、Dobson 模型和 Wang 模型最大。

图 3.18 (a) 显示了由 4 种模型所模拟的土壤介电常数实部线性关系斜率 Slope 的统计值分布，Mironov、Dobson、Wang 和 Hallikainen 4 种模型所对应的 Slope 平均值分别为 1.17、1.46、1.52 和 1.43，表明土壤介电常数实部在不同土壤质地条件下 4 种模型的模拟值与真实值的线性关系在散点图中偏离 1∶1 线的程度，Mironov 模型最小、Hallikainen

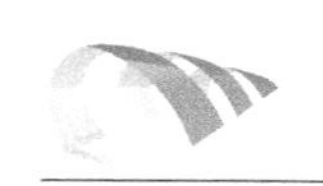

模型次之、Dobson 模型和 Wang 模型最大。

从图 3.16 (a) 和图 3.18 (a) 中可以看出从砂土类、壤土类、黏壤土类到黏土类，4 种模型所模拟土壤介电常数实部的 RMSE 统计值、Slope 与 1 的差值呈现两边低中间高的趋势，说明相比砂粒、粉粒、黏粒三者含量均等的土壤类型，对于砂粒或黏粒含量较高的土壤类型 4 种模型模拟的土壤介电常数的精度更高。图 3.16 (b)、图 3.17 (b) 和图 3.18 (b) 分别显示了土壤介电常数虚部，在不同土壤类型中 4 种模型的模拟值与真实值之间 RMSE、R 和 Slope 统计分布。从图 3.17 (b) 可以看出针对不同土壤质地类型，Mori-nov、Dobson、Wang 和 Hallikainen 4 种模型的 R 统计值基本上在 0.97～1 之间，说明整体上不同质地类型的土壤介电常数虚部模拟值随土壤水分的变化趋势与实测值一致。但是针对壤质砂土 Wang 模型的 R 值最低仅为 0.029，说明对于砂土类土壤 Wang 模型无法正确地模拟介电常数虚部的变化。从图 3.16 (b) 和图 3.18 (b) 可以看出针对土壤介电常数虚部，在不同土壤类型下 Mironov 模型的模拟精度仍整体最高，其次是 Hallikainen 模型、Dobson 模型，Wang 模型最差。另外从图 3.16 (b)、图 3.17 (b) 和图 3.18 (b) 中可以看出，不同土壤质地对于土壤介电常数虚部的模拟值影响不同，Mironov、Dobson 和 Wang 3 种模型对于砂土和壤土类模拟效果比黏土类更好，而 Hallikainen 模型对于黏土的模拟效果好于壤土。

综上分析，在常温和 1.4GHz 条件下，4 种模型对于壤质砂土 、砂质壤土、黏壤土、砂质黏土、粉砂质黏土、黏土类土壤模拟的介电常数特征及精度具有较大差异。整体上，4 种模型对于砂粒、黏粒含量较高的土壤介电常数实部模拟精度高于砂粒、粉粒和黏粒含量均等的土壤类（针对砂土类土壤 Dobson 模型除外）；对于土壤介电常数虚部，4 种模型的模拟值精度与土壤质地的关系相对复杂，例如，Wang 模型对于砂粒含量较高的土壤介电常数绝对值模拟精度优于黏粒含量高的土壤，但是对于模拟的介电常数虚部的相对变化值，随土壤含水量增加，砂粒、粉粒、黏粒含量相对均等的土壤的精度更高。另外，在 4 种模型中，对于壤质砂土 、砂质壤土、黏壤土、砂质黏土、粉砂质黏土、黏土类土壤的介电常数模拟精度 Mironov 模型最好、Hallikainen 模型次之、Dobson 模型再次，Wang 模型最差。但是需注意以上的不同土壤质地，并未包含粉砂壤土、粉砂黏壤土等粉砂粒含量异常高的土壤类型。

3.3.2　不同温度下介电常数模型的精度分析

水的介电常数是温度的函数，在较低频率区液态水的介电常数随温度的增加而降低，较高频率随温度的增加而增加。土壤水分作为土壤介电常数的主导因素，从 3.1.5 节分析可知，温度在一定程度上影响土壤介电常数的变化。在目前主流的 4 种土壤介电模型中，土壤温度作为模型的参数之一，直接影响着模型的土壤介电模拟特征。根据前文所述，Mironov、Dobson、Wang 和 Hallikainen 4 种模型对于土壤温度的考虑不尽相同，分析不同土壤温度条件下的土壤介电常数模拟特征及精度，对于微波遥感的土壤水分高精度反演具有重要价值和意义。本书作者根据 Cuitis 等获取的壤质砂土、粉砂壤土和黏土的 8GHz 多种土壤含水量的不同温度土壤介电常数试验数据，分析不同地表温度下 4 种介电常数模型的模拟特征及精度。其中，相应试验数据的详细信息见表 3.4，4 种模型所模拟的介电常数随温度变化的统计结果如图 3.19～图 3.21 所示。

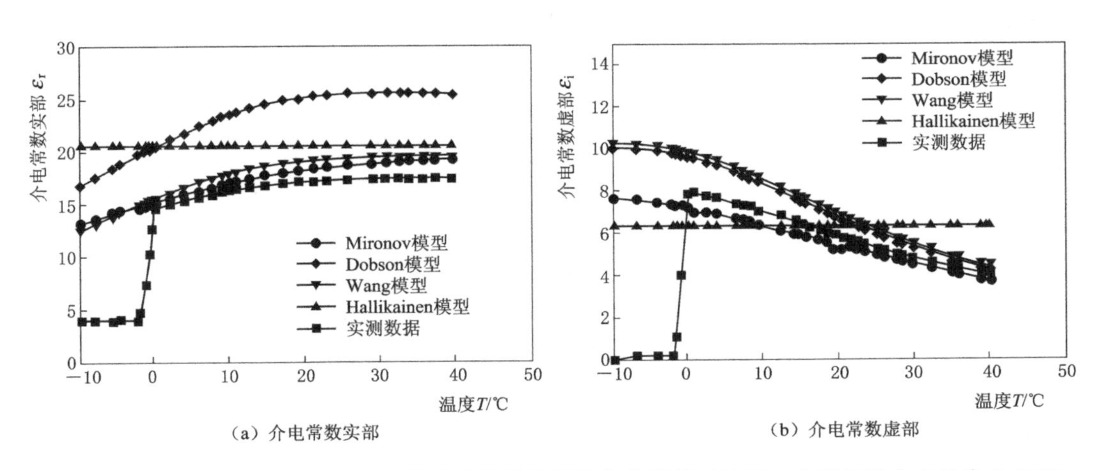

图 3.19　不同温度的壤质砂土 2 土壤介电常数模拟值与实测值对比图（土壤体积含水量为 0.313）

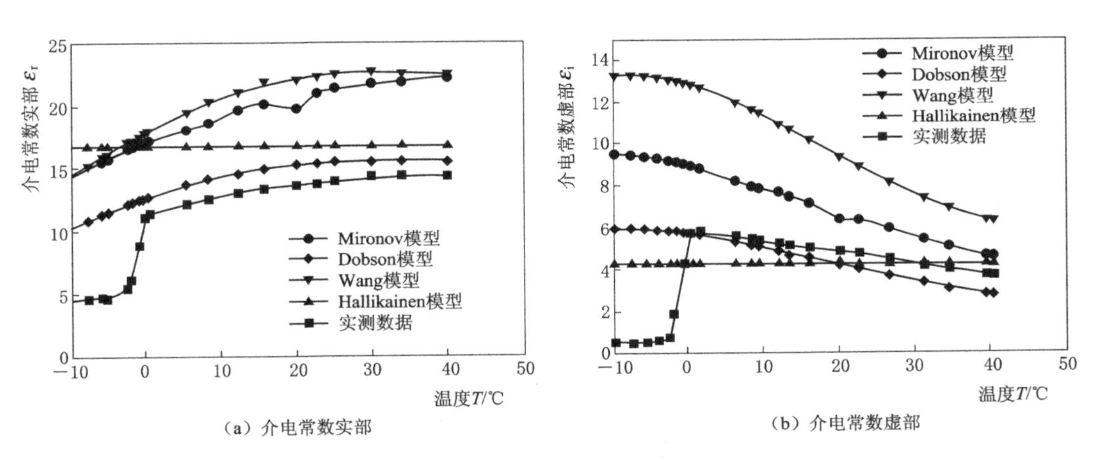

图 3.20　不同温度的粉砂质壤土 1 土壤介电常数模拟值与实测值对比图（土壤体积含水量为 0.359）

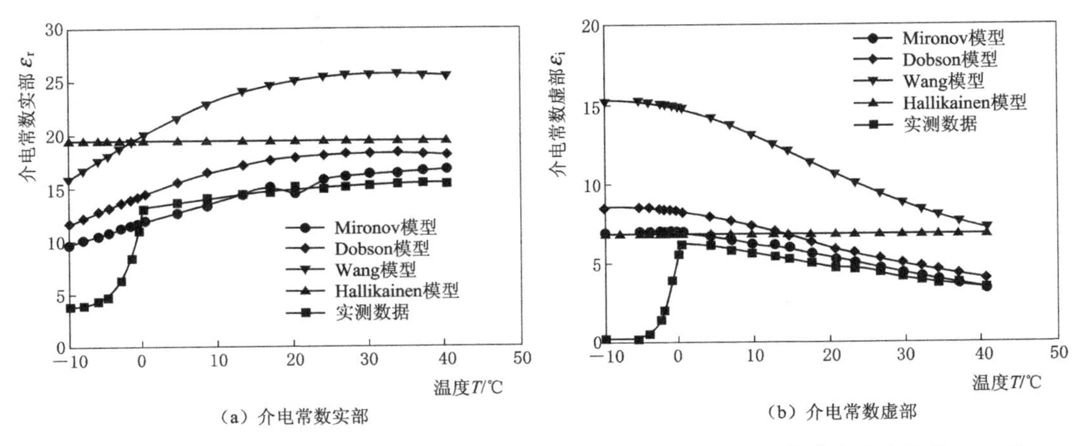

图 3.21　不同温度的黏土 3 土壤介电常数模拟值与实测值对比图（土壤体积含水量为 0.406）

从图3.19～图3.21中可以看出，针对不同质地的土壤，除了Hallikainen模型未能模拟出土壤介电常数随温度变化的趋势外，Mironov、Dobson和Wang 3种模型模拟的介电常数与实测真实值的变化趋势相似。在非冻土期，土壤介电常数随土壤温度增加而增大，但增大的幅度变小，当温度达到25℃附近，土壤介电常数实部趋于稳定；土壤介电常数虚部随土壤温度增加而持续降低。但是在0℃附近，4种介电模型未能模拟出因土壤冻融状态改变而导致土壤介电常数大幅提升的变化，说明4种模型不适宜冻土期土壤介电常数的模拟，只适用于非冻土期。另外在较低温度时，Hallikainen模型模拟的介电常数与真实值存在较大偏差，最大偏差达到8；随温度增加模拟的介电常数实部与真实值的偏差减小，当超过20℃时偏差趋于稳定，说明Hallikainen模型适用于20℃以上温度的土壤介电常数研究。同时从图3.19和图3.21中还能看出，针对壤质砂土与黏土，Mironov模型模拟值与真实值最接近，与3.31节的结论一致。从图3.20可以看出，针对粉砂壤土，Mironov模型和Wang模型模拟的偏差较大而Dobson模型模拟效果更好，为此从表3.4中进一步分析，发现粉砂壤土的黏粒和砂粒含量较少而粉砂的含量高达87%，与3.31节中土壤质地存在较大差异。尽管未模拟粉砂壤土介电常数随土壤水分变化的特征，但是结合3.3.1节部分结论，仍能说明在粉砂含量异常高的粉砂质土壤地区Dobson模型比Mironov模型和Wang模型的适用性更好。

本节又分别统计了在5～40℃温度区间的土壤介电常数随温度变化的4种模型模拟值与实测值之间的均方根误差RMSE、线性相关系数R、线性关系的斜率Slope 3个指标，并以此对随频率变化的土壤介电常数的模型模拟值，进行精度评价。对于多种土壤含水量的壤质砂土、粉砂壤土和黏土土壤，随频率变化的介电常数的模拟值与实测值之间的RMSE、R和Slope统计结果如图3.22～图3.30所示。从图中可以看出，不仅对于土壤含水量和土壤质地相同的土壤4种模型模拟的介电常数精度具有较大差异，而且对于不同土壤质地和不同土壤含水量的土壤模型模拟精度也具有较大不同。

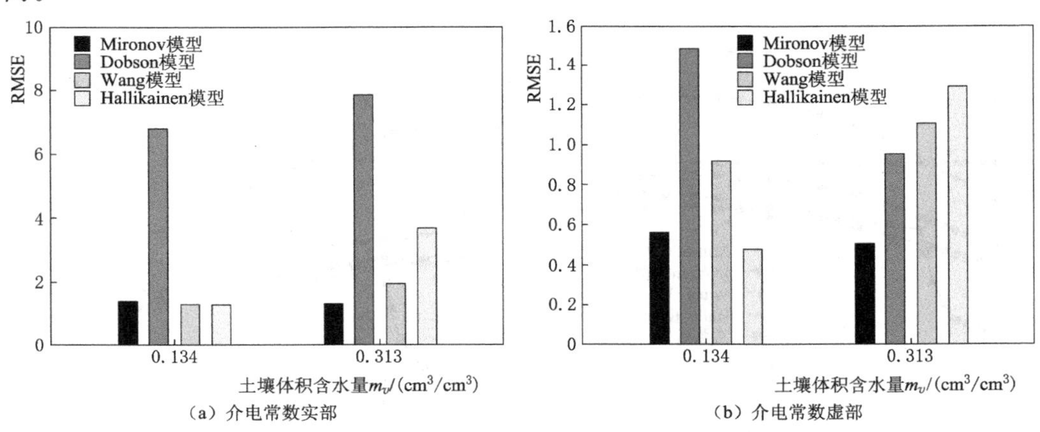

(a) 介电常数实部　　(b) 介电常数虚部

图3.22　不同土壤含水量的壤质砂土2土壤介电常数随温度变化的4种模型模拟值RMSE统计图

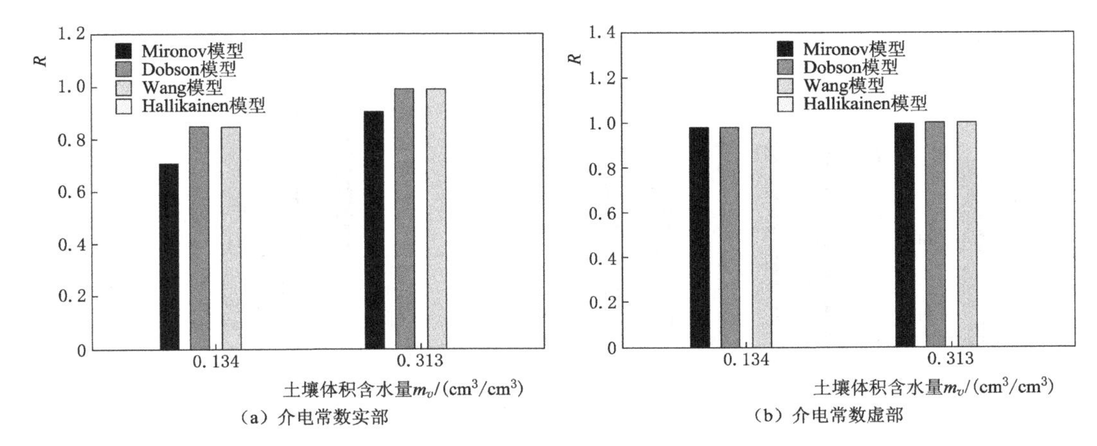

图 3.23 不同土壤含水量的壤质砂土 2 土壤介电常数随温度变化的 4 种模型模拟值 R 统计图

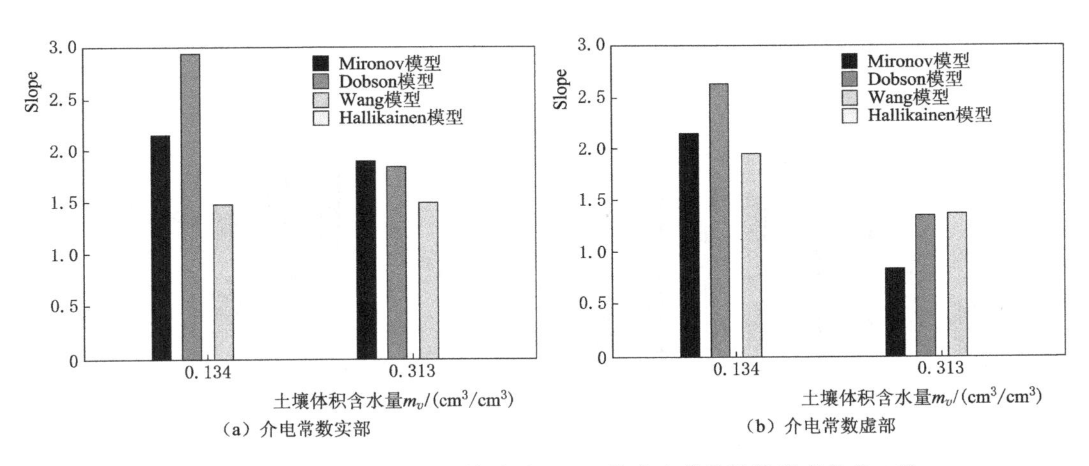

图 3.24 不同土壤含水量的壤质砂土 2 土壤介电常数随温度变化的 4 种模型模拟值 Slope 统计图

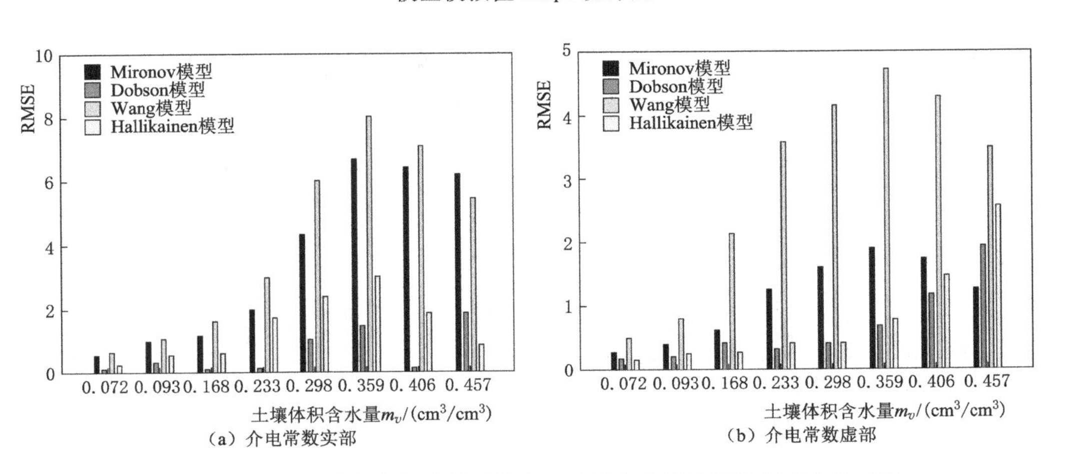

图 3.25 不同土壤含水量的粉砂壤土 1 土壤介电常数随温度变化的 4 种模型模拟值 RMSE 统计图

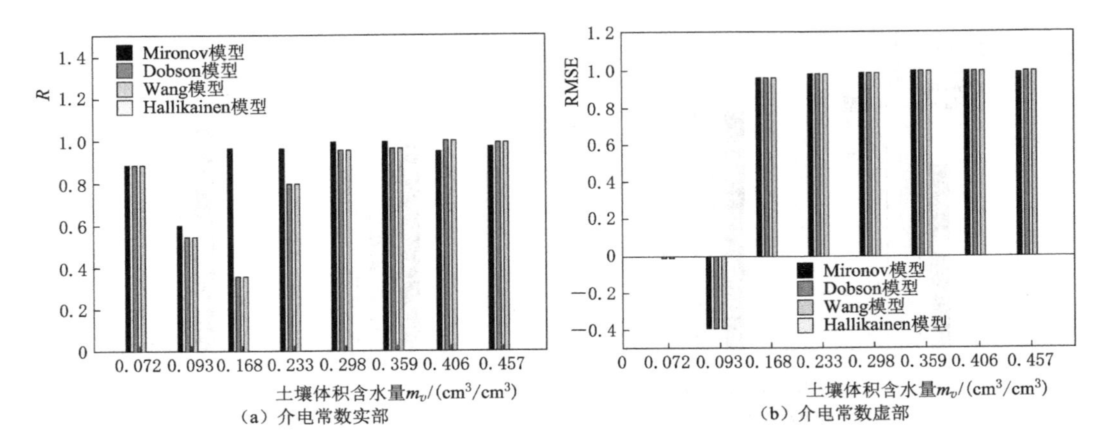

(a) 介电常数实部　　(b) 介电常数虚部

图 3.26　不同土壤含水量的粉砂壤土 1 土壤介电常数随温度变化的 4 种模型模拟值 R 统计图

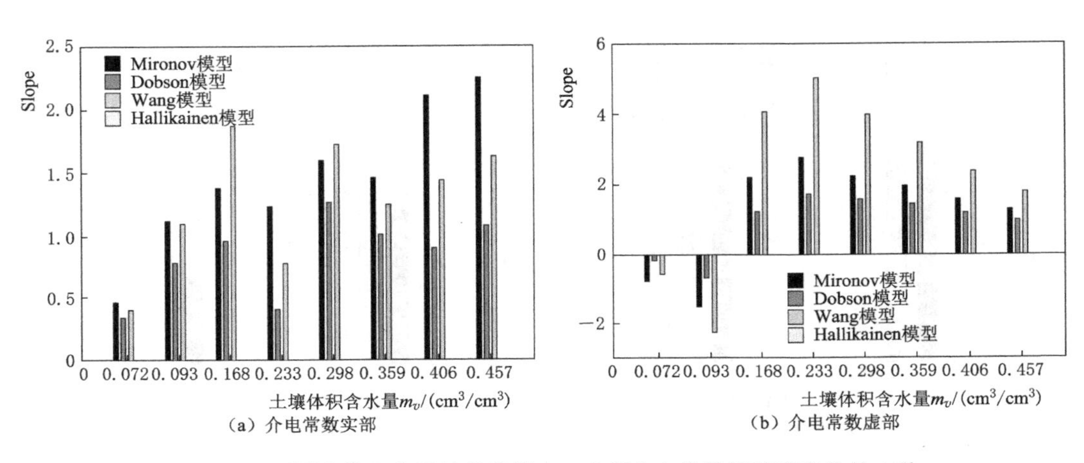

(a) 介电常数实部　　(b) 介电常数虚部

图 3.27　不同土壤含水量的粉砂壤土 1 土壤介电常数随温度变化的 4 种模型模拟值 Slope 统计图

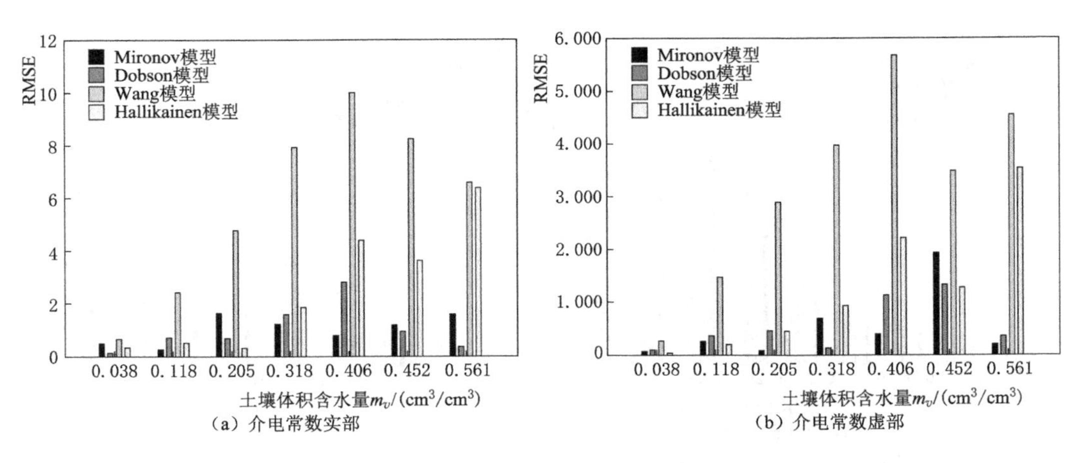

(a) 介电常数实部　　(b) 介电常数虚部

图 3.28　不同土壤含水量的黏土 3 土壤介电常数随温度变化的 4 种模型模拟值 RMSE 统计图

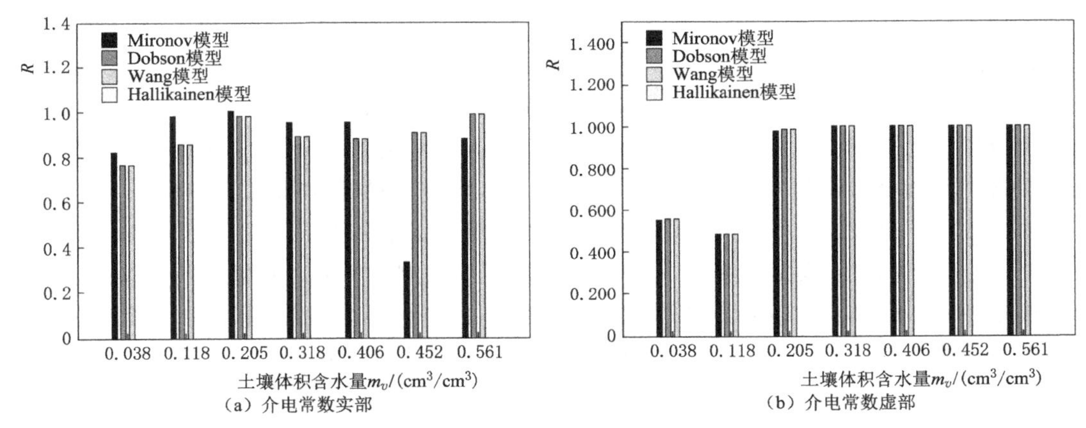

图 3.29 不同土壤含水量的黏土 3 土壤介电常数随温度变化的 4 种模型模拟值 R 统计图

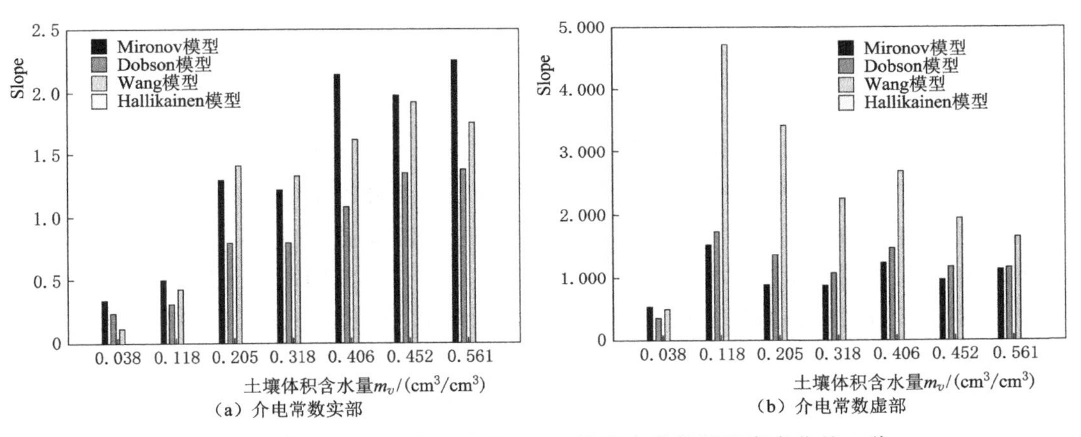

图 3.30 不同土壤含水量的黏土 3 土壤介电常数随温度变化的 4 种模型模拟值 Slope 统计图

由图 3.22～图 3.24 可知，在壤质砂土两种土壤含水量条件下，关于 RMSE 总体统计值 Mironov 模型最小、Wang 模型次之、Dobson 模型最大，表明不同温度条件下 Mironov 模型模拟的壤质砂土介电常数随土壤含水量变化的绝对值与实测值最一致、Dobson 最差。具体情况如下：Mironov 模型实部仅为 1.31、虚部仅为 0.52，Dobson 模型实部为 7.44、虚部为 1.44，Wang 模型实部为 1.7、虚部为 1.06，Hallikainen 模型实部为 2.98、虚部为 1.11。另外由图 3.22、图 3.24 的 R、Slope 的统计结果可以发现：关于介电常数实部的统计值，Wang 模型最接近于 1、Mironov 模型次之、Doson 模型最差，表明针对由温度变化所引起的土壤介电常数实部相对变化值，Wang 模型的模拟结果更精确；关于介电常数虚部的统计值，Mironov 模型最接近于 1，表明针对由温度变化所引起的土壤介电常数虚部相对变化值 Mironov 模型的模拟结果更精确。

由图 3.28～图 3.30 可知，在粉砂壤土多种土壤含水量条件下，关于 RMSE 总体统计值 Dobson 模型最小、Hallikainen 模型次之、Mironov 和 Wang 模型最大，综合表明不同温度条件下 Dobson 模型模拟的壤质砂土介电常数随土壤含水量变化的绝对值与实测值最

一致、Mironov 和 Wang 模型较差。具体情况如下：Dobson 模型实部和虚部仅为 0.96、0.84，Mironov 模型实部和虚部为 4.41 和 1.26，Wang 模型实部和虚部为 5.08 和 3.3，Hallikainen 模型实部和虚部为 1.69、1.06。另外由图 3.26、图 3.27 的 R、Slope 的统计结果可以发现：关于介电常数实部的统计值，Dobson 模型最接近于 1，表明针对由温度变化所引起的土壤介电常数实部和虚部相对变化 Dobson 模型的模拟结果更精确。

由图 3.25～图 3.27 可知，在黏土壤土多种土壤含水量条件下，关于 RMSE 总体统计值 Mironov 和 Dobson 模型都较小、Hallikainen 模型次之、Wang 模型最差，综合表明不同温度条件下 Mironov、Dobson 模型模拟的壤质砂土介电常数随土壤含水量变化的绝对值相似与实测值更一致。具体情况如下：Mironov 模型实部和虚部为 1.11、0.76，Dobson 模型实部和虚部为 1.25、0.7，Wang 模型实部和虚部为 6.24、3.25，Hallikainen 模型实部和虚部为 3.39、1.72。另外由图 3.26、图 3.27 的 R、Slope 的统计结果可以发现，关于介电常数实部的统计值，Dobson 最接近于 1，表明针对由温度变化所引起的土壤介电常数实部相对变化值 Dobson 模型的模拟结果更精确；关于介电常数虚部的统计值，Mironov 模型最接近于 1，表明针对由温度变化所引起的土壤介电常数虚部相对变化值 Mironov 模型的模拟结果更精确。

3.3.3　不同频率下介电常数模型的精度分析

水的介电常数又是频率的函数，随频率的增加，土壤介电常数实部一直减小，而土壤介电常数的虚部先减小后增大。土壤水分作为土壤介电的主导因素，从 3.1.6 节分析可知，频率在一定程度上影响土壤介电常数的变化。在目前主流的 4 种土壤介电模型中，频率作为模型的参数之一，直接影响着模型的土壤介电常数模拟特征。根据前文所述，Mironov、Dobson、Wang 和 Hallikainen 模型对于频率的考虑不尽相同，分析不同频率条件下的土壤介电常数模拟特征及精度，对于微波遥感的土壤水分高精度反演具有重要价值和意义。本节根据 Cuitis 等获取的壤质砂土、黏土土壤 20℃温度下多种土壤含水量的不同频率土壤介电常数试验数据及郭鹏等获取的砂质壤土、粉砂壤土、粉砂黏壤土、黏土土壤室温下不同频率土壤介电常数试验数据，分析不同频率下 4 种介电常数模型的模拟特征及精度，其中相应试验数据见表 3.4。

如图 3.31～图 3.38 所示，在壤质砂土、砂质壤土、粉砂壤土、粉砂黏壤土、黏土等多种土壤质地条件下，4 种模型模拟的土壤介电常数随频率变化具有较大差异。从图 3.31～图 3.38 中可以看出，针对不同的土壤质地条件下，4 种介电常数模型模拟的土壤介电常数随频率变化的整体趋势与实测情况相似。介电常数实部随频率的增加而降低，介电常数虚部随频率的增加先降低后增大，但是变化的幅度差异明显。图 3.31、图 3.32 分别为基于 Curtis 等的实验数据制作的 0.1～12GHz 频率区间壤质砂土（土壤体积含水量为 0.2）、黏土（土壤体积含水量为 0.416 和 0.406）的介电常数模拟图；图 3.33、图 3.38 分别为基于郭鹏的试验数据制作的 1.4～18GHz 频率区砂质壤土、粉砂壤土、粉砂黏壤土、黏土的介电常数模拟图。从图 3.31、图 3.32 可以看出在 4 种模型模拟的介电常数绝对值中，相比小于 1.4GHz 的频率段，大于 1.4GHz 频率的模拟值与实测值更一致。根据图 3.31、图 3.33 中显示，对于砂粒含量远大于粉粒和黏粒的壤质砂土、砂质黏土，在 4 个介电常数模

型中，Mironov 模型在整个频率变化区间内模拟的土壤介电常数与实测值最一致，Dobson 模型模拟值偏差最大，而且 Dobson 和 Wang 模型对于部分频率的介电常数模拟出现异常值（负值）。图 3.32、图 3.37、图 3.38 展示了 3 种不同比例的砂粒、粉粒、黏粒含量的黏土，其中，粉粒和黏粒的比例依次为 1∶2、1∶1.3、1∶1.5。从图中发现，黏土土壤的粉粒与黏粒比为 1∶2 时，在 4 个模型，Mironov 模型的模拟值与实测数据的最一致，但随着粉粒含量的提高，Mironov 模型的模拟的绝对值与真实值的偏差变大，甚至使得 Mironov 模型精度远低于 Dobson 模型。图 3.34、图 3.35 展示了砂粒、粉粒和黏粒三者的两种不同含量比例的粉砂壤土，其中，砂粒、粉粒、黏粒的比例依次为 1.2∶12.4∶1、3.8∶5.5∶1。从图中发现，针对粉粒含量较低的粉砂壤土，Mironov、Dobson、Hallikainen 模型的模拟值与实测数据的一致性非常好，但随着粉粒含量增加，Mironov、Dobson 模型模拟的介电常数绝对值与真实值的偏差变大，甚至针对粉粒含量较高的粉砂壤土，Mironov 模型的模拟精度低于 Dobson 模型。另外，从图 3.34～图 3.38 中发现，Hallikainen 模型模拟的粉砂壤土、砂壤土的不同频率介电常数与实测值的一致性较好。

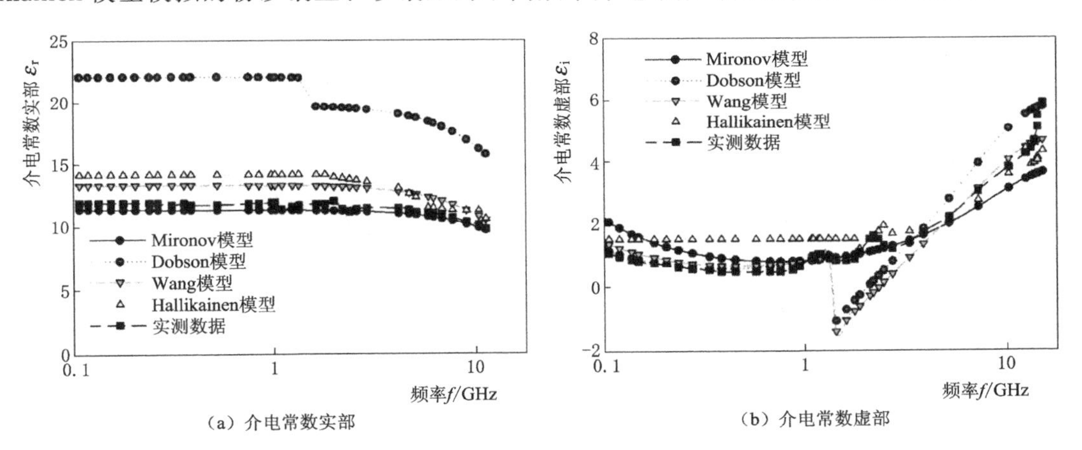

(a) 介电常数实部　　(b) 介电常数虚部

图 3.31　不同频率的壤质砂土 2 土壤介电常数模拟值与实测值对比图

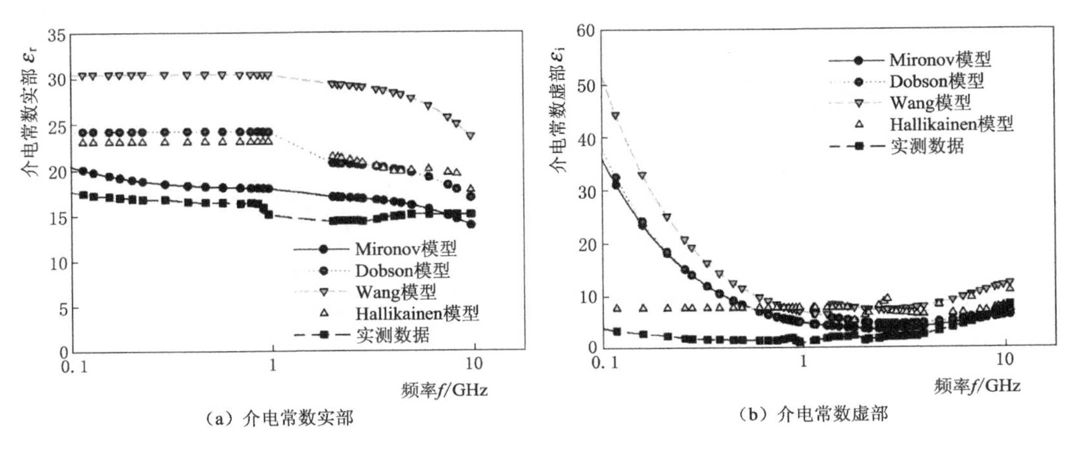

(a) 介电常数实部　　(b) 介电常数虚部

图 3.32　不同频率的黏土 3 土壤介电常数模拟值与实测值对比图

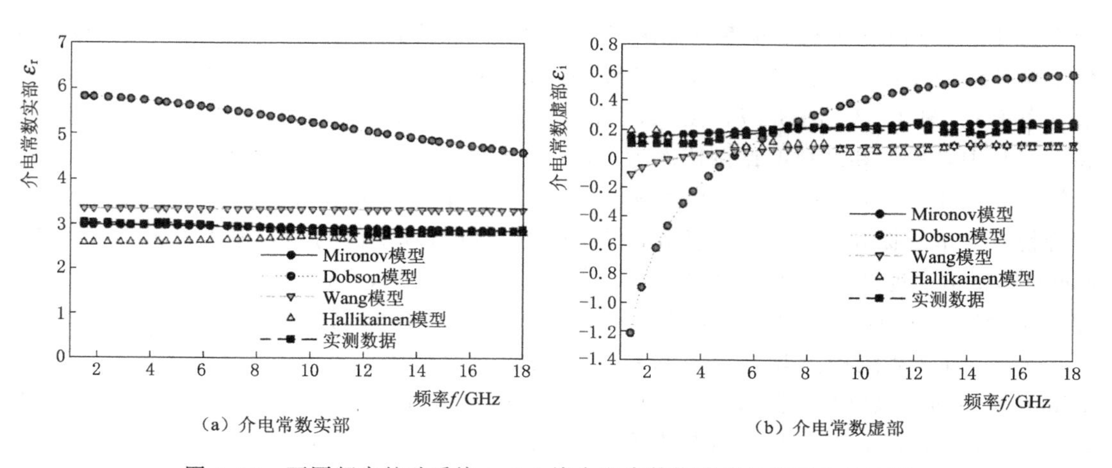

(a) 介电常数实部　　(b) 介电常数虚部

图 3.33　不同频率的砂质壤土 2 土壤介电常数模拟值与实测值对比图

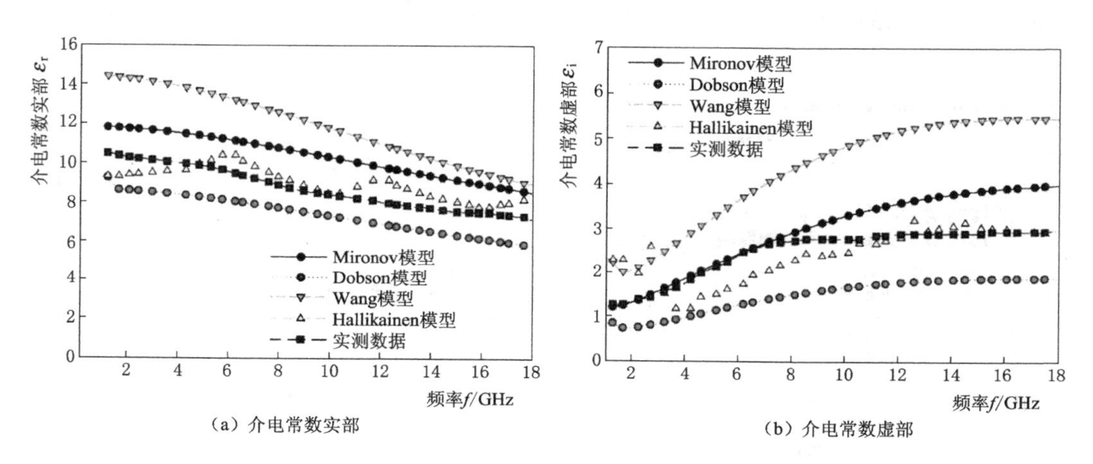

(a) 介电常数实部　　(b) 介电常数虚部

图 3.34　不同频率的粉砂壤土 2 土壤介电常数模拟值与实测值对比图

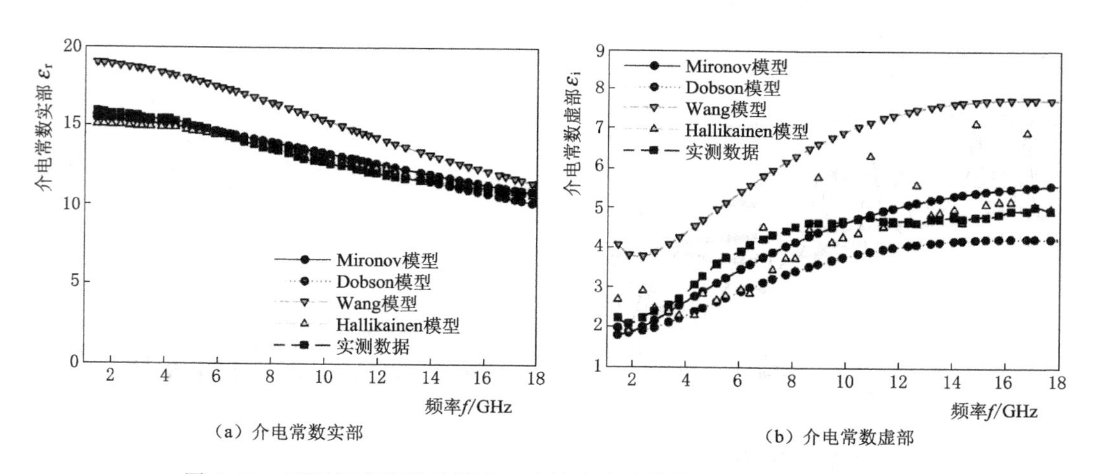

(a) 介电常数实部　　(b) 介电常数虚部

图 3.35　不同频率的粉砂壤土 3 土壤介电常数模拟值与实测值对比图

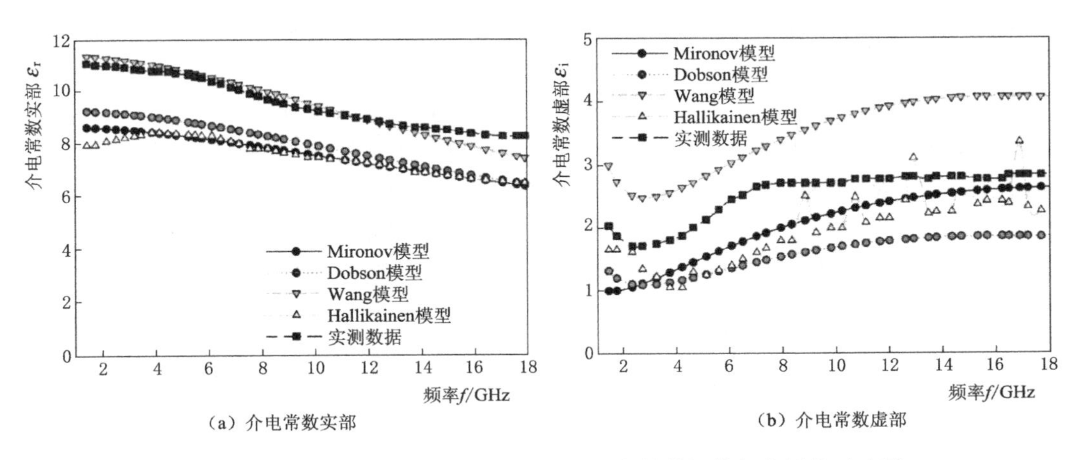

(a) 介电常数实部　　(b) 介电常数虚部

图 3.36　不同频率的粉砂黏壤土土壤介电常数模拟值与实测值对比图

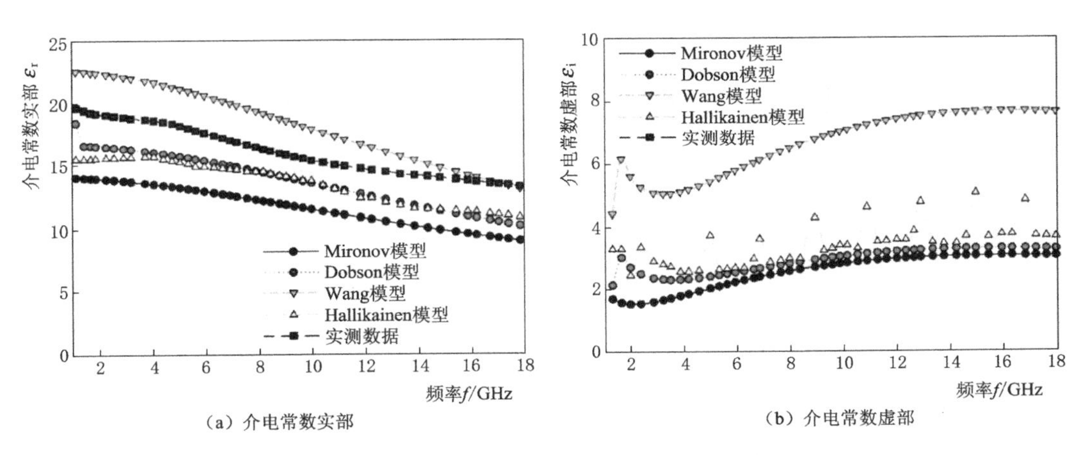

(a) 介电常数实部　　(b) 介电常数虚部

图 3.37　不同频率的黏土 4 土壤介电常数模拟值与实测值对比图

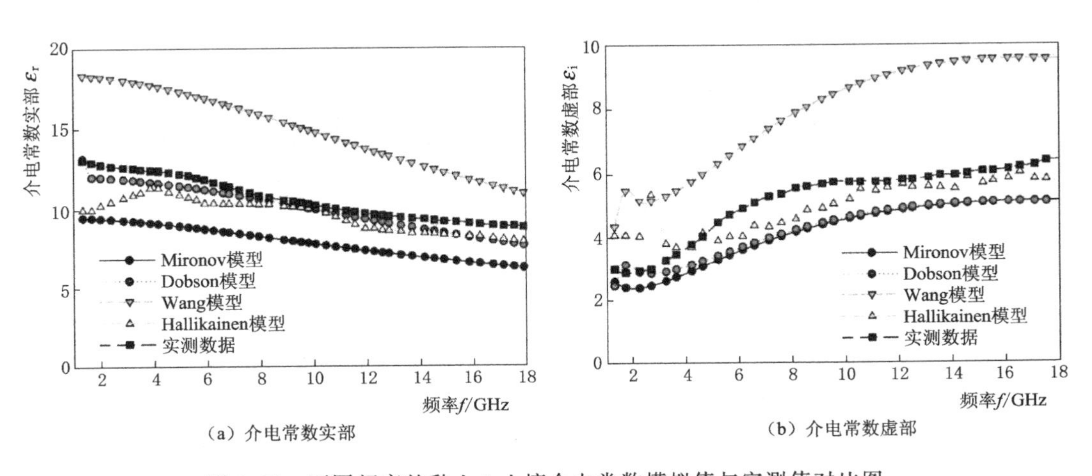

(a) 介电常数实部　　(b) 介电常数虚部

图 3.38　不同频率的黏土 5 土壤介电常数模拟值与实测值对比图

本节又分别统计了在 1.4～12GHz 频率区间的土壤介电常数随频率变化的 4 种模型模拟值与实测值之间的均方根误差 RMSE、线性相关系数 R、线性关系的斜率 Slope 3 个指标，并以此对随频率变化的土壤介电常数的模型模拟值进行精度评价。对于壤质砂土、砂质壤土、粉砂壤土、粉砂黏壤土、黏土等土壤，随频率变化的介电常数的模拟值与实测值之间的 RMSE、R 和 Slope 统计结果，分别如图 3.39～图 3.41 所示。从图中可以看出，不仅对于土壤含水量和土壤质地相同的土壤 4 种模型模拟的介电常数精度具有较大差异，而且对于不同土壤质地和不同土壤含水量的土壤模型模拟精度也具有较大不同。

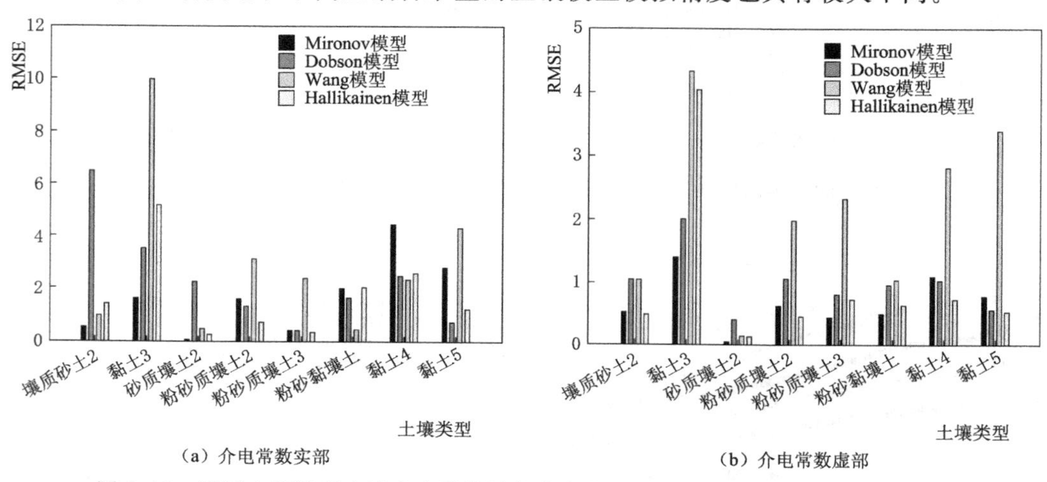

(a) 介电常数实部　　(b) 介电常数虚部

图 3.39　不同土壤类型土壤介电常数随频率变化的 4 种模型模拟值 RMSE 统计图

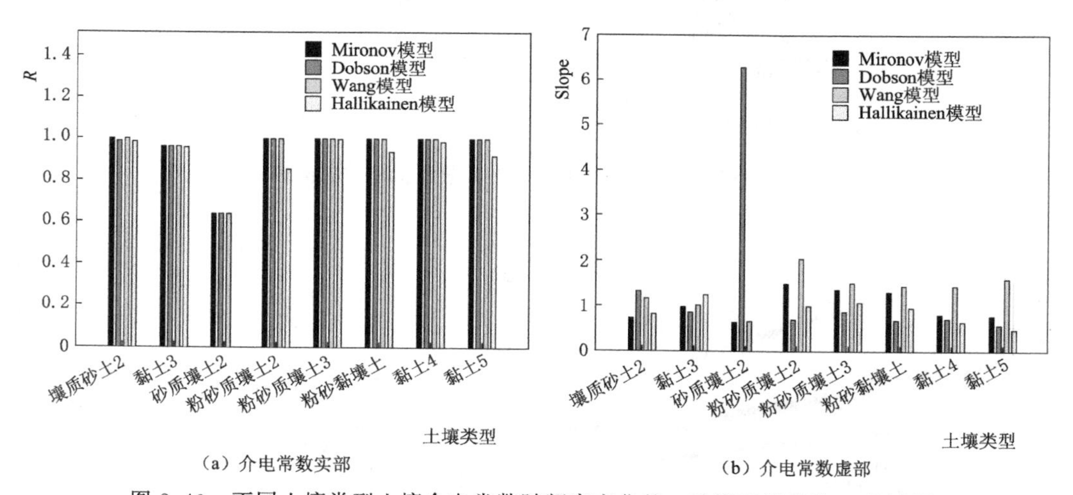

(a) 介电常数实部　　(b) 介电常数虚部

图 3.40　不同土壤类型土壤介电常数随频率变化的 4 种模型模拟值 R 统计图

从图 3.39 的 RMSE 统计值可以看出，在 4 个模型对于粉砂粒含量较低的土壤的介电常数实部、虚部模拟中，Mironov 模型模拟值与实测值的偏差最小，砂质壤土 2 实部和虚部仅为 0.05 和 0.04、粉砂壤土 3 仅为 0.39 和 0.45、壤质砂土 2 仅为 0.47 和 0.52，表明对于不同频率介电常数实部、虚部绝对值的模拟 Mironov 模型的精度相比他模型更高；随着土壤类型中粉砂含量提高，尤其对于黏土类，Mironov 模拟偏差变大，介电常数实部的

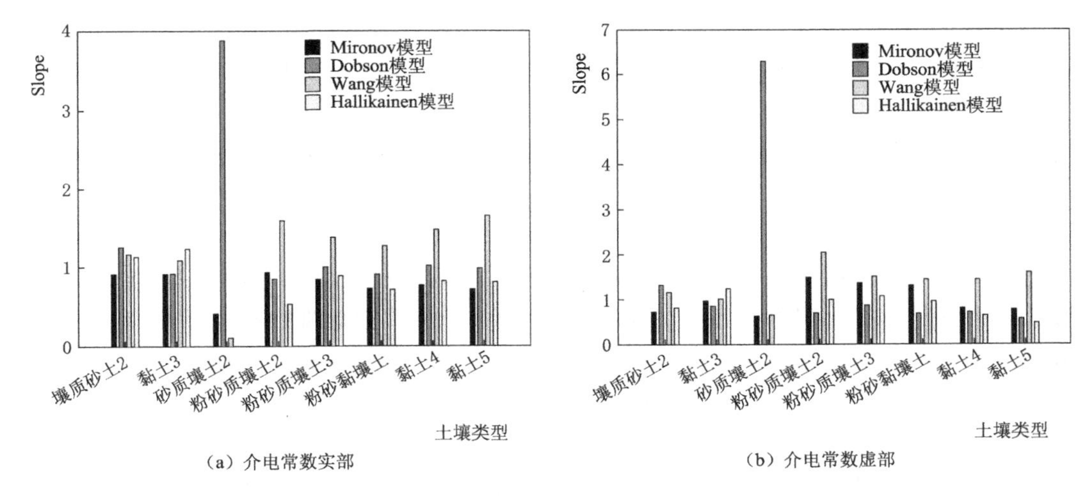

(a) 介电常数实部　　(b) 介电常数虚部

图 3.41　不同土壤类型土壤介电常数随频率变化的 4 种模型模拟值 Slope 统计图

RMSE 达到 4.5，模拟精度低于 Dobson、Hallikainen 模型。对于黏土，随着粉粒含量的提高 Dobson 的介电常数绝对值模拟精度要好于 Mironov 模型。对于壤土类，Hallikainen 模型的模拟精度相对稳定，一直处于相对较小的范围。另外，对于不同类型的土壤（除了壤质砂土、砂质壤土和粉砂黏土以外），Wang 模型模拟的介电常数绝对值的精度最差。从图 3.40 的 R 统计值可以看出，除了砂质壤土类型的介电常数实部 R 统计值仅为 0.63、虚部 R 统计值仅为 0.7 左右以外，其他不同土壤类型的 4 种模型模拟的介电常数实部 R 统计值都在 0.95 以上、虚部 R 统计值都在 0.85 以上，尤其 Mironov 模型模拟的介电常数实部、虚部都非常接近于 1，说明针对大多数土壤类型 4 种模型的介电常数模拟值与实测值之间具有非常高的相关性，即模拟的介电常数随频率变化的趋势与实测数据的一致较好。进一步分析图 3.40 中砂质壤土 R 统计值较低的原因，结合图 3.33 和表 3.4 发现砂质壤土的土壤含水量仅为 1.55cm^3/cm^3 且实测的土壤介电常数实部和虚部在 1.4～18GHz 区间变化值很小（仅为 0.27 和 0.16），基本上保持不变，因此对其与模拟值之间统计的 R 值较低。从图 3.41 可以看出，针对介电常数实部虚部，除了砂质壤土类型的 Slope 统计值远低于 1 或远高于 1 以外，对于其他不同土壤类型 4 种模型模拟值的 Slope 统计值比较接近于 1，尤其 Mironov 和 Dobson 模型，说明除了砂壤土，4 种模型对于其他不同类型的土壤所模拟的随频率变化介电常数相对变化幅度与实测值较一致。

3.4　小结

土壤介电常数作为连接微波辐射亮温、后向散射系数与土壤水分之间关系的纽带。多年来，许多学者一直致力于土壤介电特性的研究和介电常数模型的开发。但由于土壤介电特性复杂和土壤介电常数模型的局限性，介电常数模型一直是影响微波土壤水分反演精度的重要因素。因此，本章首先研究了土壤介电常数与电磁场的物理关系并深入分析了土壤质地、矿物组成、土壤水分含量、温度和频率 5 种因素对土壤介电特性的影响，然后介绍

了土壤水分反演过程中常用的几种介电常数模型，分别为物理的 Mironov 模型、半经验的 Dobson 模型和 Wang 模型、经验的 Hallikainen 模型，并以此为基础，进一步从土壤质地、温度、频率 3 个因素方面对 Mironov、Dobson、Wang、Hallikainen 4 种代表性模型开展了土壤介电常数模拟特征的分析及精度的验证，评价 4 种不同模型在不同条件下的适用性。

不同的土壤质地条件下，整体上，针对砂粒、黏粒含量较高的土壤，4 种模型对于土壤介电常数实部模拟精度高于砂粒、粉粒和黏粒含量均等的土壤类（针对 Dobson 模型壤质砂土和砂质壤土类土壤除外）；4 种模型对于土壤介电常数虚部模拟值精度与土壤质地的相关性相对复杂，不同土壤质地土壤介电常数虚部的模拟精度各不相同。在 4 种模型中，砂土类（壤质砂土）、壤土类（砂质壤土）、黏壤土类（黏壤土）、黏土类（砂质黏土、粉砂质黏土、黏土）土壤的介电常数模拟值，Mironov 模型精度最高、常温条件下 Hallikainen 模型次之、Dobson 模型再次，Wang 模型精度最低。但对于壤土类、黏壤土类和黏土类土壤，随着粉粒含量比例增加，土壤介电常数的 Mironov 模型模拟值与实测值之间的 RMSE 增大，Mironov 模型的模拟精度降低，甚至低于 Dobson 模型。例如，黏土土壤的粉粒、黏粒比例从 1：2 增加到 1：1.5 时，Dobson 模型的模拟精度优于 Mironov 模型；粉砂壤土的粉粒、黏粒比例从 5.5：1 增加到 12.4：1 时，Dobson 模型的模拟精度优于 Mironov 模型。另外，壤质砂土和砂质壤土类，土壤介电常数的 Wang 模型的模拟精度较好，稍低于 Mironov 模型，但优于 Dobson 模型；壤土类（粉砂壤土、砂质壤土）Hallikainen 模型模拟一致较好。

不同温度条件下，除了 Hallikainen 模型，Mironov 模型、Dobson 模型和 Wang 模型 3 者模拟的介电常数与实测真实值的变化趋势相似。在非冻土期，土壤介电常数随土壤温度增加而增大，但增大的幅度变小，当温度达到 25℃ 附近，土壤介电常数实部趋于稳定；土壤介电常数虚部随土壤温度增加而持续降低。另外，4 种模型不适用于冻土期土壤介电常数的模拟，只能在非冻土期使用；并且 Hallikainen 模型未考虑温度因素，一般在 20℃ 以上温度应用性较好，20～25℃ 区间最佳。

不同频率条件下，4 种介电常数模型模拟的土壤介电常数随频率变化的整体趋势与实测情况相似。介电常数实部随频率的增加而降低，介电常数虚部随频率的增加先降低后增大。其中，不同频率对应的变化幅度不相同，但在较小频率区间内 4 种模型的变化幅度较小。

总的来说，针对 L 波段的微波土壤水分反演，首选 Mironov 混合介电常数模型，随着土壤质地条件的变化，对于壤土类、黏壤土类和黏土类中粉砂含量异常高的土壤选择 Dobson 模型。

第4章 主动微波遥感土壤水分反演方法

4.1 研究区及数据

4.1.1 研究区

4.1.1.1 地理位置

以安徽省中北部地区作为研究区，地理位置如图4.1所示，Sentinel－1雷达卫星同一轨道上的两景影像覆盖的部分，在淮河流域以南以北均有覆盖。经纬度坐标范围为东经115°33′36″～118°51′5″，北纬31°25′33.6″～34°49′11″。安徽省地处中国的东南部，全省被长江以及淮河流域的中下游段划分，与河南、浙江、山东、江苏等多个省份接壤。从纬向分布的气候带看，安徽省分布在暖温带和亚热带，自然条件由北向南具有明显的过渡性。从海陆位置上看，安徽省属于我国的内陆地区。

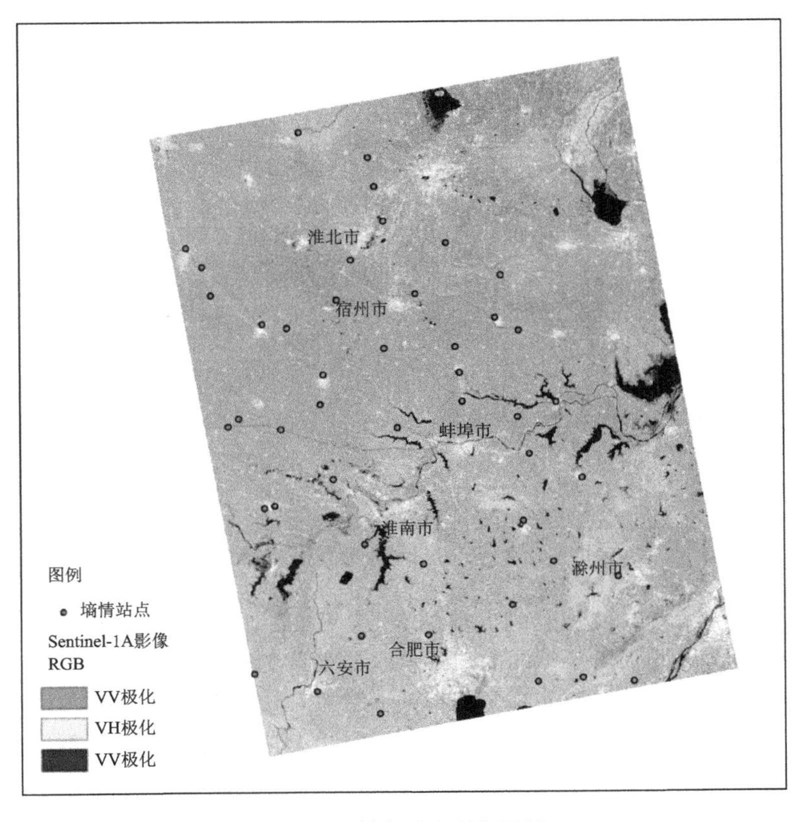

图4.1 研究区地理位置图

4.1.1.2　地形地势

淮河、长江两大水系，将整个安徽省主要划分为淮河以北、江淮之间以及长江以南三大部分。安徽省地形地貌呈现多样性，根据地形分布的不同，将安徽省划分为淮北平原、江淮丘陵、大别山区、沿江平原区以及皖南山区 5 种地貌区域。本章中的研究区主要覆盖了淮北平原以及江淮丘陵区域，如图 4.2 所示。图中两个地貌区有明显的地形差异，其中淮北平原区处在安徽省的北部，整个平原除宿州市的淮河支流处以北几个小山丘外，其他地区地势平坦开阔，地势从西北到东南方向有逐渐轻微倾斜的趋势，淮河沿岸区地势低洼，其中南岸地势稍有起伏，呈阶梯状地形分布；江淮丘陵则主要分布在长江和淮河的分水岭两侧，是秦岭、大别山向东伸展的部分，海拔在 100～300m 之间，有很多绵延不断的小山丘，是安徽省丘陵的主体组成部分，地面大多凹凸不平。

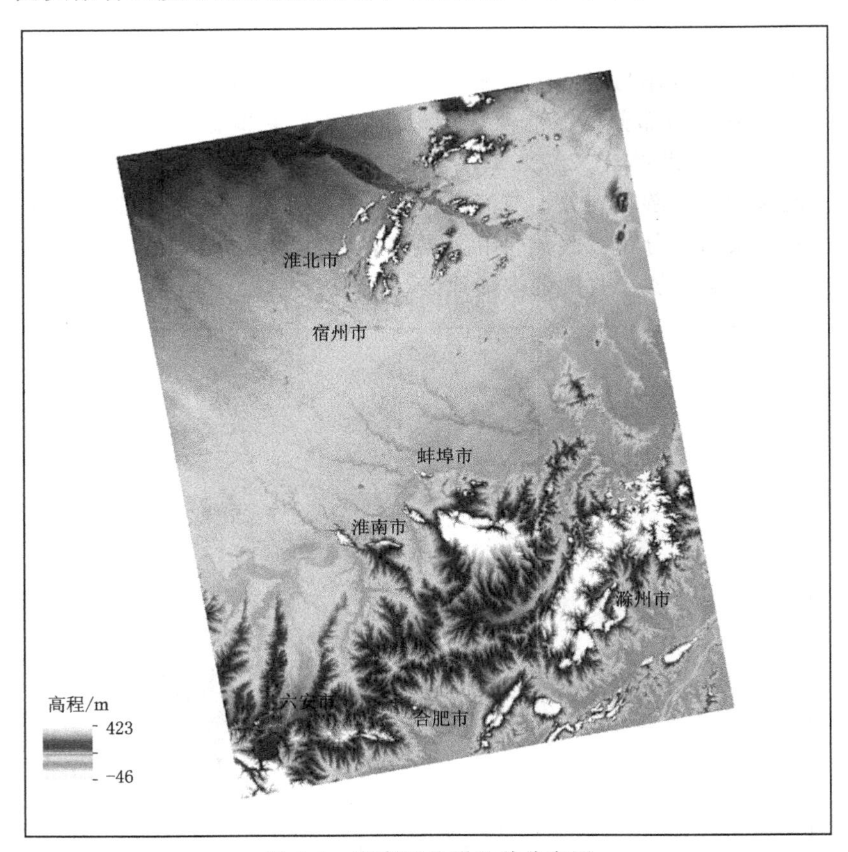

图 4.2　研究区地形地貌分布图

4.1.1.3　气候水文

安徽省的淮河两侧分别属于不同的气候，平原地区为暖温带半湿润季风气候，往南部逐渐变为亚热带湿润季风气候，多年平均降水量在 773～1670mm 之间。由于地理位置上位于中纬度地区，其主要的气候特点为季风气候突出，四季变化明显，夏季雨多，占全年降水量的 40%～60%。由于地形原因，整体来说南方山区较多，气流容易上升，降水较多。丘陵和平原地区降雨差异不如再往南的山区明显。年平均气温一般为 14～17℃。

安徽省内水系发达，河流众多，达2000多条，水系主要为长江、淮河流域，少部分为钱塘江流域。湖泊500多个，面积总共为1750km^2，主要分布在沿淮地区，以及长江沿岸地区。

4.1.1.4 土壤耕作

安徽省的土壤发育受气候影响，表现出一定的过渡性，由北向南地带性土壤分别为棕壤、黄棕壤、黄壤和黄红壤。研究区所覆盖部分土壤类型较多，按照亚类土壤类型分类，大致可分为将近40类，但分布较有规则。淮北北部、西北部黄潮土区，主要是由近代黄泛沉积发育而成。它含有可溶性盐类数量较多，属砂壤土类，土壤透水性较强。除此之外，淮北潮土还分布于淮河主要支流沿岸，并在沿淮和淮北主要支流下游沿岸的岗地还分布有棕潮壤土。棕潮壤土结构密实，透水性能较弱。江淮丘陵区土壤类型亚类较多，且分布方式比较分散，包括了黄棕壤土、黄褐土、黄白土等类型，且丘陵地区多种植水田，黄白土的土壤空隙较大，透水性强于黄褐土。

安徽省年末耕地面积414.42万hm^2，占国土总面积的29.7%，其中约占全省耕地面积50%的淮北平原属典型的旱作区，主要种植小麦等旱粮和棉花、水果等经济作物，淮河以南地区为水作或水旱连作区，主要种植水稻。研究区安徽省中北部地区地表覆盖类型如图4.3[120] 所示。

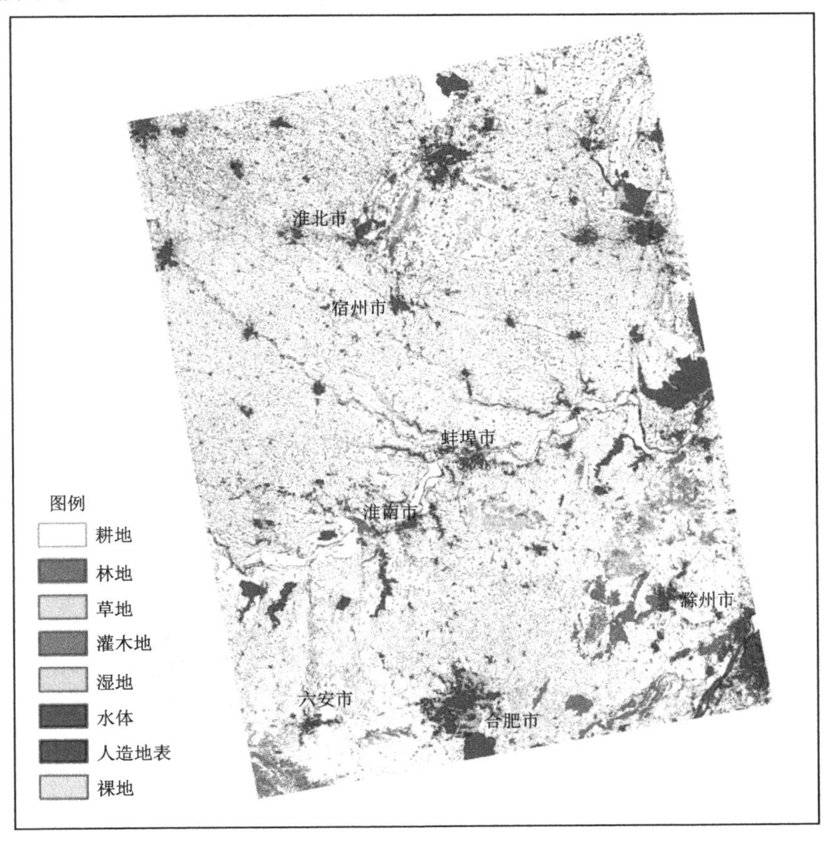

图4.3 研究区土地覆盖类型分布图

4.1.2 数据与处理

4.1.2.1 卫星遥感影像数据

1. Sentinel－1 雷达数据

Sentinel－1 是欧洲“哥白尼”（Copernicus）计划中的全天时、全天候高分辨率合成孔径雷达卫星，属于主动微波遥感卫星，搭载了工作频率为 5.4GHz 的 C 波段传感器，主要用于陆地和海洋的观测。Sentinel－1 由两颗极轨卫星 A 星和 B 星组成，A 星于 2014 年 4 月 3 日发射，重访周期为 12 天，2016 年 4 月 25 日发射 B 星后，双星同时运行时将重访周期缩短为 6 天。Sentinel－1 成像系统有 4 种不同的成像模式，如图 4.4 所示，模式齐全，各成像模式的信息及应用场景见表 4.1，包括用于对小岛成像的条带模式（SM），陆地上的主要的采集模式干涉宽波段（IW）模式、用于沿海监测的超宽波段（EW）模式和用于海洋的波模式（WM），可以在全天候条件下获得 5～40m 分辨率的图像。在这几种模式下，均能生成 SAR 影像的 0 级、1 级单视复数（single look complex，SLC）产品、1 级地面范围探测（ground range detected，GRD）产品和 2 级 Ocean 产品。与 SLC 数据比较，GRD 数据为了使图像呈现更清晰，做了热噪声去除处理。本章采用的雷达数据为 Sentinel－1A 的 IW 模式 GRD 数据，包括 VV、VH 两种极化。

表 4.1　　Sentinel－1 各成像模式及应用信息

项　目	SM（条带模式）	IW（干涉宽波段模式）	EW（超宽波段模式）	WM（波模式）
分辨率	5m×5m	5m×20m	20m×40m	5m×5m
应用场景	用于对小岛进行成像，仅在特殊情况下用于支持应急管理行动	陆地上的主要采集模式	主要用于沿海监测，包括航海运输监测、海冰监测	用于海洋

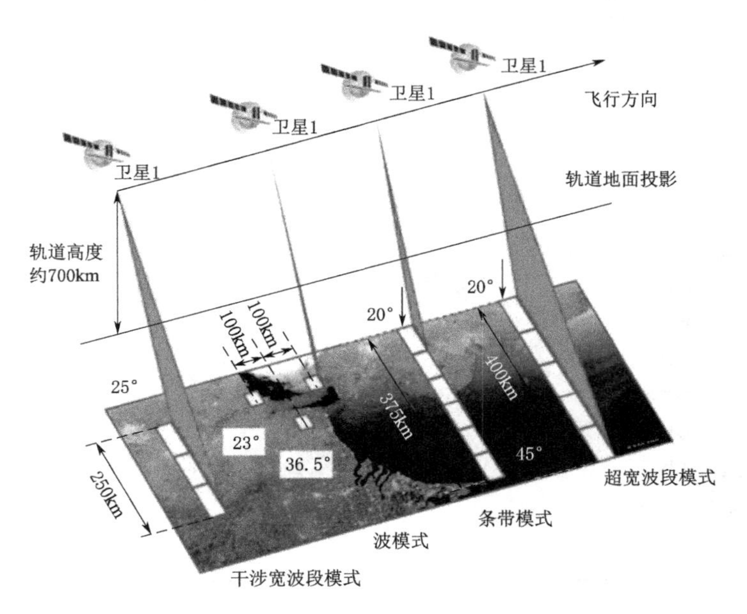

图 4.4　Sentinel－1 产品成像模式

根据较多样本数量的需要，如果从欧空局数据官网上单景下载再进行雷达影像预处理并提取值耗时耗力，因此选择基于Google Earth Engine（GEE）平台提取所需要的样点的Sentinel－1A雷达参数值，其中包括VV、VH后向散射系数以及雷达本地入射角。

GEE是谷歌下属的一个可以对大量地理数据进行处理、显示和计算的平台，属于Google Earth系列工具，它的优势在于海量数据管理和云计算平台，相比于传统的遥感影像处理软件ENVI、ERDAS，GEE平台可以快速、批量地处理多幅影像，为科研中的数据处理节约大量的空间，并且提供了很大的便捷性。本节根据GEE平台中官方提供的Sentinel－1预处理文档，数据已经经过了基于轨道文件更新轨道元数据、消除GRD边界噪声、辐射测量校准、地形校正（正射校正）、分贝化等一系列操作处理。

本节的实测数据采集日期与影像日期的匹配时间前后不超过3天，且间隔期无降雨发生，根据日期的匹配以及不同卫星轨道的影像对于研究区站点的覆盖情况，基于GEE平台提取了29期总共48景Sentinel－1A影像数据中研究区相应站点的像元值。表4.2为土壤水分实测日期和对应的影像日期匹配关系以及影像覆盖实测站点数量信息。

表4.2 土壤水分实测日期和对应的影像日期匹配关系以及影像覆盖实测站点数量信息表

实测数据日期	Sentinel－1影像日期	影像覆盖实测站点数量
2019－01－01	2019－01－03	15
2019－01－11	2019－01－10	47
2019－01－21	2019－01－22	47
2019－02－01	2019－02－03	47
2019－02－21	2019－02－20	15
2019－03－01	2019－02－27	47
2019－03－11	2019－03－11	47
2019－03－21	2019－03－23	47
2019－04－01	2019－04－04	47
2019－04－11	2019－04－09	15
2019－04－21	2019－04－21	15
2019－05－01	2019－05－03	15
2019－05－11	2019－05－10	47
2019－05－21	2019－05－22	47
2019－06－01	2019－06－03	47
2019－06－21	2019－06－20	15
2019－07－01	2019－07－02	15
2019－07－11	2019－07－09	47
2019－07－21	2019－07－21	47
2019－08－01	2019－08－02	47
2019－08－06	2019－08－07	15
2019－09－01	2019－08－31	15

续表

实测数据日期	Sentinel－1 影像日期	影像覆盖实测站点数量
2019－09－11	2019－09－12	15
2019－09－21	2019－09－19	47
2019－10－01	2019－10－01	47
2019－10－11	2019－10－13	47
2019－10－26	2019－10－25	47
2019－11－06	2019－11－06	47
2019－11－16	2019－11－18	47

2. MODIS 光学数据

MODIS，其全称为 moderate－resolution imaging spectroradiometer，指的是一种中分辨率的成像光谱仪，它有 36 个中分辨率光谱波段，将其搭载在 Terra 和 Aqua 两颗卫星上，每 1～2 天对地球表面进行 1 次观测，可以全方位获取海洋、陆地、冰川等地表信息。MODIS 数据光谱波段范围为 250～1000nm 之间，不同波频能够获取温度、植被指数、初级生产率、大气参数、火情等影像数据，时间分辨率较高，适于监测长时间序列的地表变量。数据的获取同样来自 GEE 平台。

本书中主要使用的 NDVI、EVI 两种植被指数数据来自 2019 年的 MOD13Q1 产品，它的空间分辨率为 250m。由于是每 16 天合成的数据，本书基于 3 次样条插值法将其插值为每日的植被指数数据用于多期土壤水分反演研究，如图 4.5 所示。除此之外，还包括 500m 空间分辨率、8 天合成的 MOD15A2H 产品中的叶面积指数数据（LAI）用于 PROSAIL 模型模拟反射率。

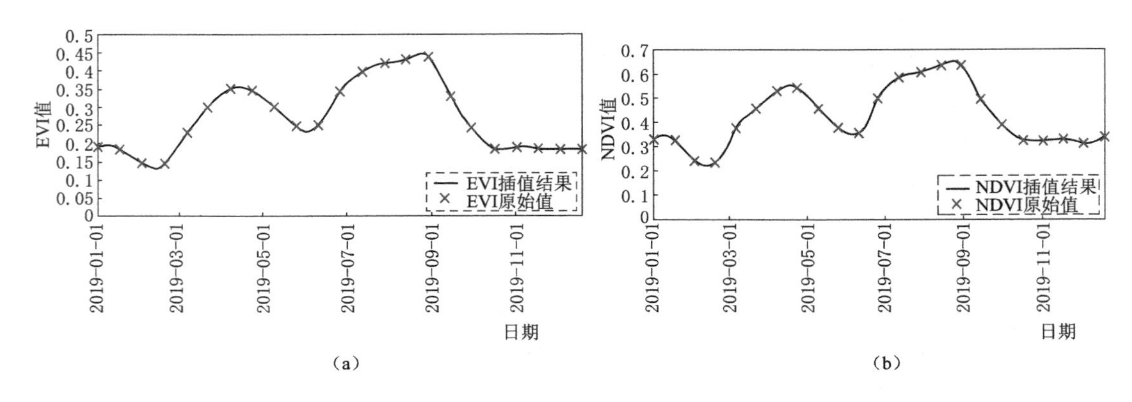

图 4.5　MODIS NDVI、EVI 插值后平均值时间序列曲线图

4.1.2.2　土壤墒情实测数据

本节中使用到的实测数据为安徽省人工站的 2019 年土壤水分数据，该数据提供了分布在安徽省 87 个站点的编码、经纬度、监测时间、田间持水量以及 10cm、20cm、40cm 深度的土壤相对湿度（%）数据。根据 Sentinel－1 雷达卫星搭载的 C 波段的穿透能力，以及研究区的范围，本书选择使用 43 个站点 10cm 深度的土壤相对湿度乘以该站点的田间

持水量得到的土壤水分（土壤体积含水量，cm^3/cm^3），下文中的土壤水分值均为土壤体积含水量。

人工站通常在每个月的1号、11号以及21号对该站点土壤水分进行测量。图4.6为2019年的1—11月中29个日期的研究区43个站点的平均土壤水分含量的变化趋势图。2019年第一季度的土壤墒情较好，研究区内所有墒情站日均土壤水分值均在$0.2cm^3/cm^3$以上，根据相关资料知5月初入汛以来，研究区（主要是淮北地区）降雨与往年同期比较偏少，沿淮、淮北地区由于河湖蓄水量跟往年比下降，出现了轻度干旱。因此日均土壤水分值偏低；8月由于汛期降雨缘故，土壤墒情转好。10月、11月墒情较差，日均土壤水分值整体降至$0.16cm^3/cm^3$左右。

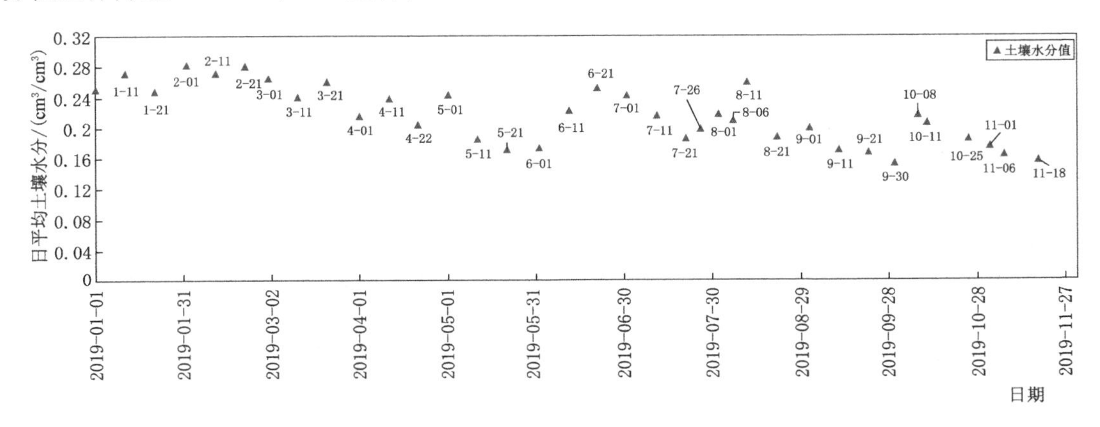

图4.6 研究区实测土壤水分日平均值时间序列图

4.1.2.3 其他辅助数据

本节中用到的地形数据来自NASA和国家地理空间情报局的SRTM雷达测绘任务，将获取的雷达影像处理成地形数据，即DEM数据，数据下载网址为https：//srtm.csi.cgiar.org/download/。

辅助数据还用到了土壤质地数据，其中包含土壤有机质含量、黏粒含量、粉砂含量、砂粒含量、粗粒含量以及亚类土壤类型；除此之外还用了到行政区划、水系等矢量数据。

4.2 基于改进植被水分指数和水云模型的土壤水分反演

从2014年欧空局发射了C波段的Sentinel-1雷达卫星后，国内众多学者针对C波段的雷达数据开展了大量的土壤水分反演算法和土壤水分产品研究。但是，已提出的土壤水分反演算法仍存在应用的局限性，难以满足实际需求。为此，从雷达遥感辐射传输的物理机制出发，针对安徽省北部作物区开展Sentinel-1卫星C波段SAR数据的土壤水分反演模型研究，提出基于水云模型的半经验土壤水分反演模型。其中，雷达遥感土壤水分反演是一个病态问题，其难点在于土壤后向散射贡献和植被冠层散射贡献的定量化表达[30]，因此，构建土壤水分反演模型时，如何去除植被冠层对土壤散射的影响是反演土壤水分的关键。

主要思路为：通过对不同植被覆盖下实际雷达后向散射系数与土壤水分的关系进行统计分析，研究不同极化方式下植被对雷达后向散射系数和土壤水分关系的影响；并利用PROSAIL模型研究植被冠层的不同波段反射率与植被含水量的关系，提出基于改进植被水分指数的冠层含水量反演模型；再利用水云模型，从微波辐射传输物理机理的角度，分解植被冠层后向散射和土壤后向散射贡献，并通过基于改进植被水分指数的植被冠层含水量反演模型，求解植被冠层的贡献，同时结合裸土后向散射系数与土壤水分的线性经验关系，构建基于水云模型的半经验土壤水分反演模型，在安徽省北部地区实现土壤水分反演并验证。

4.2.1　植被对雷达后向散射的影响分析

本节探讨研究区不同的植被覆盖程度下雷达后向散射系数与土壤水分的关系，进而分析植被对雷达信号的影响。数据选取了5月21日、6月1日两期研究区中旱作地覆盖区的墒情站点实测数据和其同期VV、VH后向散射系数数据。归一化植被指数NDVI可以反映农作物的长势，范围为－1～1，本节中的植被覆盖程度用NDVI划分范围代替表示，负值通常情况下表示云、水和雪的覆盖，小于等于0.1的NDVI表示为岩石、裸土等区域，0.2以上可表示有植被覆盖。本节中选取的48个样点的NDVI值均大于0.1，这里按照NDVI>0.4和NDVI<0.4将研究区的样点分为较低植被覆盖和较高植被覆盖。图4.7和图4.8分别绘制了不同植被覆盖下VV、VH两种极化方式下的后向散射系数和土壤水分实测值的关系图，分析研究区植被覆盖的增加对Sentinel－1A的两种极化信号的影响。

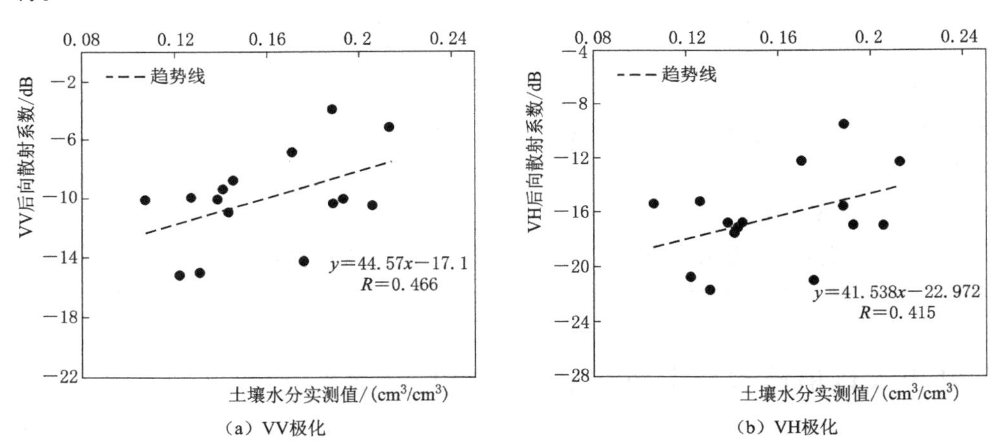

图4.7　较低植被覆盖（NDVI<0.4）下雷达后向散射系数与土壤水分含量的关系

将图4.7和图4.8对比发现，较低植被覆盖下的雷达后向散射系数与土壤水分实测值的相关性较好，如图4.7所示，其中VV极化后向散射系数与土壤水分值的相关系数为0.466，VH极化后向散射系数与实测值的相关系数为0.415；当较高植被覆盖情况下，如图4.8所示，两种极化方式下两者的线性关系明显减弱，VV极化与土壤水分值的相关系数降至0.391，而VH极化与实测值相关性降低得更为明显，相关系数为0.115，几乎没有相关性。可见植被对于建立后向散射系数与土壤水分值的关系有较大的影响，而无论是

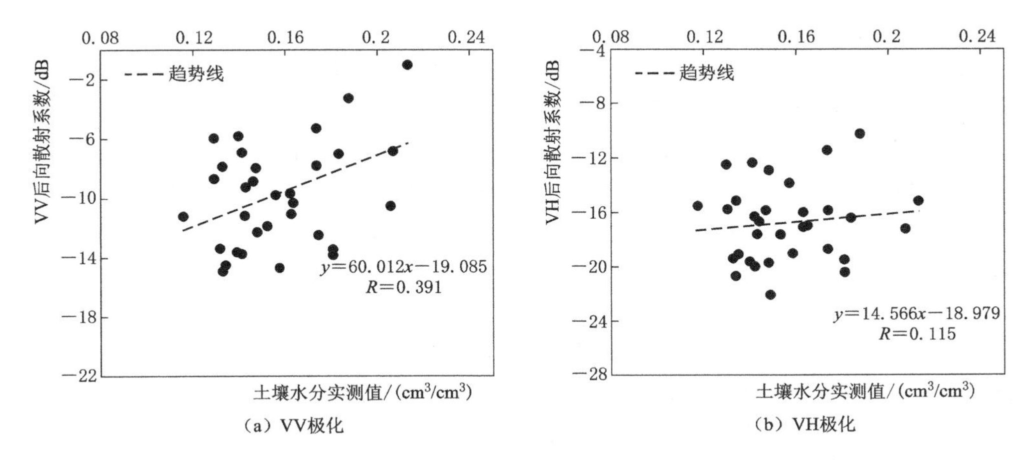

图 4.8　较高植被覆盖（NDVI>0.4）下雷达后向散射系数与土壤水分含量的关系

较高植被覆盖区还是较低植被覆盖区，土壤水分对 VV 极化都比对 VH 极化更为敏感，VV 极化与土壤水分的相关性更为明显。而植被对于 VH 极化的影响要大于 VV 极化，这可能是因为与 VV 相比，交叉极化 VH 与植被散射更加相关。

因此综上，植被散射对雷达回波信号影响明显，在植被区的土壤水分反演中，需要去除这种影响；并且，选择 VV 极化方式下的后向散射系数建立与土壤水分值的关系进行研究区土壤水分的反演更为合适。

4.2.2　基于改进植被水分指数的植被冠层含水量估算

水云模型中的植被含水量主要指的是冠层含水量，冠层含水量由叶片中的水分含量决定。叶片水分很大程度上影响着叶片的光谱特性，主要是通过对入射光谱辐射的吸收，进而影响着叶片在近红外、短波红外波段的光谱反射率[121]。因此可以通过分析研究区光谱特征的变化得到对叶片水分敏感的波段进行组合来构建植被水分指数，本书将经过分析构建的水分指数称为改进植被水分指数。然后直接建立模拟冠层含水量与改进植被水分指数的统计关系达到估算植被冠层含水量的目的。

本节由于没有植被冠层含水量的实测数据，采用了 PROSAIL 模型模拟研究区样点的地表反射率，根据对叶片水分敏感的几个波段来构建不同的水分指数，最终选取合适的水分指数对冠层含水量进行估算[122]。

4.2.2.1　基于 PROSAIL 模型的植被冠层反射率模拟分析

PROSAIL 模型是由一种叶片光学模型 PROSPECT 和植被冠层二向反射率模型 SAIL 耦合构成的辐射传输模型[123]。PROSPECT 模型表达了植物叶片从 400～2500nm 光谱范围内吸收和反射的光学特征，它是由 Allen 等于 1969 年提出，他们将叶片看作是 1 个或几个具有粗糙表面的吸收板，进而会引起各向同性散射，模型输入的变量分为两种，一种是叶片结构参数（leaf structure parameter），即叶肉内空气/细胞壁界面的平均数量的紧密层数；另一种是叶片生化含量，自模型最初提出以来已经发生了变化[124-125]，它包括了等效水厚度（equivalent water thickness）、叶绿素浓度（chlorophyll concentration）、干物质含量（dry matter content），通过模拟叶片从 400～2500nm 的上行和下行辐射通量得到叶

片的透过率和方向半球反射率[126-127]；SAIL（scattering by arbitrary inclined leaves）模型的提出比较早，描述的是植被冠层的反射率，目前在遥感领域被广泛应用。模型假设了水平均匀的冠层，考虑其垂直分层结构和叶倾角分布，将上述 PROSPECT 模型模拟得到的叶片透过率和反射率输入到 SAIL 模型中，另外还包括叶面积指数（leaf area index，LAI）、叶倾角分布、热点参数（hspot）、土壤亮度参数（rsoil）、太阳天顶角（tts）、观测天顶角（tto）以及观测相对方位角、土壤反射率等参数输入到 SAIL 模型中，由此将两种模型耦合最终得到 400～2500nm 光谱范围内的植被冠层反射率[123]。模型公式如下：

$$(\rho_1,\tau_1)=\mathrm{PROSPECT}(N,C_{\mathrm{ab}},C_{\mathrm{w}},C_{\mathrm{m}},C_{\mathrm{brown}}) \tag{4.1}$$

$$\rho=\mathrm{SAIL}(\mathrm{LAI},\mathrm{LIDF},\rho_1,\tau_1,\rho_s,\mathrm{hspot},\mathrm{tts},\mathrm{tto},\mathrm{psi}) \tag{4.2}$$

PROSAIL 模型最终得到的是 400～2500nm 的植被冠层光谱曲线。为了分析不同光谱波段对叶片水分敏感性，本书采用 PROSAIL 模型模拟了不同的植被叶面积指数 LAI 条件下的植被冠层反射率曲线。其中，植被叶面积指数 LAI 是指单位土地面积上植物叶片总面积占土地面积的倍数，表示植被利用光能状况和冠层结构的一个综合指标，是植被冠层辐射传输模型的一个重要参量，常用来刻画植被的整体生长状况。另外，在冬小麦反射率模拟中，采用 Python 语言包中的 PROSAIL 库（下载来自 http：//teledetection. ipgp. jussieu. fr/prosail/），并进一步代码编程，输入不同的植被冠层叶面积指数参数值，以及根据相关参考文献设置模型其他相应的参数，进行冬小麦的冠层反射率模拟。模型所需的冬小麦叶面积指数 LAI 值，由 MODIS 数据中 MOD15AH2 产品中的叶面积指数数据按照样点像元提取得到。光谱间隔为 1nm 的不同 LAI 条件下植被冠层反射率曲线模拟结果，如图 4.9 所示。

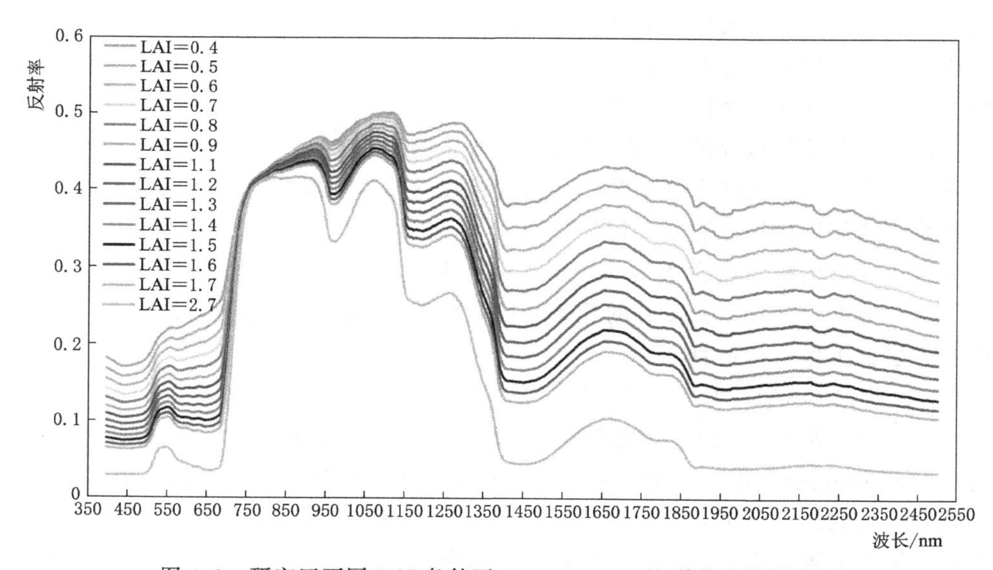

图 4.9　研究区不同 LAI 条件下 400～2500nm 光谱曲线模拟结果

由图 4.9 发现，不同叶面积指数 LAI 条件下冬小麦植被冠层光谱曲线都出明显的反射率低谷区。首先 400～700nm 区间的可见光，受植被叶绿素 a、叶绿素 b 强吸收影响，反射率整体较低，但在 550nm 附近绿光波段处存在小波峰，表明相比红橙和蓝紫光植被对绿光反射能力较强；700～1350nm 区间的近红外电磁波，受叶片的内部发生的多次散射影响，反射率整体较高，但在 970nm 和 1200nm 附近的波段处，受叶片水分的强吸收作用，反射率较低，呈现两个明显的波谷；在 1350～2500nm 区间的近红外电磁波，受到叶片中水分的吸收作用，反射率较低，呈下降趋势，且在 1450nm、1930nm、2200nm 处呈现明显的吸收波谷。进一步对比图中不同 LAI 状态下的冬小麦植被冠层光谱曲线的差异，发现近红外波段、短波红外波段中 870nm、970nm、1050nm、1240nm、1450nm、1650nm、2200nm 的光谱反射率能够突出刻画光谱曲线变化特征，并且与叶片水分参量相关。

4.2.2.2 基于改进植被水分指数的植被冠层含水量估算方法

经过相关文献分析，可知基于遥感技术的植被冠层含水量反演通常采用光学遥感光谱指数与植被冠层含水量的经验关系来实现植被冠层含水量的反演，即利用近红外（NIR）和短波红外（SWIR）波段的反射率构造一种植被水分指数，并建立植被水分指数与植被水分含量之间的经验关系实现植被冠层含水量的估算。为此，采用类似思路，针对研究区的作物覆盖构建了一种植被水分指数，进而实现植被冠层含水量的估算。

本书在上一节开展了基于 PROSAIL 模型的植被冠层反射率模拟分析，可知近红外波段、短波红外波段中 870nm、970nm、1240nm、1450nm、1650nm、2200nm 的光谱反射率与植被水分含量相关。基于此，组合 870nm、970nm、1240nm、1450nm、1650nm、2200nm 几个不同波段，建立多种归一化植被水分指数，并利用 PROSAIL 模型模拟数据，分析不同植被水分指数与植被冠层含水量的关系，进而选择最佳波段组合建立的指数，发展一种基于改进植被水分指数的植被冠层含水量估算方法。

最早用于植被冠层含水量估算的归一化水分指数 NDWI（normalized difference water index)，由 Gao et al. 根据近红外波段 860 nm 和短波红外波段 1240nm 的反射和吸收差异所提出，该指数对普遍的植被冠层液态水分的变化比较敏感[122,128]，归一化植被水分指数公式如下：

$$NDWI_{(R_1,R_2)}=\frac{R_1-R_2}{R_1+R_2} \tag{4.3}$$

式中：R_1，R_2 表示不同波段的地表反射率。

根据以上归一化植被水分指数公式，组合 870nm、970nm、1240nm、1450nm、1650nm、2200nm 几个不同波段，构建了 $NDWI_{(870,970)}$、$NDWI_{(870,1240)}$、$NDWI_{(870,1450)}$、$NDWI_{(870,1650)}$ $NDWI_{(870,2200)}$ 5 种不同类型的归一化植被水分指数。为了进一步对比以上几种指数与植被含水量的关系，采用了 PROSAIL 模型模拟数据开展统计分析。

PROSAIL 模型模拟数据制作规则如下：根据表 4.3 PROSAIL 模型参数范围，利用 SimLab 软件，基于均匀分布的采样方式自动生成 5000 组 PROSAIL 模型参数值数据，并输入 PROSAIL 模型生成 5000 条反射率光谱曲线数据。

表 4.3　　PROSAIL 模型参数范围配置

参　数	描　述	范　围	单　位
N	叶片结构参数	1～2	—
C_w	叶片含水量	0.002～0.08	g/cm^2
C_m	干物质含量	0.001～0.003	g/cm^2

续表

参　数	描　述	范　围	单　位
C_{ab}	叶绿素浓度	40	$\mu g/cm^2$
LAI	叶面积指数	0.1～6.5	
LIDF	叶分布函数参数	球面型	
hot_spot	热点参数	0.5/LAI	
tts	太阳天顶角	30	(°)
tto	观测天顶角	0	(°)
psi	相对方位角	0	(°)

利用 PROSAIL 模型模拟的不同波段反射率结果，计算常用的 NDVI 和 Gao et al. 提出的 NDWI 指数与本书组合的 5 种 $NDWI_{(R1,R2)}$ 指数值，结合模型模拟的植被冠层含水量，开展与植被冠层含水量相关性研究，建立不同指数与植被含水量的经验关系，确定最优改进植被水分指数的植被冠层含水量估算方法。不同植被水分指数与植被冠层含水量模拟值之间的关系统计分析结果如表 4.2、表 4.3，图 4.10 所示。

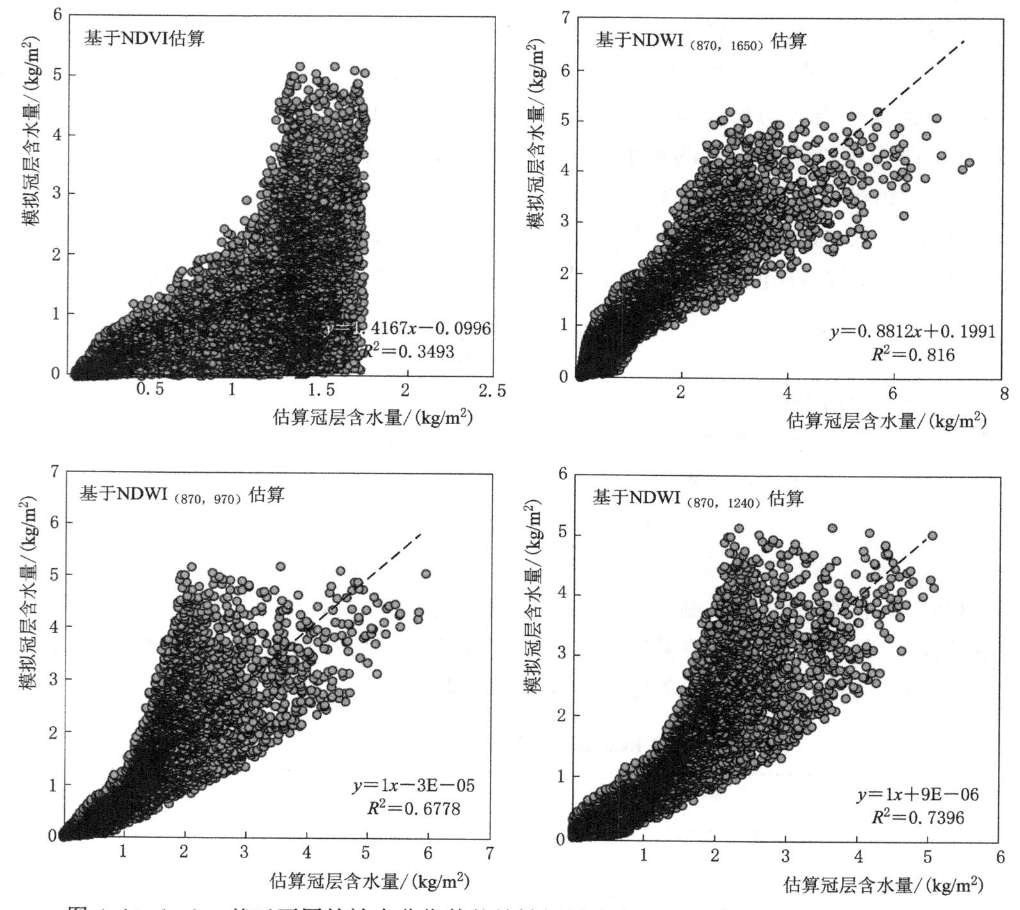

图 4.10（一）　基于不同植被水分指数的植被冠层含水量的估算值与模拟值的散点图

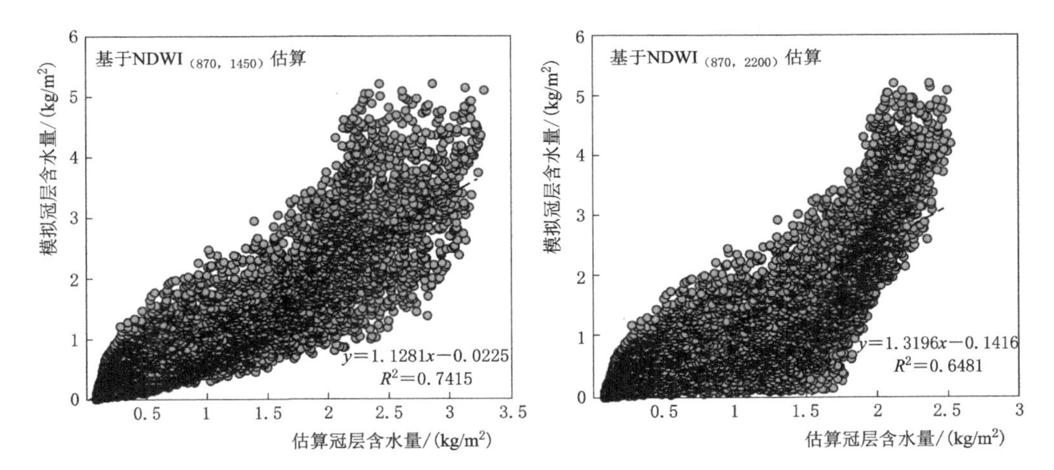

图 4.10（二） 基于不同植被水分指数的植被冠层含水量的估算值与模拟值的散点图

用于经验关系分析的植被冠层含水量模拟值，采用常用的传统方法进行计算，公式如下：

$$\text{模拟的植被冠层含水量 VWC} = \text{LAI} \times C_w \times 10 \tag{4.4}$$

式中：LAI 为 PROSAIL 模型输入的叶面积指数值；C_w 为 PROSAIL 模型叶片含水量值；10 为 g/cm^2 到 kg/m^2 单位的换算。

由表 4.4 可知，7 种植被指数和植被冠层含水量模拟值由数学统计建立的经验关系中，$NDWI_{(870,970)}$、$NDWI_{(870,1240)}$ 和 $NDWI_{(860,1240)}$ 与模拟冠层含水量为线性关系，其他为指数关系。在 7 种水分指数中，基于 NDVI 建立的关系式拟合优度最低，只有 0.47，其他水分指数拟合优度均在 0.6 以上。其中，由于 $NDWI_{(860,1240)}$、$NDWI_{(870,1240)}$ 都基于 1240nm 波段构建，并且 860nm 波段和 870nm 波段相近，因此该指数具有较为接近的拟合精度，均为 0.74；$NDWI_{(870,970)}$ 与模拟值关系较差，拟合优度为 0.678；模拟结果最优的是由 870nm 和 1650nm 波段构建的植被水分指数 $NDWI_{(870,1650)}$，拟合优度达到了 0.81。由表 4.5 可知，由 7 种水分指数估算植被冠层含水量值与 PROSAIL 模型的模拟值的误差统计中，基于 NDVI 估算的植被含水量，RMSE 也最大为 $0.97kg/m^2$；$NDWI_{(860,1240)}$、$NDWI_{(870,1240)}$ 估算的植被冠层含水量误差相近，RMSE 都为 $0.58kg/m^2$；$NDWI_{(870,970)}$ 估算的植被冠层含水量精度较低，RMSE 为 $0.65kg/m^2$；$NDWI_{(870,1650)}$ 误差最小，RMSE 为 $0.51kg/m^2$。

表 4.4　　不同植被水分指数与植被冠层含水量模拟值的拟合关系

植被水分指数	拟合关系	植被水分指数	拟合关系
NDVI	$y=0.0643e^{3.6864x}$	$NDWI_{(870,1450)}$	$y=0.1038e^{3.5705x}$
$NDWI_{(860,1240)}$	$y=9.8594x+0.5654$	$NDWI_{(870,1650)}$	$y=0.137e^{4.816x}$
$NDWI_{(870,970)}$	$y=20.177x+0.6871$	$NDWI_{(870,2200)}$	$y=0.1048e^{3.3059x}$
$NDWI_{(870,1240)}$	$y=9.9984x+0.5386$		

注　x 为植被水分指数值，y 为植被冠层含水量，单位为 kg/m^2。

表 4.5　　基于不同植被水分指数对植被冠层含水量的估算值与模拟值误差统计

水分指数	误差统计	
	R^2	RMSE/(kg/m^2)
NDVI	0.35	0.97
$NDWI_{(860,1240)}$	0.74	0.58
$NDWI_{(870,970)}$	0.68	0.65
$NDWI_{(870,1240)}$	0.74	0.58
$NDWI_{(870,1450)}$	0.74	0.6
$NDWI_{(870,1650)}$	0.82	0.51
$NDWI_{(870,2200)}$	0.65	0.74

图 4.10 所示为不同植被水分指数对植被冠层含水量的估算值与模拟值之间的散点图，可以发现由几种水分指数得到的植被冠层含水量估算值与模型模拟相比，都有不同程度的低估。其中，NDVI 的低估最为明显，误差较大。

综上，$NDWI_{(870,1650)}$ 构建的指数型植被冠层估算模型在植被冠层含水量估算中效果最优，用来估算研究区植被冠层含水量。因此，本书创新性提出的基于改进植被水分指数的植被冠层含水量估算模型为

$$VCW = 0.137e^{4.816\,NDWI_{(870,1650)}} \tag{4.5}$$

由此，根据 MODIS MOD09Q1 产品提供的波段反射率数据信息，见表 4.6，按照相应的波段 870nm 和 1650nm 选择 Band2 和 Band6 计算植被水分指数 $NDWI_{(870,1650)}$，再基于改进植被水分指数 $NDWI_{(870,1650)}$ 的植被冠层含水量估算模型估算得到了研究区的植被冠层含水量空间分布如图 4.11 所示，经统计，研究区内平均植被含水量达 0.82kg/m²，植被含水量值主要集中在 0.49～1.93kg/m² 之间。淮河流域两侧植被含水量偏低，大部分值在 0.083～0.491kg/m² 之间。根据土壤覆盖类型显示研究区中宿州东北部种植水田，植被含水量估算值较高。

表 4.6　　MODIS MOD09Q1 产品波段信息表

波段	波长/nm	波段	波长/nm
Band 1	620～670	Band5	1230～1250
Band2	841～876	Band6	1628～1652
Band3	459～479	Band5	2105～2155
Band4	545～565		

4.2.3　安徽省北部土壤水分反演与验证

根据研究区的小麦作物类型特点，本节选择以“水云模型”为基础，结合所提出的基于改进型植被水分指数植被冠层含水量估算模型，面向安徽省北部地区，构建土壤水分反演模型。

4.2.3.1　基于改进植被水分指数和水云模型的土壤水分反演模型的构建

根据水云模型的原理，可知道植被作为均匀的散射体，将地表的雷达回波散射能量 σ^0

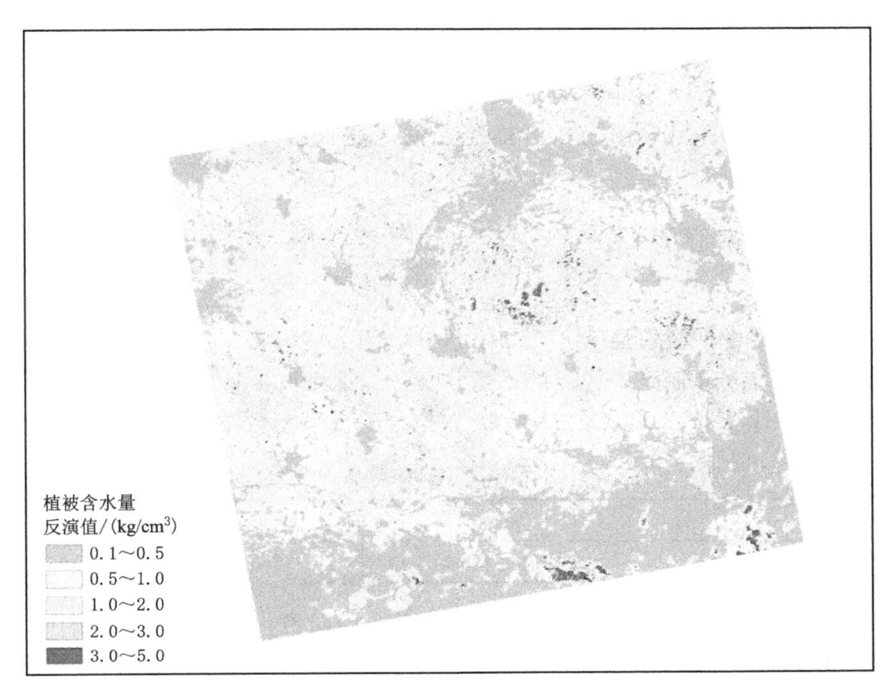

图 4.11 2019 年 5 月 17 日安徽省北部地区植被冠层含水量空间分布图

分成土壤的后向散射 σ^0_{soil} 以及植被的后向散射 σ^0_{veg} 两部分，公式如下：

$$\sigma^0 = \sigma^0_{veg} + T^2 \sigma^0_{soil} \tag{4.6}$$

其中，T^2 双层衰减因子和植被后向散射能量 σ^0_{veg} 的表达式如下：

$$T^2 = \exp(-2Bm_v \sec\theta) \tag{4.7}$$

$$\sigma^0_{veg} = Am_v \cos\theta (1 - T^2) \tag{4.8}$$

式中：θ 为雷达入射角；m_v 为植被冠层含水量，由改进植被指数估算植被冠层含水量模型计算，A 和 B 是取决于冠层类型和频率的参数，最终将经过试验数据拟合确定。A 可以解释为植被密度参数，一般情况下裸土为 0，森林为非常高的值。

忽略地表粗糙度和土壤的耕种结构的影响，土壤的后向散射强度 σ^0_{soil} 可以直接与土壤水分建立经验关系。通过 4.1 节分析，可知在裸土的情况下（包含去除植被影响的情况），土壤的后向散射系数 σ^0_{soil}（dB）与土壤水分具有较好的线性关系。因此，去除掉植被影响的土壤的后向散射能量（以土壤后向散射系数表示）和土壤水分的线性关系如下：

$$\sigma^0_{soil} = C \times sm + D \tag{4.9}$$

式中，σ^0_{soil} 为 dB 格式的土壤后向散射系数；sm 为土壤水分；C、D 为线性关系的拟合系数，可以通过拟合统计获得。

由于水云模型中雷达后向散射总能量、土壤后向散射能量和植被冠层后向散射能量是利用 linear 格式的雷达后向散射系数定量刻画，而土壤的后向散射量与土壤水分的线性关系利用 dB 格式的土壤后向散射系数刻画，因此，相互结合中，需要进行雷达后向散射系数的转换，即 linear 格式分贝化公式如下：

$$\sigma^0(\mathrm{dB})=10\lg\sigma^0 \tag{4.10}$$

综上，由式（4.6）～式(4.10)，可得地表雷达的总后向散射系数与土壤水分的关系如下：

$$10^{(\sigma^0(\mathrm{dB})/10)}=Am_v\cos\theta[1-\exp(-2Bm_v\sec\theta)]+\exp(-2Bm_v\sec\theta)10^{(C\times sm+D)/10} \tag{4.11}$$

针对式（4.11）中植被冠层含水量 m_v 估算，引入式（4.5），并利用 MODIS 的地表反射率产品和安徽省北部地区中样点的土壤水分 sm 实测值，针对 VV 极化的后向散射系数进行拟合分析，计算 A、B、C、D 参数 。拟合的模型参数结果如下（表 4.7）：

表 4.7　　水云模型拟合参数表

参　数	A	B	C	D
参数值	0.031	0.122	3.254	−52.524

图 4.12 展示了去除植被影响前后 VV 极化下的后向散射系数变化，图中次坐标轴绘制了该点的 NDVI 值，可见在一些 NDVI 值较高的样点，VV 极化后向散射系数值在去除植被影响后变化较大。

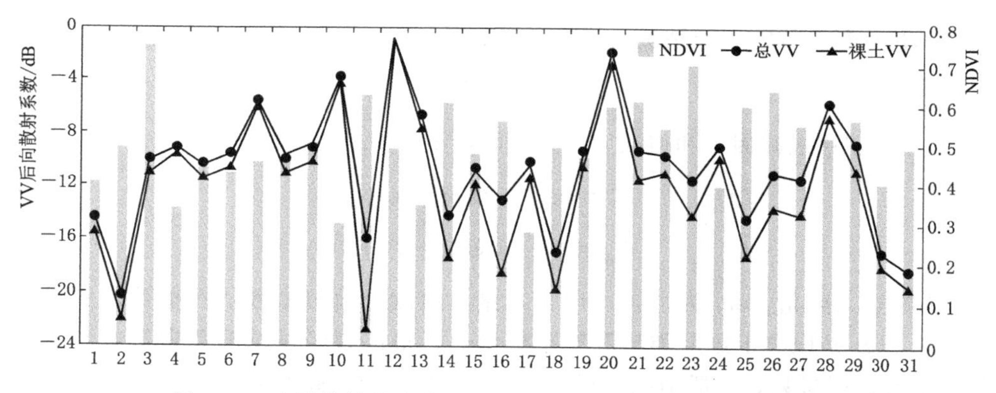

图 4.12　去除植被影响前后 VV 极化下的后向散射系数的对比

最后得到针对 VV 极化后向散射系数的安徽省北部作物区的半经验土壤水分反演模型，公式如下：

$$sm=\frac{10\lg\frac{\sigma^0-(0.031\times 0.137e^{4.816NDWI_{(870,1650)}}\theta(1-\exp(-2\times 0.122\times 0.137e4.816NDWI_{(870,1650)}\sec\theta))}{\exp(-2\times 0.122\times 0.137e^{4.816NDWI_{(870,1650)}}\sec\theta)}+52.524}{3.254} \tag{4.12}$$

4.2.3.2　基于改进植被水分指数和水云模型的土壤水分反演模型的反演与验证

本节利用所构建的土壤水分反演模型，开展安徽省北部作物区的土壤水分反演，反演结果如图 4.13 所示。同时，针对 2019 年 5 月 21 日的土壤水分反演结果进行精度验证，其模型反演值与实测值的 R^2 为 0.569，RMSE 为 0.035cm³/cm³。

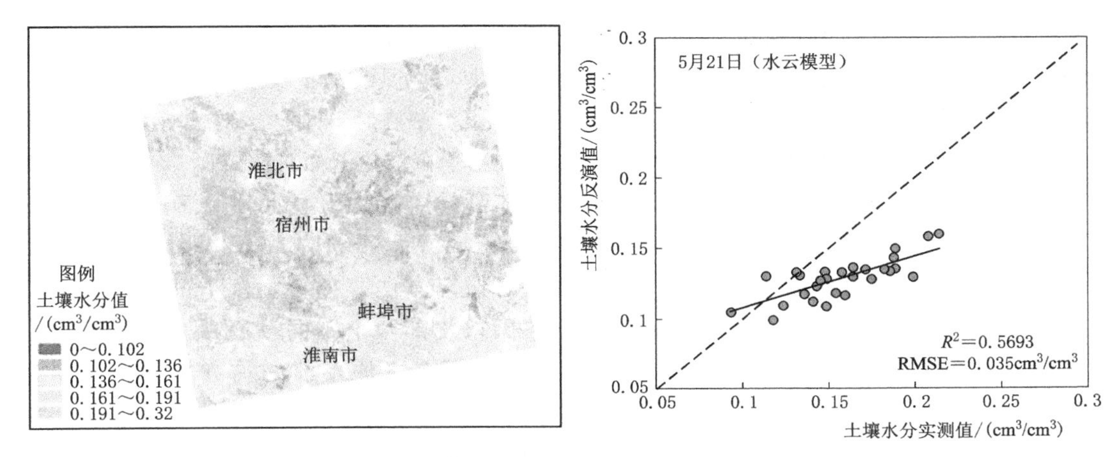

图 4.13　5 月 21 日安徽省北部地区土壤水分反演结果及精度验证

4.3　基于机器学习的安徽省北部土壤水分反演

机器学习算法能够整合不同类型的数据源，并且能够近似表征多种特征变量与目标变量之间的复杂非线性关系，因此对于区域尺度下的土壤水分反演，机器学习算法能够充分发挥其算法优势。

由于电磁波与地表相互作用的复杂性，雷达后向散射同时受到传感器自身、地表粗糙度、植被覆盖、土壤特性等因素影响，雷达直接获取的后向散射系数和土壤水分之间的非线性关系存在着不确定性[68-70]；且很多地表参数较难获取，尤其是在区域尺度内，由于土壤的自然变异性，即使对地表粗糙度进行了广泛的原位采样，仍然难以表征其周围环境的地表情况[25,129]。

近年来，多种机器学习算法逐渐被利用到土壤水分的模拟预测和遥感反演中。机器学习算法经过大量的计算能够自动、有效地识别多种特征变量间的复杂关系，结合与土壤水分相关的因素输入到机器学习算法中，对于土壤水分的站点预测比较有效。Guilherme et al.[130] 考虑了多种影响水文过程的因素，包括气候、土壤特性、地形特征和降水量等，将以上变量输入到人工神经网络算法中构建模型，在巴西南部一个小流域进行模型应用，评估了模型输入变量的重要性。而机器学习算法再结合光学、雷达等不同的遥感数据源输入，为算法考虑了一定的物理意义，将站点模拟延伸到连续面上，实现土壤水分的反演。在国外已经有很多研究展示了几种常见的机器学习算法，例如人工神经网络、支持向量回归（SVR）等在不同尺度的研究区有着一定的遥感反演潜力。Ebrahim et al.[131] 基于无人机系统（UAS）在田间获取了高空间分辨率的光学反射率数据，结合土壤实测数据以及饱和导水率、有机质含量等土壤物理参数，将其分别输入到 H_2O 自动化机器学习（AutoML）的 4 种机器学习算法中估算根区土壤水分，对比分析各算法的性能，改善了以往模型的估算精度，生成了基于光学数据的高空间分辨率根区土壤水分空间分布图，并清晰地捕捉了田间尺度上土壤水分的空间变异性，有助于农田规模下的精准灌溉管理；Ezzahar et al.[25] 则在摩洛哥 Tensfit 盆地的裸露农业区对比了半经验模型 Oh、物理模型 IEM 和 SVR 模型 3 种土壤水分的雷达遥感反演方法，无须考虑植被的影响，将地表参数输入到 SVR 模型中，结果表明，基于 SVR 模型的土

壤水分反演精度与 IEM 模型的反演精度非常接近，考虑到在较大尺度裸土地表区域中很难获取地表粗糙度参数的情况，支持向量机结合雷达数据源可以是反演土壤水分的有效工具；在机器学习算法的应用中，也有一些研究讨论了机器学习算法在特殊地形区对土壤水分的反演能力，Pasolli et al.[132] 在山地环境中利用 SVR 算法基于全极化 RADARSAT－2 雷达数据协同光学植被指数、地形等数据实现了地表异质性较高的山区的土壤水分反演；Alexakis et al.[133] 基于雷达数据 Sentinel－1 协同光学数据 Landsat8 卫星得到的 NDVI 图像，利用人工神经网络算法在希腊西克里特岛测试了土壤水分的估算方法，拟合优度 R^2 达到了 0.9；Holtgrave et al.[134] 则探讨了支持向量回归在德国东北部两个不同草原覆盖的洪泛区土壤水分反演的适用性，也取得不错的反演精度，在两个平原反演的均方根误差分别为 9.7%和 13.8%，并且研究测试了模型的可移植性，最终表明由于不同的区域条件，该模型很难移植；Zeng et al.[135] 利用随机森林的算法，基于地面实测数据和被动微波方式生成的 SMOS 土壤水分产品，以及 NDVI、地形、地表温度数据等辅助变量在美国俄克拉何马州探索了区域尺度下的土壤水分反演模型。对于国内的研究，区域尺度下基于机器学习算法的土壤水分的反演研究还较少。吴颖菊[136] 基于随机森林算法将微波与光学遥感结合起来，对大清河流域的 SMOS 表层土壤水分产品进行降尺度，建立模型并在测试集上验证，与原来的 SMOS 结果之间的相关系数 R 在 0.900～0.998 之内，RMSE 小于 0.052cm^3/cm^3，与站点实测数据对比也较为准确；王雅婷[137] 在鄂尔多斯风沙滩裸土区选取研究区，将基于 Radarsat－2 雷达数据获取的后向散射系数利用 AIEM 和水云模型去除植被与地表粗糙度影响后输入 SVR 模型，构建微波-光学耦合的支持向量回归（SVR）模型用于研究区土壤水分的反演。

本节探讨基于机器学习算法构建较高精度土壤水分反演模型时需要考虑的因素，并且对比了线性回归（Linear）、支持向量回归（SVR）、随机森林（RF）以及梯度提升回归（GBR）4 种机器学习算法在研究区的适用性。

图 4.14 为本章的概述流程图，包括以下几个部分：①选取与土壤水分相关的特征变量，将收集好的各变量的所有数据以 3 ∶ 1 的比例划分训练集和测试集，训练集构建为训练样本库，用于模型的训练，测试集用于验证模型应用时的估算能力；②根据机器学习算法计算对样本的要求，对数据进行独热编码、归一化处理等预处理步骤；③将样本输入模型后对各个模型的参数调整，进行模型的训练，使其达到最佳模拟性能；然后对比不同特征变量对模型精度的影响，分析特征变量的重要性；④将最优特征组合输入各算法，评估基于 4 种机器学习算法所构建模型的训练精度和测试精度，从中选取表现性能最好的算法用于研究区土壤水分的反演。本节中对于机器学习模型的构建、训练以及预测用到的是 Python 语言包中内置的机器学习模块 sklearn，通过调用函数进行算法功能的实现。

图 4.14　基于机器学习算法的土壤水分反演研究概述流程图

4.3.1 特征变量的选取

根据在区域尺度上与土壤水分密切相关的因素以及基于雷达反演土壤水分时的影响因素，选取用于研究的特征变量。在反演时以雷达数据为基础，本书主要考虑的因素有地形、植被以及土壤质地。

1. 地形因素

在区域尺度上，地形的分布会影响到该区域的降雨、太阳对地表的辐射等过程，进而影响到土壤水分的空间分布，例如，丘陵、山区等区域的地形，对气流有抬升作用，进而会促进该地区的降水，且坡度大的地表土壤水分不易留存。因此，不同地形的分布会使土壤水分的空间分布不同；并且在反演中，地形的起伏变化也会影响到雷达信号对土壤水分的探测能力。本节中选取的地形参数变量包括高程（DEM）和坡度（SLP）。

2. 植被因素

不同植被覆盖程度会对土壤水分有着不同的调控作用，植被作为一种影响土壤水分变化的因素在反演中也需要被考虑；并且植被的散射也会影响雷达的回波信号。本节中选取的植被参数变量为 NDVI 和 EVI 两种植被指数。

3. 土壤质地因素

不同土壤质地的持水能力不同，一般来说，田间持水能力随着土壤中黏粒含量的增大而增大，砂土的田间持水力则远低于黏土，其原因是砂土中土壤的孔隙度较大，对于土壤持水力、水的运移产生一定的影响，因此将其加入反演中需要考虑的因素。本节中选取的土壤质地参数变量为有机质含量（OM）、黏粒（CL）含量、粉砂（SL）含量、砂粒（SA）含量、粗粒（OG）含量以及土壤类型（SOIL）。

根据以上分析，将 2019 年 1—11 月中 28 个日期的站点实测土壤水分作为模型的因变量，收集与实测日期匹配的各类数据包括雷达参数（VV、VH、本地入射角 LIA）、植被、地形、土壤质地等数据作为模型的特征变量，另外考虑到土壤水分随季节变化的差异性，将土壤水分实测数据的月份信息也作为特征变量的一种，将所有的数据集以 3：1 的比例划分为训练集和测试集，以训练集作为训练样本库。见表 4.8。

表 4.8 训练样本库变量信息

SM	VH	VV	LIA	EVI	NDVI	DEM	SLP	OM	CL	SL	SA	OG	SOIL	日期
0.246	−11.8034	−3.6357	42.5689	0.0512	0.1260	40	0.4176	1.8	30	27.12	39.63	3.25	1	2019-01-03
0.259	−25.6474	−19.7723	42.9383	0.0581	0.1489	27	1.3774	1.51	39.2	34.9	24.5	1.4	3	2019-01-03
0.222	−7.8874	−4.6625	42.9240	0.0702	0.1708	42	2.0500	1.8	30	27.12	39.63	3.25	1	2019-01-03
0.189	−21.3026	−14.5647	44.3632	0.0540	0.1765	37	1.8027	1.8	30	27.12	39.63	3.25	1	2019-01-03
0.29	−17.2845	−7.8303	44.1357	0.0880	0.2080	83	0.4297	1.8	39.12	38.41	21.08	1.39	5	2019-01-03
0.204	−17.7741	−10.8789	43.8388	0.1054	0.2166	23	0.3203	1.8	30	27.12	39.63	3.25	1	2019-01-03
0.228	−19.8036	−12.9476	44.3983	0.1331	0.2615	25	0.7162	1.51	39.2	34.9	24.5	1.4	3	2019-01-03
0.278	−15.3314	−8.9223	43.0502	0.1587	0.2787	37	0.1432	1.8	30	27.12	39.63	3.25	1	2019-01-03
0.262	−15.3081	−8.1834	42.4559	0.1444	0.2914	51	0.9171	1.8	39.12	38.41	21.08	1.39	5	2019-01-03
0.283	−17.1999	−6.1504	45.5772	0.1615	0.3091	24	0.6161	1.51	39.2	34.9	24.5	1.4	3	2019-01-03
…	…	…	…	…	…	…	…	…	…	…	…	…	…	…

4.3.2　数据预处理

根据算法计算时所需要的数据特征，对样本数据进行归一化、独热编码等处理后输入算法。

4.3.2.1　独热编码

在输入机器学习模型中的各种特征变量中，并不是所有的变量都是连续的数值，经常会碰到类型变量，例如，地表覆盖类型中水体、裸地等类型。考虑到土壤水分随季节变化的差异性，本节土壤水分实测数据的月份信息也作为类型变量输入模型，一些机器学习算法对于这类变量的要求是需要将其进行独热编码，即使用 n 个位置对 n 种类型编码，n 个位置中只有 1 个位置为“1”，其余为“0”时表示一种类型，“1”放置的不同位置代表不同的类型。

在众多机器学习算法中，决策树类的算法由于其不基于向量空间来度量，因此不需要进行独热编码。本节中在使用线性回归算法以及 SVR 算法时需要将月份信息这种类别变量做独热编码后输入。

4.3.2.2　归一化处理

由于各个特征变量的量纲不统一，所以采用以下公式对所有特征变量进行归一化处理，将数据统一到［0,1］范围内后输入。

$$X_{norm}=\frac{X-X_{\min}}{X_{\max}-X_{\min}} \tag{4.13}$$

4.3.3　模型参数调优

机器学习算法中的参数调优指的是模型在什么参数下可以达到其最优性能，通常遵循的是“偏差-方差”的平衡理论，其中模型的偏差指的是样本真实值与模型预测值的差值，描述了模型的预测值与真实值的偏离程度，代表了模型本身对样本估算的准确性，即模型本身的拟合能力；模型的方差指的是模型预测值与输出期望之间的差值，描述了模型的预测值与平均值的偏离程度，代表了模型的稳定性，即模型抗噪声的能力。

但在实际中，低偏差和低方差很难同时达到，如图 4.15 泛化误差与偏差、方差的关系示意图[138]，称为“偏差-方差窘境（bias - variance delimma）”，随着模型训练程度的变化，在训练初期，模型的拟合能力不够，还处于欠拟合状态，且初期训练数据单一，模型较为稳定；随着训练程度加深，模型逐渐学习了样本数据集大部分特征，越来越能表征真实值的趋势，偏差逐渐变小，而真实值中也存在一些模型不需要的噪声数据，导致模型稳定性下降，方差增加，模型达到过拟合状态。因此在调参过程中，需要在两者之间寻求最优点，使得模型的总泛化误差最小，模型训练的泛化误差等于模型的偏差、方差以及噪声数据平方之和。

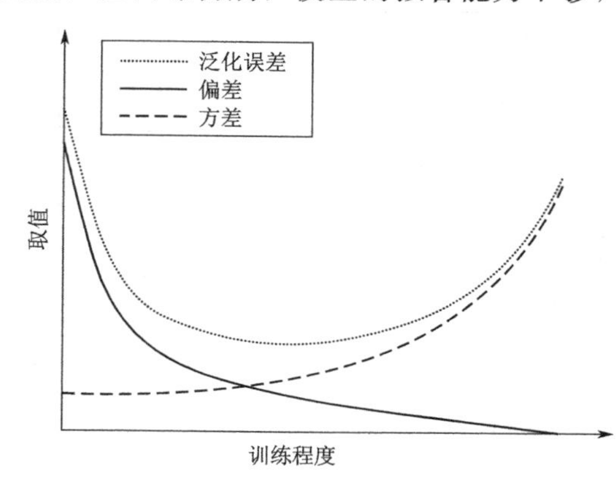

图 4.15　泛化误差与偏差、方差的关系示意图

在训练模型时，采用了 5 折交叉验证的方法，将样本库中的训练样本划分为 5 份，

每次不重复地选取其中一份作为验证集，用其他 4 份作为这一次的训练集训练模型，最终计算该模型在验证集上的平均精度作为交叉验证精度。在实际调参时，训练程度即代表着模型复杂度，即模型中参数取值变化。因此通过模型的参数调整来使训练过程和交叉验证过程都有一个较好的精度。

GBR 算法与随机森林算法均为集成类学习算法，且两种算法中最常用的基学习器均为决策树（CART）。对于此类学习器，树的枝叶越多，深度越深，树就会越茂盛，模型会越复杂，其主要的几种参数包括基学习器的个数 n_estimator、最大深度 max_depth、叶子节点含有的最少样本 min_samples_leaf 等，这些参数对模型评估精度的影响依次减弱，由于样本数据量不算大，其他参数对于模型的影响力很小，为了提高模型效率，本节着重选取调整 n_estimator 来调整模型的复杂度，图 4.16 与图 4.17 为 GBR 模型和随机森林模型训练时的学习曲线，最初偏差较高的时候训练集跟交叉验证集的拟合优度较低，随着参数的调整，训练集的精度逐渐提升，交叉验证集精度趋于平稳，则表示模型趋于稳定。

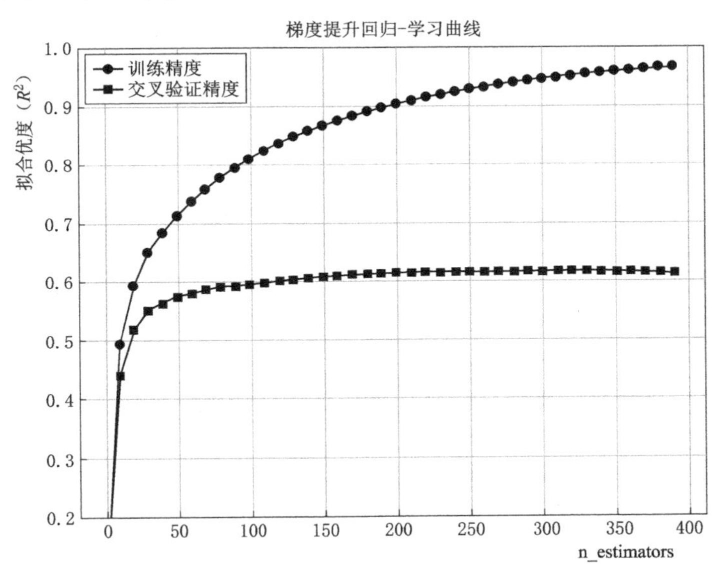

图 4.16 GBR 模型学习曲线

SVR 模型中需要调整的参数有两个，分别为惩罚系数 C 和核参数 gamma，C 相当于惩罚松弛变量，越大意味着对于模型误差的惩罚越大，趋向于提高训练集的精度，过高意味着模型对于误差的容忍度过小，会造成过拟合现象，越小则越能容忍误差，过小会造成模型过于泛化。gamma 是选择径向基核函数（radial basis function，RBF）后自带的参数，RBF 核函数无论大样本还是小样本都有比较好的性能，应用较为广泛，参数较少。gamma 越大，支持向量越少，gamma 越小，支持向量越多。支持向量的个数同样会影响模型的泛化能力。对于有两个参数的 SVR 模型来说，在调参时只能顺序运行而很难两者并行，因此采用了格网格搜索法，即通过将两个参数设定范围后做排列组合，自动按照每组组合调整模型，最后选取拟合精度最高的一组参数为最优参数。表 4.9 展示了基于网格搜索法的 SVR 模型调参表。

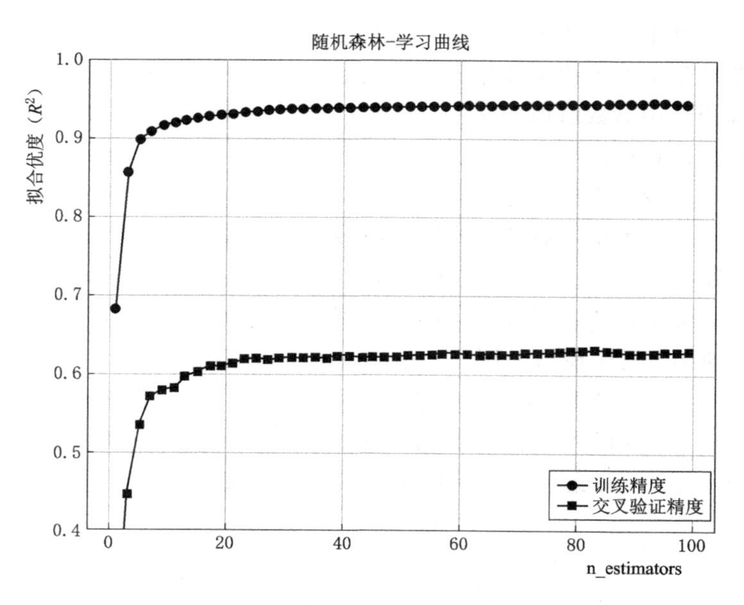

图 4.17　RF 模型学习曲线

表 4.9　　**SVR 网格搜索法调参表**

惩罚系数 C	核参数 gamma	训练集 R^2	测试集 R^2
1	1.0E－05	0.1098	0.1092
1	1.0E－04	0.3206	0.3302
1	1.0E－03	0.3887	0.4056
1	1.0E－02	0.4827	0.4619
1	1.0E－01	0.4478	0.2691
10	1.0E－05	0.3302	0.3408
10	1.0E－04	0.3749	0.3935
10	1.0E－03	0.4324	0.4567
10	1.0E－02	0.6303	0.5290
10	1.0E－01	0.9258	0.4414
100	1.0E－05	0.3711	0.3912
100	1.0E－04	0.4015	0.4234
100	1.0E－03	0.4655	0.4662
100	1.0E－02	0.7421	0.4584
100	1.0E－01	0.9981	0.3705
1000	1.0E－05	0.3799	0.3973
1000	1.0E－04	0.4253	0.4487
1000	1.0E－03	0.5236	0.4917
1000	1.0E－02	0.8445	0.2012

续表

惩罚系数 C	核参数 gamma	训练集 R^2	测试集 R^2
1000	1.0E-01	0.9997	0.3470
10000	1.0E-05	0.3994	0.4146
10000	1.0E-04	0.4464	0.4578
10000	1.0E-03	0.5889	0.4710
10000	1.0E-02	0.9508	0.1134
10000	1.0E-01	0.9997	0.3470
100000	1.0E-05	0.4158	0.4331
100000	1.0E-04	0.4719	0.4398
100000	1.0E-03	0.6456	0.2990
100000	1.0E-02	0.9960	0.1347
100000	1.0E-01	0.9997	0.3470

4.3.4 特征变量对于模型精度的影响

为了评估选取合适的特征变量用于最终的反演，本节收集到的特征变量按照不同的类型，例如，植被、地形、土壤质地等组合划分成7个模型，见表4.10。M1模型表示在各算法中仅输入雷达系统参数，M2、M3、M4模型表示的是在雷达参数的基础上分别输入植被、地形以及土壤质地参数。M5表示在雷达参数的基础上加入植被和地形；M6表示在M5的基础上加入土壤质地参数，即考虑了所有的特征变量；M7模型是考虑到VH极化与土壤水分的关系不够明显，因此这里将其去除分析对于模型精度的影响，将表中几种变量组合分别输入RF、SVR、GBR以及Linear中分析其所构建的模型的训练精度。

表4.10　特征变量组合输入表示

特征变量组合	说明	表示
VV+VH+LIA	雷达系统参数：VV极化、VH极化后向散射系数以及本地入射角	M1
VV+VH+LIA+NDVI+EVI	雷达系统参数以及植被参数	M2
VV+VH+LIA+DEM+SLP	雷达系统参数以及地形参数	M3
VV+VH+LIA+土壤	雷达系统参数以及土壤质地参数	M4
VV+VH+LIA+NDVI+EVI+ DEM+SLP	雷达系统参数以及植被、地形参数	M5
VV+VH+LIA+NDVI+EVI+ DEM+SLP+土壤	雷达系统参数以及植被、地形、土壤质地参数	M6
VV +LIA+NDVI+EVI+ DEM+SLP+土壤	雷达系统参数去掉VH极化，其余同M6	M7

注　土壤质地参数包括有机质（OM）、黏粒（CL）含量、粉砂（SL）含量、砂粒（SA）含量、粗粒（OG）含量

图4.18展示了以上7种特征变量组合分别输入选取的4种机器学习算法构建的模型训练后得到的拟合优度（R^2）以及均方根误差RMSE（cm^3/cm^3）。可以看到4种算法中训练精度最高的为基于随机森林算法构建的所有模型，其R^2均达到了0.9以上，但对于各变量组合的加入后模型的精度变化相差不是很明显。对于不同特征变量组合输入模型精

度变化较大的是 GBR 算法和 SVR 算法构建的模型，观察发现仅仅考虑雷达系统参数的变量组合 M1 输入算法后的模型训练精度在 4 种算法中都是最低的，在雷达系统参数的基础上考虑植被因素的组合 M2、考虑地形的组合 M3 以及考虑土壤质地的组合 M4 对比仅输入雷达参数的 M1 R^2 都有所上升，RMSE 都有所下降，并且其中考虑地形的 M3 相较于考虑植被 M2 以及考虑土壤质地的 M4，其对于 4 种算法的精度影响都相对更为明显。在 SVR 算法中，M3 组合输入后的 R^2 对比 M1 组合输入后由 0.52 提升到了 0.63 左右，在 GBR 算法中，M3 组合输入的 R^2 对比 M1 由 0.88 提升到了 0.9 以上。相比之下各算法考虑植被因素的 M2 的 R^2 对比 M1 虽有所提升但不如考虑地形的 M3 明显，而考虑土壤质地因素的 M4 在 SVR 算法中比考虑植被的 M2 模型精度高，对于其他算法，两者影响差异不明显。而在考虑雷达参数、植被和地形参数的基础上继续加入土壤质地参数后，即全部的特征变量 M6 都加入后，各类算法的训练精度相较 M5 有了进一步提升。M7 组合在原有的雷达系统参数中去掉了对土壤水分相对不那么敏感的 VH 极化后向散射系数，对于各类算法的精度影响并不明显，SVR、GBR 算法精度有所下降，RF 算法精度有所上升。

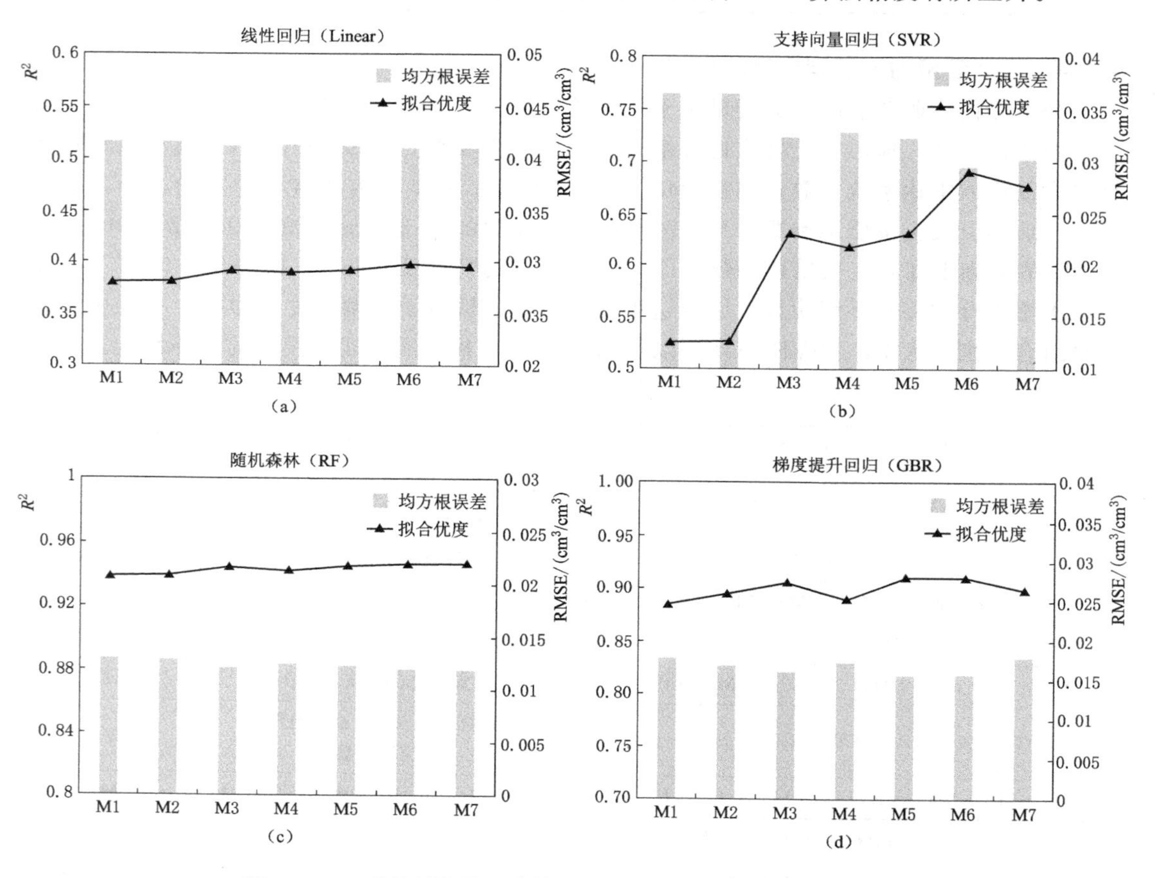

图 4.18　7 种特征变量组合输入 4 种机器学习算法的模型精度

综合以上分析表明，在研究区构建基于机器学习算法的土壤水分反演模型时，在雷达参数的基础上加入地形因素对于模型精度的提升效果最为明显，在建立模型时，是尤其须

要考虑的因素，另外加入植被、土壤质地也能进一步提高模型的精度，集成类机器学习算法随机森林以及 GBR 的训练精度最终提升到了 0.9 以上。

将所有特征变量输入 GBR 算法中，即特征变量组合 M6 输入，利用 GBR 算法中的 Important 重要性函数计算了模型中各个变量对于模型的重要性。特征重要性函数的计算，是通过给所有样本的某一个特征添加质量较差的噪声数据，这样计算出误差相差越大，说明就是随机加入的噪声特别影响该特征，也就是说该特征是比较重要的。统计各类因素所占百分比，见表 4.11，月份信息占比较高，达到了 50.24%，除了月份信息，雷达参数对于模型的重要性占到了将近 23%，然后是地形因素最为重要，其次是植被，土壤质地重要性只占到了 2.2%。月份在这里占比较高的原因可能是由于 2019 年安徽省旱情较为严重，土壤水分在每个月的变化较大，各期土壤水分差异性较大，月份在这里起到了对土壤水分聚类的作用。

表 4.11　　不同因素对 GBR 模型构建的重要性占比

因　素	重 要 性	因　素	重 要 性
月份信息	50.24%	植被	9.38%
雷达系统参数	22.96%	土壤质地	2.20%
地形	13.81%		

去掉月份信息，图 4.19 详细展现了几种变量的重要性排序，其中雷达参数中的本地入射角对于模型最为重要，其次是地形因素中的高程，这两种因素同时体现了雷达信号探测土壤水分的角度对反演精度的影响；再依次是 VV 极化、坡度、EVI 等特征，VH 极化不如 VV 极化对模型重要，也体现了 VV 极化后向散射系数比 VH 极化对土壤水分更加敏感；而土壤质地因素对模型的重要性很低，这可能是因为研究中用到的土壤质地数据分辨率较低，研究区范围较小，一些样点之间的差异不明显。

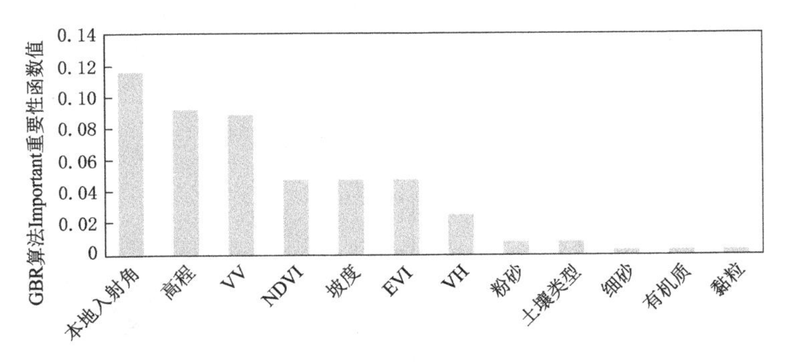

图 4.19　不同特征变量对模型的重要性排序

4.3.5　机器学习算法精度评估

4.3.4 节对比了各类特征变量在训练模型时对精度的影响，为了评估基于 4 种算法所构建的模型精度，表 4.12 展示了将 4.3.4 节中的 M6 变量组合（即全部参数输入组合）分别输入线性回归、随机森林、支持向量回归以及梯度提升回归 4 种算法中训练模型后达到的精度，可以看到作为集成类机器学习算法的随机森林和梯度提升回归的拟合优度较高，最高的是 RF，其训练 R^2 达到了 0.95，其次为 GBR，R^2 达到了 0.88，两者的均方

误差都在 0.04cm³/cm³ 以下。基于 SVR 算法构建的模型 R^2 接近 0.7，表现最差的是线性回归模型，可见单纯的线性回归算法很难表征研究区各特征因素和土壤水分之间的复杂非线性关系，支持向量回归由于其对非线性关系映射到高维空间的处理能力，因此其在研究区土壤水分的估算能力尚可。

表 4.12　　基于 M6 特征变量组合的 4 种算法的训练精度

算法名称	MAE	RMSE/(cm³/cm³)	R^2
RF	0.9386	0.0121	0.9473
SVR	1.9969	0.0267	0.6919
GBR	1.4209	0.0182	0.8806
Linear	2.9775	0.0379	0.3772

由于最终的反演需要在整个研究区域空间上进行，因此需要验证 4 种算法在未参与模型训练的样点上的估算能力。分别将输入 M6 组合后的 4 种已经训练好的模型应用到测试集样点上，图 4.20 绘制了基于 4 种模型在测试集的土壤水分模拟值和其实测值的散点图。可以看到虽然模型训练精度最好的是 RF 算法，但在测试集上表现最好的是 GBR 算法，两者模拟值与实测值的 R^2 均达到了 0.64 以上，其中 GBR 算法模拟值与实测值的 R^2 为 0.656，均方根误差为 0.031cm³/cm³，略好于基于随机森林算法构建的模型。这可能是因为两种集成式算法的原理不同，作为 Bagging 算法代表的 RF 在每次进行训练时取样是随机的，各训练集之间相互独立，弱分类器可并行，且 RF 算法本身是通过降低模型的方差而提高模型精度，因此其模型有时会过于泛化，而导致在训练时有较高的精度，但在测试时不会达到像训练时的精度；GBR 作为一种 Boosting 算法，它每轮的训练集的选择与前一轮的训练误差有关，是串行的，且更加注重于减少模型的偏差，因此在测试集上也能有较为不错的精度，模型的稳定性强于 RF。SVR 算法的模拟值与实测值的 R^2 为 0.538，线性回归在测试集上的精度同样最差，在 4 种算法中，对实测值低估和高估最为明显。

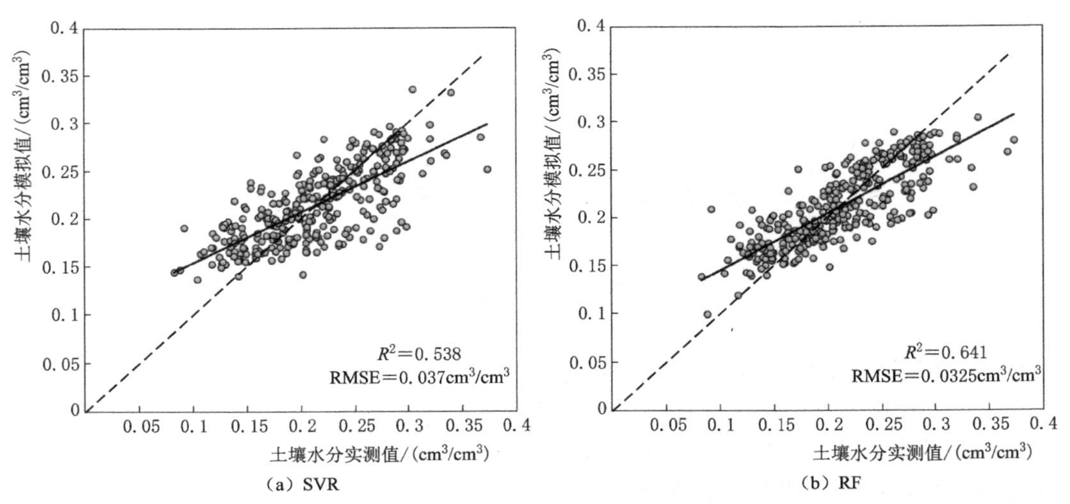

图 4.20（一）　基于 M6 特征变量组合的 4 种算法在测试集上土壤水分模拟值与实测值散点图

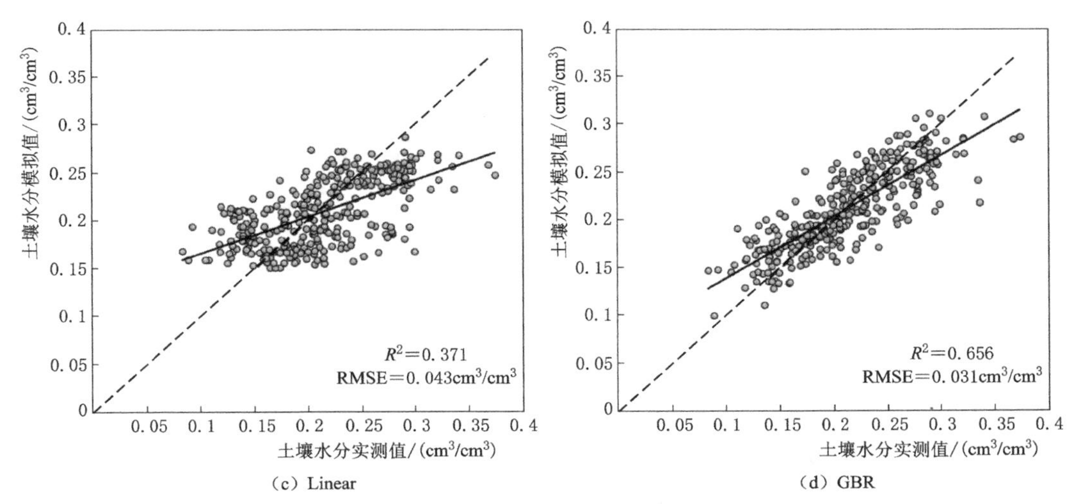

图 4.20（二） 基于 M6 特征变量组合的 4 种算法在测试集上土壤水分模拟值与实测值散点图

图 4.21 展示了基于 M6 特征变量组合分别输入 4 种算法所构成的模型估算得到的研究区所有样点土壤水分模拟值的均值和实测值均值的时间序列图。通过对比可见，SVR、RF、GBR 算法对于土壤水分的估算得到的日均时间序列的变化趋势与实测的日均时间序列变化趋势基本一致，但 RF 与 GBR 的模拟效果明显更好。

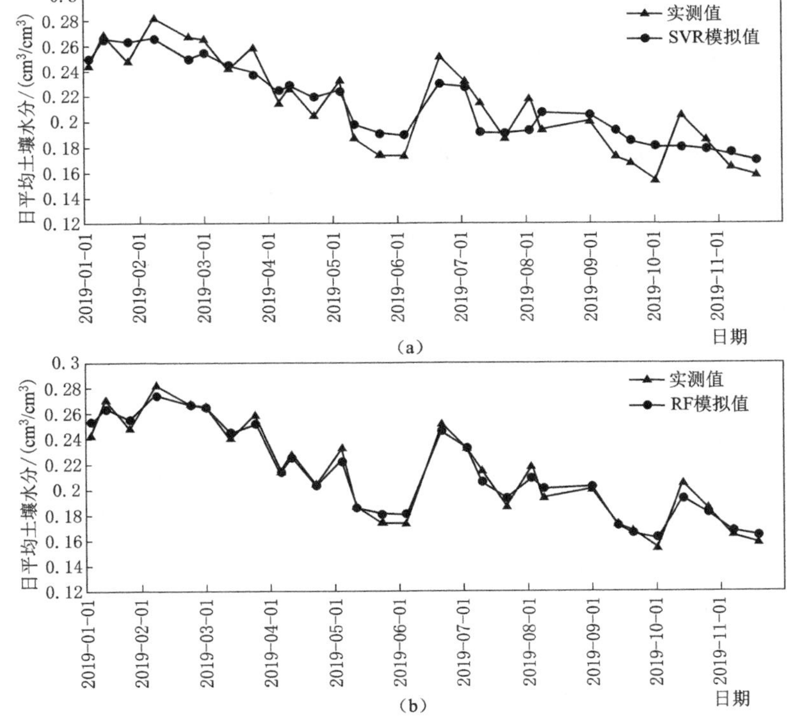

图 4.21（一） 基于 M6 特征变量组合的 4 种算法的研究区日平均土壤水分模拟值和实测值的时间序列图

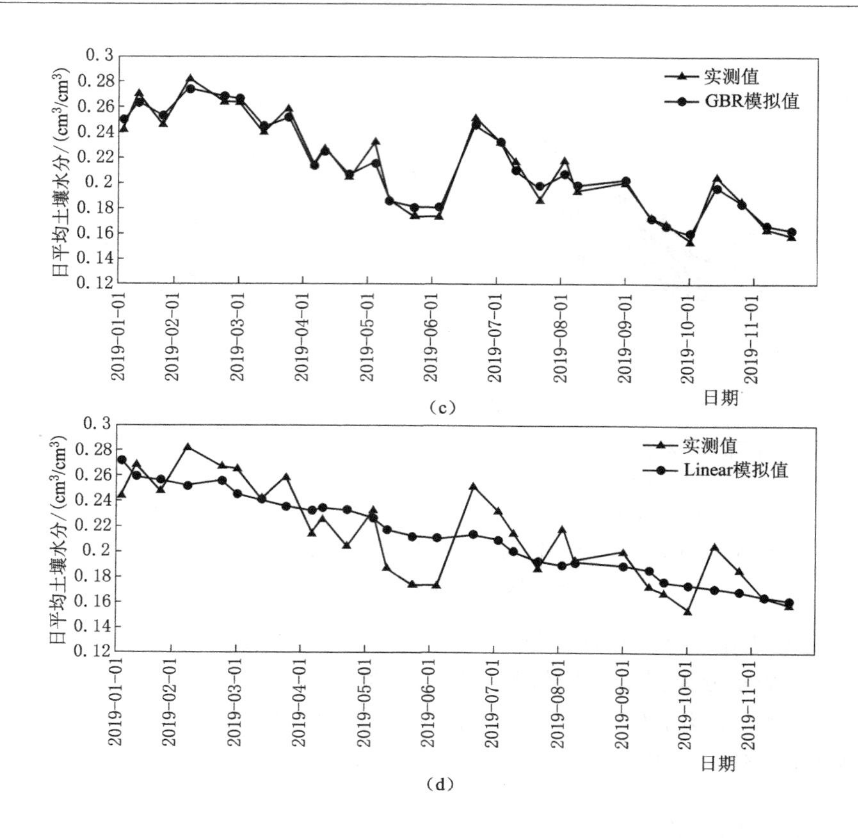

图 4.21（二）　基于 M6 特征变量组合的 4 种算法的研究区日平均土壤水分模拟值和实测值的时间序列图

4.3.6　GBR 机器学习算法与水云模型反演结果对比分析

本节在区域尺度研究区上开展了两种土壤水分反演的方法研究，分别是基于改进植被水分指数建立半经验模型的土壤水分反演研究，和基于机器学习算法的土壤水分反演研究。选取同一日期将两种方法分别应用于安徽省北部地区的土壤水分反演，通过对基于两种方法反演的同期土壤水分结果分析，对比两种方法在研究区的适用性。其中基于机器学习算法的反演方法选取了 4.3.5 节中表现最好的 GBR 算法，与第 4 章中构建的半经验土壤水分反演模型进行对比。

如表 4.13 所示，两种模型所使用的数据不同，水云模型的建立需要用到的数据雷达数据 VV 后向散射系数、雷达的本地入射角以及植被冠层含水量；机器学习算法中的 GBR 模型需要输入的数据包括所有雷达系统参数、地形参数、植被参数以及土壤质地参数。从反演精度来看，显然，基于 GBR 模型的土壤水分反演精度优于基于水云模型的反演精度，基于水云模型的 R^2 为 0.57，均方根误差为 $0.035cm^3/cm^3$，基于 GBR 模型的 R^2 达到了 0.61，均方根误差为 $0.024cm^3/cm^3$。从反演结果来看（图 4.22、图 4.23），基于 GBR 模型的土壤水分分布图比基于水云模型的土壤水分分布图更加平滑，细节更加突出，这与用到的数据源分辨率有关。基于水云模型的反演值总体偏低于实测值。

表 4.13　　两种土壤水分反演方法对比信息

模　型	模 型 数 据	拟合优度（R^2）	均方根误差（RMSE）
基于水云模型	VV后向散射系数、本地入射角、植被冠层含水量	0.5693	0.035cm³/cm³
梯度提升回归（GBR）模型	VV、VH后向散射系数、本地入射角、NDVI、EVI、DEM、坡度、土壤质地	0.6144	0.024cm³/cm³

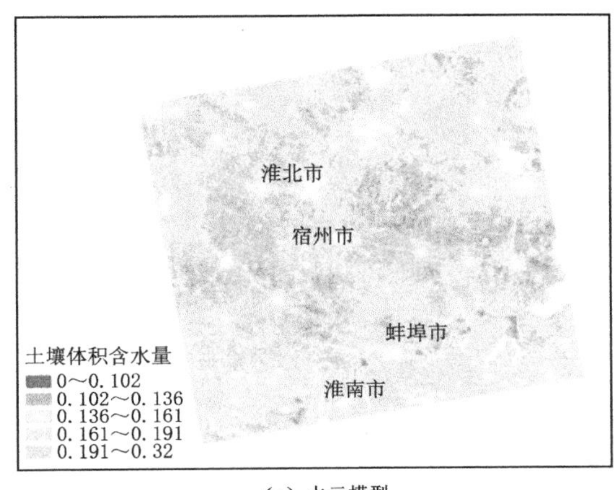

（a）水云模型

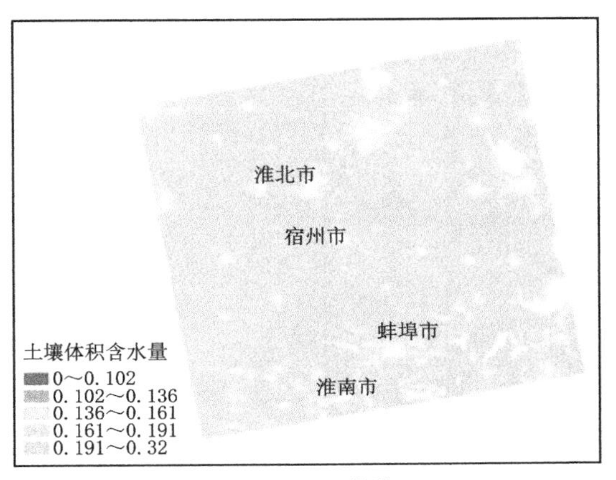

（b）GBR模型

图 4.22　基于两种方法的安徽省北部地区 5 月 21 日土壤水分反演结果

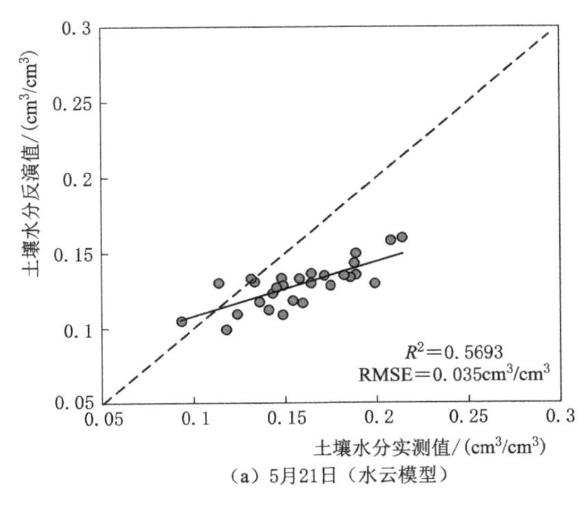

（a）5月21日（水云模型）

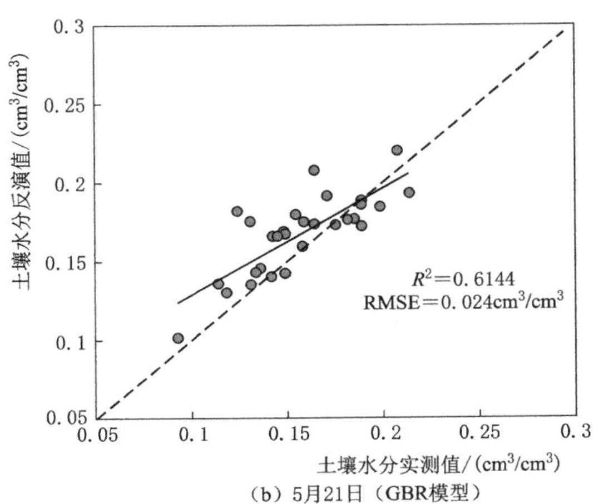

（b）5月21日（GBR模型）

图 4.23　基于两种方法的土壤水分反演结果验证精度

总体来说，机器学习算法对多种特征变量的复杂关系的处理能力使得其在多因素的土壤水分反演上更具优势，且算法所考虑的因素要比基于水云模型的方法更多，除了植被外，地形也是基于机器学习算法反演土壤水分中更为重要的因素，因此得到的结果也会更接近真实情况。

4.4　小结

本章以安徽省为例，系统论述了基于改进植被水分指数和水云模型的安徽省北部土壤水分反演和基于机器学习的安徽省北部土壤水分反演，并对两种方法的精度进行了对比。结果表明，两种方法都能取得较高的精度，总体来说，机器学习算法对多种特征变量的复杂关系的处理能力使得其在多因素的土壤水分反演上更具优势。在应用本章的方法在其他区域中，两种方法的精度有待进一步的验证。

第5章　被动微波遥感土壤水分反演方法

5.1　基于SMOS被动微波数据的植被光学厚度反演

5.1.1　微波植被指数（MVIs）

植被指数是用来表征植被覆盖、生长状况的度量参数，具有地域性和时效性。过去基于光学传感器发展了多种植被指数，例如，NDVI、EVI、LAI等。但是这些植被指数都受大气因素的影响，如降水、云、气溶胶等。并且光学传感器只能在白天工作。微波遥感具有全天时、全天候工作的能力，由于其波长更长，可以探测到相对更厚的植被冠层。因此，微波遥感不仅可以提供叶片信息，也可以提供树干等木质部信息。基于微波遥感发展的植被指数将弥补光学植被指数的不足，提供研究植被物候的重要信息。但是，以往发展的基于微波技术的植被指数，如MPDI[139] 等，均受到土壤引起的背景信号的影响，因此，它们都没有在监测全球植被覆盖得到广泛的应用。

Shi et al. 基于AMSR－E传感器（多频率、双极化、55°入射角）设置提出了微波植被指数MVIs[140]，有效去除了背景（土壤）信号的影响。MVIs的推导过程概述如下：

通过重新组合，零阶辐射传输方程可以表示为

$$TB_p(f)=e_p^v(f)[1+\gamma_p(f)]T_C+[\gamma_p(f)T_s-e_p^v(f)\gamma_p(f)T_C]e_p^s(f) \tag{5.1}$$

其中，$e_p^v(f)=(1-\omega)(1-\gamma_p)$ 是植被发射率。式（5.1）表明，在某一频率 f 下，辐射计观测的亮温可以表示成土壤发射率的线性关系。为了简便，我们定义该线性关系截距为植被发射项：

$$V_e(f)=e_p^v(f)\cdot[1+\gamma_p(\theta)]\cdot T_C \tag{5.2}$$

斜率被定义为植被透射项：

$$V_{att}(f)=\gamma_p(f)T_s-e_p^v(f)\gamma_p(f)T_C \tag{5.3}$$

可以看出，植被发射项与植被透射项都是温度与植被特性（生物量、含水量、散射特性、形状和植被冠层方向）的函数。在一定频率、温度条件下，随着植被光学厚度的增大，植被发射项将增加，而植被透射项将减小。

根据AMSR－E传感器的设置（多频率、双极化、55°观测角度），利用AIEM模型建立粗糙表面的发射率数据库。结果发现，相邻频率下的土壤发射率呈线性关系，即

$$e_p^s(f_2)=a_p(f_1,f_2)+b_p(f_1,f_2)\cdot e_p^s(f_1) \tag{5.4}$$

结合式（5.1）可以得

$$TB_p(f_2)=A_p(f_1,f_2)+B_p(f_1,f_2)\cdot TB_p(f_1) \tag{5.5}$$

其中：

$$B_p(f_1,f_2)=b(f_1,f_2)\cdot\frac{V_{att}(f_2)}{V_{att}(f_1)} \tag{5.6}$$

$$A_p(f_1,f_2)=a(f_1,f_2)\cdot V_{att}(f_2)+V_e(f_2)-B_p(f_1,f_2)\cdot V_e(f_1) \tag{5.7}$$

在这里，不考虑极化对植被特性的影响，因此 A 和 B 参数均是与极化无关的量。进一步化简，可以得到

$$B(f_1,f_2)=\frac{TB_v(f_2)-TB_h(f_2)}{TB_v(f_1)-TB_h(f_1)} \tag{5.8}$$

$$A(f_1,f_2)=\frac{1}{2}[TB_v(f_2)+TB_h(f_2)-B(f_1,f_2)(TB_v(f_1)+TB_h(f_1))] \tag{5.9}$$

参数 A 和 B 即为微波植被指数，A 参数与温度和植被特性有关，而 B 仅与植被特性有关，两者都不受土壤信号的影响，且可以通过辐射计观测量直接计算得到。通过与 NDVI 的比较，Shi et al. 指出，A 参数与 NDVI 正相关，而 B 参数与 NDVI 呈负相关[140]。

5.1.2　H 极化多角度亮温反演植被光学厚度

与 AMSR－E 传感器不同，SMOS 卫星搭载的是 L 波段多角度微波辐射计，上述的微波植被指数不能直接应用于 SMOS 卫星数据上。而且，上述微波植被指数的推导存在两个问题：一个问题是，没有考虑植被的极化特性。但是，已有的研究已经指出，对于垂直结构的植被类型，植被光学厚度受极化的影响。另一个问题是，对于地表辐射的模拟中只使用了高斯相关函数，不能全面描述粗糙地表情况。因此，需要考虑到植被的极化特性，发展新的多角度微波植被指数。

对观测角 θ，$\tau-w$ 模型可以表示为

$$TB_p(\theta)=V_{e,p}(\theta)+V_{att,p}(\theta)\cdot e_p^s(\theta) \tag{5.10}$$

植被发射项 V_e 和植被衰减项 V_{att} 分别为

$$V_{e,p}(\theta)=(1-\omega_p)\cdot[1-\gamma_p(\theta)]\cdot[1+\gamma_p(\theta)]\cdot T_C \tag{5.11}$$

$$V_{att,p}(\theta)=\gamma_p(\theta)\cdot T_s-[(1-\omega_p)\cdot(1-\gamma_p(\theta))]\cdot\gamma_p(\theta)\cdot T_C \tag{5.12}$$

5.1.2.1　裸土多角度辐射特征

为了挖掘裸土的多角度辐射特征，利用 AIEM 模型建立了一个 L 波段裸土有效发射率模拟数据库。该模拟数据库包含了不同的入射角、土壤水分和粗糙度条件的地表有效发射率数据。该数据库的输入参数及其范围见表 5.1。

表 5.1　AIEM 模拟数据库中各参数及其范围

参　数	最 小 值	最 大 值	间　隔
入射角/(°)	30	55	5
土壤水分/%	2	44	2
均方根高度/cm	0.25	3.5	0.25
相关长度/cm	2.5	30	2.5
相关函数	高斯相关，1.5－N，指数相关		

对于表面相关函数，高斯相关和指数相关函数是模拟地表发射时最常用的表面自相关函数。为了研究相关函数对于地表发射的影响，我们分别使用高斯相关和指数相关函数模拟裸土 V 和 H 极化下入射角为 40°时的发射率（图 5.1），其他地表参数都见表 5.1。从图 5.1 中可以看到，相同地表条件下，对于 V 和 H 极化，利用高斯相关函数模拟的地表有

效发射率均低于利用指数相关函数模拟的有效发射率。换句话说，高斯相关模拟的地表有效反射率高于指数相关模拟的。这个特点可以用高斯相关地表和指数相关地表的不同来解释：指数相关地表的特点是小幅度波动，然而高斯相关地表在这一尺度上相对平滑，因此用高斯相关地表的有效反射率较大[141]。

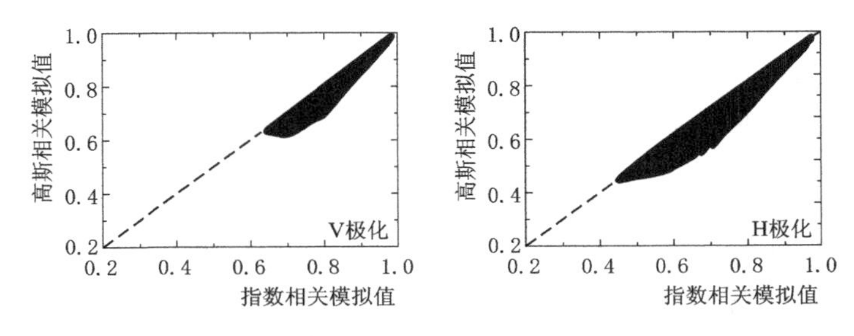

图 5.1　相关函数分别为指数相关（x 轴）和高斯相关（y 轴）AIEM 模拟的地表有效发射率（入射角 40°）

自然地表的形态被认为是介于高斯相关和指数相关之间的[32]。因此，在研究中，使用了 3 种地表相关函数：高斯相关、1.5－N 和指数相关，这样得到的模拟数据库可以覆盖更大粗糙度范围的地表。图 5.2 给出了在入射角相差 10°时，AIEM 模拟的地表有效发射率的关系。从图中可以看到，入射角相差 10°的地表有效发射率高度相关，呈线性关系。这种线性关系与土壤的介电特性和粗糙度特性无关，仅与入射角相关。同时还发现，H 极化下的相关性比 V 极化下的相关性更强。

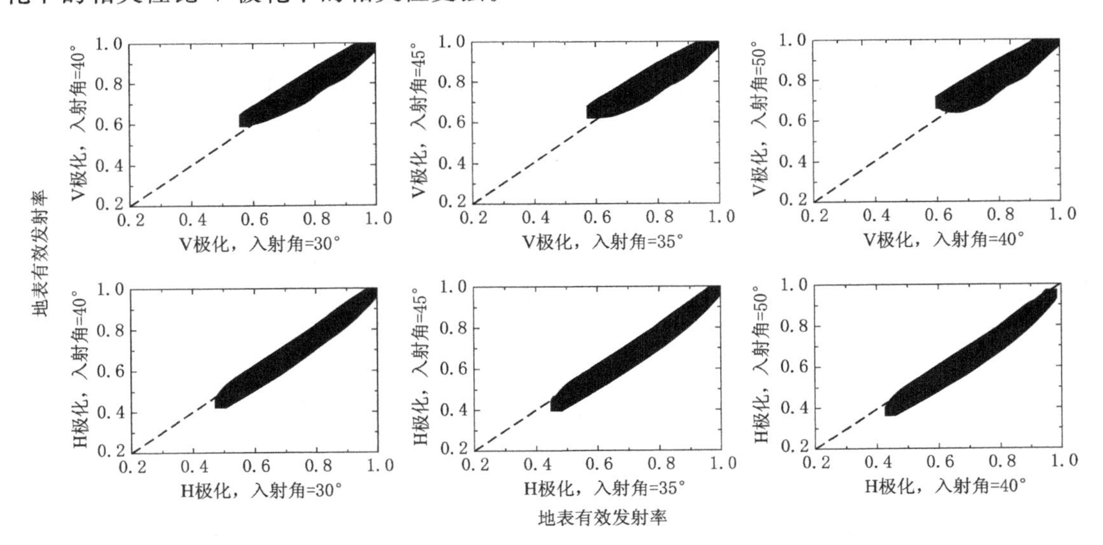

图 5.2　入射角相差 10°时，地表有效发射率的关系

因此，可得

$$e_p^s(\theta_2)=a_p(\theta_1,\theta_2)+b_p(\theta_1,\theta_2)\cdot e_p^s(\theta_1) \tag{5.13}$$

其中，a 和 b 两个参数仅与极化和入射角组合有关，可以通过 AIEM 模拟数据的线性回归计算得到。上述关系的发现，为通过多角度亮温数据消除土壤信号提供了可能。

5.1.2.2　H 极化多角度 MVIs

研究中，仅使用 H 极化亮温数据反演植被光学厚度。原因有两个：①如前面所提到的，两入射角下裸土发射率在 H 极化下的相关性更高；②H 极化信号对土壤水分敏感，反演出 H 极化的植被光学厚度，也有利于土壤水分的反演。

另外，目前的研究还没有发现极化对植被单次散射反照率的影响，因此可以认为在 L 波段，植被单次散射反照率不受极化的影响[142-143]，即 $\omega=\omega_v=\omega_h$。

由式（5.10）可以得到在某一观测角度 θ，H 极化的裸土发射率可以表示为

$$e_h^s=\frac{TB_h(\theta)-V_{eh}(\theta)}{V_{atth}(\theta)} \tag{5.14}$$

利用两个观测角度，将式（5.14）代入式（5.13）可以得

$$\frac{TB_h(\theta_2)-V_{eh}(\theta_2)}{V_{atth}(\theta_2)}=a_h(\theta_1,\theta_2)+b_h(\theta_1,\theta_2)\cdot\frac{TB_h(\theta_1)-V_{eh}(\theta_1)}{V_{atth}(\theta_1)} \tag{5.15}$$

整理后得

$$TB_h(\theta_2)=A_h(\theta_1,\theta_2)+B_h(\theta_1,\theta_2)\cdot TB_h(\theta_1) \tag{5.16}$$

其中：

$$B_h(\theta_1,\theta_2)=b_h(\theta_1,\theta_2)\cdot\frac{V_{atth}(\theta_2)}{V_{atth}(\theta_1)} \tag{5.17}$$

$$A_h(\theta_1,\theta_2)=a_h(\theta_1,\theta_2)\cdot V_{atth}(\theta_2)+V_{eh}(\theta_2)-B_h(\theta_1,\theta_2)\cdot V_{eh}(\theta_1) \tag{5.18}$$

式（5.16）表明两个观测角度的亮温可以表示为线性关系，该线性关系的截距 $A_h(\theta_1,\theta_2)$ 和斜率 $B_h(\theta_1,\theta_2)$ 即为 H 极化多角度 MVIs。它们是温度和植被参数的函数，与土壤信号无关。这样，土壤信号即可从两观测角的亮温数据中被消除，为直接用亮温数据反演植被参数提供了可能。

为了显示 H 极化多角度 MVIs 对于植被参数的响应，计算得到归一化 MVI_A(40°, 50°)（MVI_A(40°,50°)/TS）和 MVI_B(40°,50°)。从图 5.3 可以看到，归一化 MVI_A 和 MVI_B 对于植被光学厚度都非常敏感。随着植被光学厚度的增大，MVI_A 增大而 MVI_B 减小。但是，图 5.4 显示出这两者对植被单次散射反照率的敏感性非常低。尤其是当植被光学厚度小于 1.0 时，MVIs 几乎不受植被单次散射反照率的影响。因此，利用 H 极化多角度 MVIs 反演植被光学厚度更为有效。

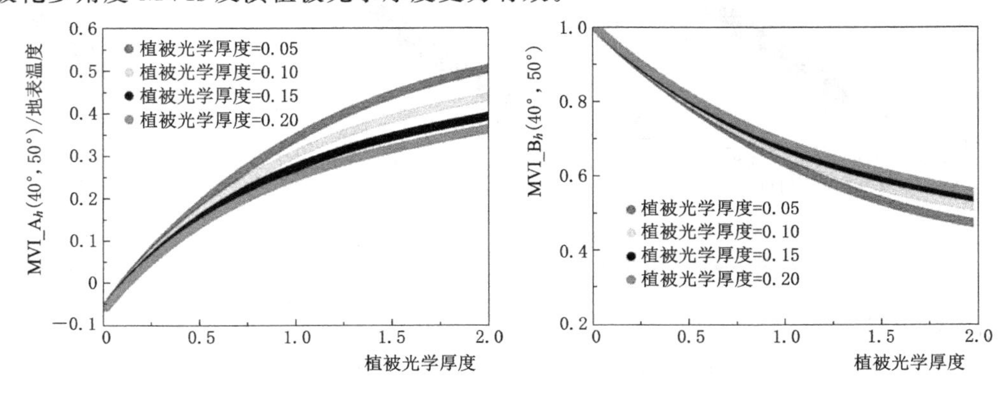

图 5.3　观测角组合为（40°，50°）的 MVIs

注：其中植被光学厚度变化范围为 0.0～2.0，植被单次散射反照率的值分别为 0.05，0.10，0.15，0.20。

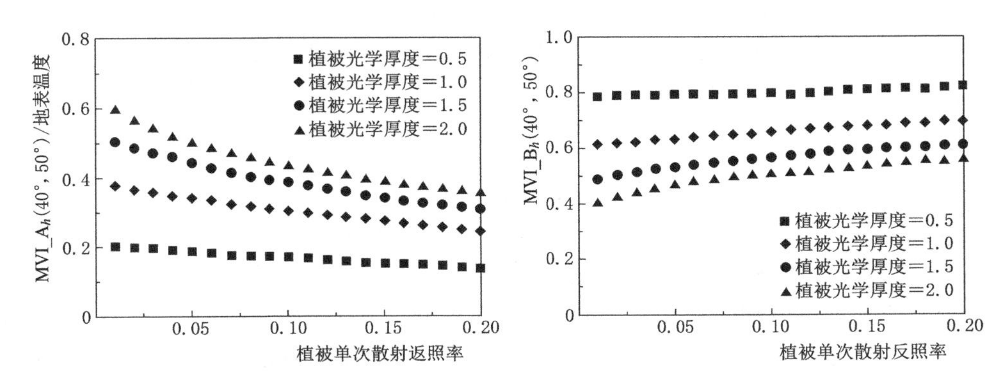

图 5.4　观测角组合为（40°，50°）的 MVIs

注：其中植被单次散射反照率变化范围为0.0～0.20，植被光学厚度的值分别为0.5，1.0，1.5，2.0。

5.1.2.3 植被光学厚度的反演

对于低矮植被覆盖地表（草地、农田、灌木丛和热带草原），植被单次散射反照率的值很小，小于0.05。因此，在研究中，设定低矮植被地区的植被单次反照率默认值为0.05。而对于森林地区，由于树干和树枝的大小相对于L波段波长来说不能忽略，因此植被内部的散射效应大，非常复杂。但是，零阶辐射传输模型中并没有考虑植被内部的多次散射。为了地表参数反演的目的，将植被参数定义为等效或有效参数后，零阶模型仍然可以用于森林地区[144]。零阶模型中的等效植被单次散射反照率已经没有了物理意义。它是一个全局参数，包含了SMOS视场中植被冠层内部的所有反应，包括多次散射以及植被冠层与地表的相互作用[145]。参考现有的对森林植被单次散射反照率的研究，本书中设定其值为0.10[146,147]。

假设地表处于能量平衡条件下，即土壤温度和植被温度相等，那么，给定土壤温度 T_S、植被单次散射反照率 ω 以及 a，b 参数，式（5.16）仅包含1个未知参数：植被光学厚度。表5.2给出了3个观测角度组合及其在式（5.13）中对应的参数 a 和 b、相关系数（R^2）及均方根误差RMSE。利用这3个观测角度组合的观测亮温，建立代价函数［式（5.19）］，通过迭代计算反演植被光学厚度。

$$CF=\sum_{i=1}^{3}\left[TB_{\text{obs}}^{i}(\theta_2)-TB_{\text{modeled}}^{i}(\theta_2)\right] \tag{5.19}$$

式中：TB_{obs} 为卫星观测的H极化亮温；TB_{modeled} 为由式（5.16）计算得到的H极化亮温。

表 5.2　不同观测角组合下的参数取值表

(θ_1,θ_2)	a	b	R^2	RMSE
(30°，40°)	−0.0514	1.0208	0.9958	0.0082
(40°，50°)	−0.0632	1.0069	0.9925	0.011
(35°，45°)	−0.0577	1.0163	0.9944	0.0096

本书提出的反演植被光学厚度方法的最大优势在于利用地表的多角度辐射特征，不须要地表校正参数或者与植被有关的辅助数据，并且考虑到植被的极化特性，直接由卫星 H 极化的观测数据反演植被光学厚度。

5.1.3　SMOS 亮温数据

本书中所使用的 SMOS 亮温数据是 Level 1c（L1c）（V5.04）数据。SMOS L1c 是分轨多角度亮温数据，采用 DGG 网格存储系统，分为升轨（地方时 6:00 AM）和降轨（地方时 18:00 PM）。SMOS L1c 数据是星上 X 和 Y 方向的亮温，使用前要将其转换到地表（准确地说，应该是大气层表面）观测到的 V 和 H 极化亮温[148]。但是，由于受到无线射频干扰（radio frequency interference，RFI）的影响，有时 SMOS L1c 亮温数据不符合理论：V 极化下的亮温随着观测角度的增大而升高；H 极化下的亮温随着入射角度的增大而降低。而且，SMOS L1c 亮温数据的观测角度并不是固定的，不能满足我们应用的需求。为了尽可能减小 RFI 的影响、获得固定角度的多角度亮温数据，本书基于 1 个双步回归统计优化算法[149] 对 SMOS L1c 数据进行了预处理。

第一步：为了确定天顶角处的亮温，取 H 和 V 极化亮温的和。通过模拟的亮温数据，发现观测角为 0°～20°时，V 和 H 极化亮度温度和的变化很小，而且其总体变化趋势可以近似为 1 个二次函数：

$$Tb_v(\theta)+Tb_h(\theta)=A\cdot\theta^2+C \tag{5.20}$$

参数 A 和 C 可以通过对实际卫星观测亮温数据拟合得到。上式说明，在小观测角度时，电磁波的总强度受观测角影响很小。C 参数的一半（$C/2$）即为 V 和 H 极化下天顶角处的亮度温度。

第二步：利用式（5.20）所示的复杂目标函数分别拟合 V 和 H 极化的亮温数据。发展这个目标函数是为了保证 V 和 H 极化亮温数据在天顶角处相同，并且随着观测角度增大，V 和 H 极化的亮温变化方向相反。

$$\begin{cases}Tb_v(\theta)=a_v\cdot\theta^2+\dfrac{C}{2}\cdot[b_v\cdot\sin^2(d_v\cdot\theta)+\cos^2(d_v\cdot\theta)]\\[2ex] Tb_h(\theta)=a_h\cdot\theta^2+\dfrac{C}{2}\cdot[b_h\cdot\sin^2(\theta)+\cos^2(\theta)]\end{cases} \tag{5.21}$$

对每一个 DGG 格网点的多角度亮温数据进行上述双步回归优化，经过优化的 SMOS L1c 亮温数据将弥补一些观测角下的数据缺失，也更加平滑，符合应用的需要。

本书中使用了 MODIS 16 天合成的 NDVI 产品，包括 MOD13C1 和 MYD13C1 两个产品。利用这两个产品，生产出新的 8 天合成 NDVI 数据，用以对比植被光学厚度。

5.1.4　算法验证

5.1.4.1　理论验证

为了验证该反演算法的可行性，首先我们利用理论模型对该反演算法进行验证。利用表 5.3 列出的地表参数和零阶辐射传输模型，分别建立了低矮植被和森林两套模拟数据库。每个数据库都包含大约 15 万个模拟多角度亮温数据。通过前面描述的反演算法即可反演出植被光学厚度。

表 5.3　　　　低矮植被和森林覆盖亮温模拟的输入参数

输 入 参 数	参数范围（间隔）	
	低 矮 植 被	森　林
植被单次散射反照率	0.05	0.10
植被光学厚度	0.01～1.0（0.01）	0.01～1.6（0.01）
土壤水分	2%～44%（2%）	20%～44%（2%）
土壤温度/K	293	
均方根高度/cm	0.5，1.0，1.5，2.0	
相关长度/cm	5，10，15，20，25，30	
相关函数	高斯相关，1.5-N，指数相关	
观测角/(°)	30，35，40，45，50	

图5.5为模型输入光学厚度与反演光学厚度的散点图（显示的不是所有点）。可以看到，对于低矮植被，反演光学厚度与输入值高度吻合，RMSE为0.034。而对于森林地区，尤其是输入光学厚度值大于1.2时，反演值出现一些较大偏差。产生这些偏差的原因可能是，对于高密度森林，入射角相差10°时的亮温差非常小，给反演带来了较大误差。森林地区的总体RMSE为0.12。整体来说，通过理论模型验证可以看到，土壤信号是可以从亮温数据中去除或者减到最小的。从理论的角度上，该反演算法是可行的。

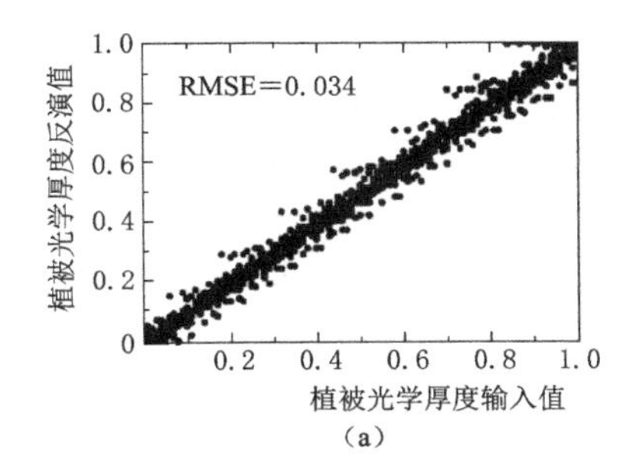

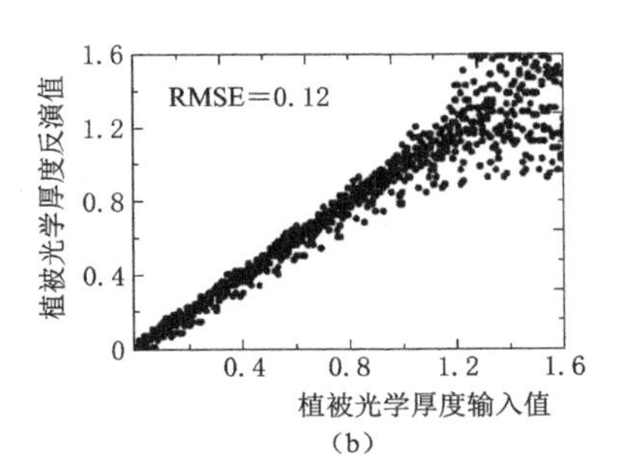

图5.5　植被光学厚度的输入值和反演值对比图（a）低矮植被地表（b）森林

5.1.4.2 试验数据验证

在SMOS的像元尺度下，利用地面实测数据（植被含水量或者生物量）验证反演结果非常困难。但是，很多土壤水分监测网络可以提供长时间序列的地表土壤水分观测值用来校正或验证卫星地表土壤水分算法和产品。因此，尝试着通过这些实测网络间接验证植被光学厚度的反演结果。

验证的基本思路为：一方面，基于H极化多角度亮温数据和地表温度数据，利用本书提出的反演算法反演得到植被光学厚度。另一方面，利用地面实测土壤水分数据，通过土壤介电常数模型[123]计算出土壤介电常数，计算地表的菲涅尔反射率；采用一个简单的参数化模型[150]计算得到地表有效反射率；利用H极化40°的亮温数据、地表温度数据，通过零阶辐射传输模型即可间接计算出植被的光学厚度。

这里使用的是美国 Little Washita 监测网络提供的 2010—2011 年土壤水分实测数据。Little Washita 流域占地约 610km²。地表覆盖类型主要是牧场和草地，也包括农作物。在该流域内，一共有 20 个观测站点。使用的亮温数据来自包含 1 个或多个观测站点的 DGG 格网点，反演值和间接计算值再进行平均，得到了代表该区域的平均值。图 5.6 是该地区植被光学厚度的反演值与间接测量值的对比图。可以看到，反演的光学厚度与间接计算的光学厚度趋势一致，相关系数 R 高达 0.7264（升轨）和 0.8069（降轨）。这验证了本书提出的反演算法在 SMOS 像元的大尺度内是可行的，并且结果可靠。

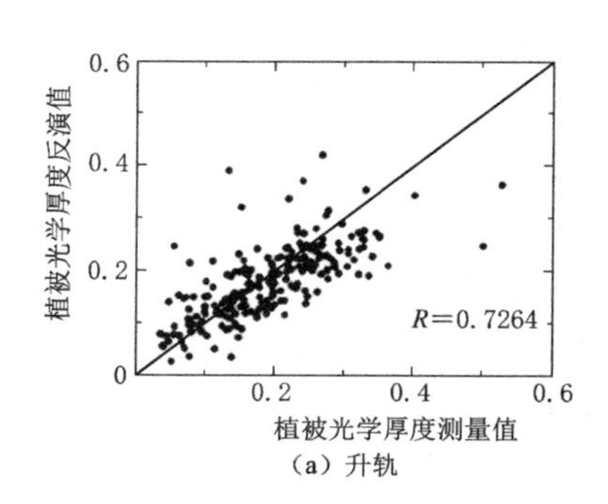

(a) 升轨

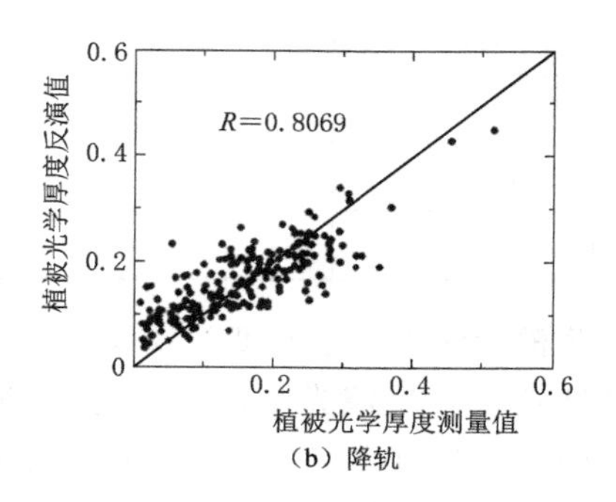

(b) 降轨

图 5.6　美国 Little Washita 流域植被光学厚度反演值与间接测量值的对比

5.1.5　全球植被监测

5.1.5.1　全球分布及季节性变化

基于优化的 2010—2011 年的 SMOS L1c 亮温数据，反演全球植被光学厚度。由于缺失 2010 年 DOY（day of year）1 到 DOY 40 的温度数据，反演的起始数据来自 2010 年 DOY 41。另外，SMOS L1c 亮温数据也有部分缺失，尤其是在 2010 年。因此，本书一共反演了 2010—2011 年的 614 天的全球植被光学厚度。为了减小积雪和冻土对反演过程可能产生的误差，仅对地表温度大于 0℃ 的 DGG 格网点进行了反演。考虑到早上 6 点时，地表能量活动处于相对平衡的状态，土壤温度与植被冠层温度相等的假设所造成的误差较小，因此，本书只使用升轨数据进行反演。选择 MODIS 地表类型数据 MOD12C1 产品作为辅助数据，该产品使用 IGBP（international geosphere biosphere programme）分类体系，将地表分成 16 类。

将 2010—2011 年的 MODIS 16 天合成 NDVI 产品，包括 MOD13C1 和 MYD13C1，组合为 8 天合成数据，重采样到空间分辨率为 0.25°。再将两年间（2010—2011 年）反演的全球植被光学厚度处理成 8 天平均数据，并重采样到 0.25°。

表 5.4 统计了 2010—2011 年每种地表覆盖类型的平均植被光学厚度及 NDVI。可以看到，森林地区植被光学厚度最高，草地植被光学厚度最低。

5.1.5.2　与生物量的比较

微波植被光学厚度与光学植被参数的不同之处在于，植被光学厚度不仅对叶片生物量敏感，也对木质生物量敏感。因此，本书展示了一个新颖有趣的对比：将植被光学厚度、NDVI 分别与地上生物量进行了对比。

表5.4　2010—2011年不同地表覆盖类型的平均植被光学厚度和NDVI

地表覆盖类型	植被光学厚度	NDVI	地表覆盖类型	植被光学厚度	NDVI
常绿针叶林	0.521	0.432	开阔灌木林	0.194	0.198
常绿阔叶林	0.710	0.735	多树草原	0.430	0.506
落叶针叶林	0.773	0.334	稀树草原	0.261	0.504
落叶阔叶林	0.575	0.573	草地	0.179	0.263
混交林	0.515	0.512	农田	0.219	0.423
封闭灌木林	0.216	0.327	农田/自然植被	0.253	0.551

本书中使用的热带地上生物量（AGB）分布密度图由美国加州理工学院喷气推进实验室Saatchi研究组提供[151]，其覆盖范围是拉丁美洲、非洲和南亚，空间分辨率为1km。它利用ICEsat（Ice，Cloud，and land Elevation Satellite）卫星的GLAS（Geoscience Laser Altimeter System）数据和森林清查数据，以及MODIS、SRTM（Shuttle Radar Topography Mission）、和QSCAT（Quick Scatterometer）等数据联合反演得到的。该生物量图的生成过程如下：

（1）数据处理：收集1995—2005年间的研究区域内4079个站点的森林清查数据，覆盖多种植被类型，确定其生物量。选取2003—2004年的GLAS数据，根据激光雷达数据的波形参数获取树高信息，然后计算Lorey's Height参数。一共有493个站点位于激光雷达脚印内，利用这些实测数据，建立地上生物量AGB与对应的Lorey's Height的关系。利用这种关系，将所有GLAS数据转换为AGB。

（2）生物量数据的尺度扩展：收集多种光学和微波遥感数据和产品，包括MODIS NDVI和LAI产品、QSCAT后向散射系数和SRTM数字高程数据，利用最大熵法，将获取的生物量进行尺度扩展，得到1km分辨率的地上生物量图。

虽然该生物量数据在时间上与SMOS数据不匹配，但是它的空间尺度却基本符合SMOS的尺度要求，因此本书选取其与植被光学厚度和NDVI的比较。为了与植被光学厚度、NDVI数据相匹配，将AGB数据的空间分辨率重采样为0.25°。

考虑到在南亚地区反演得到的植被光学厚度不够可靠，因此，下面的比较和分析并不包括亚洲的数据。图5.7显示了拉丁美洲和非洲地区的AGB与植被光学厚度、NDVI的散点图。正如所预料的，AGB与植被光学厚度的相关性（$R=0.8488$）比AGB与NDVI的相关性（$R=0.5336$）要高。AGB与植被光学厚度的散点图中，分散的点主要来自亚马孙河沿岸和拉丁美洲的落叶阔叶林，其差异前面已经讨论。比较AGB与NDVI时，AGB看上去像是NDVI的分段函数，当AGB超过100mg/hm^{2}时，达到饱和状态，说明NDVI并不能较好地反映出植被生物量信息。为了进一步研究森林生物量与光学厚度、NDVI的关系，图5.8给出了常绿阔叶林地区三者关系的密度等值线图。密度图表示的是在一定取值范围内像元个数所占的比例。可以看出，除了许多散点外，植被光学厚度总体上随着AGB的增大而增大，不易出现饱和，它们之间的相关系数为0.60。而NDVI并不随着AGB的增大而变化，两者的相关系数仅为0.25。这反映出利用微波遥感监测森林的优势性。

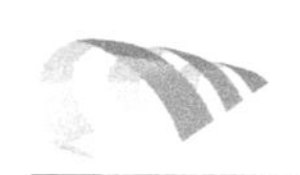

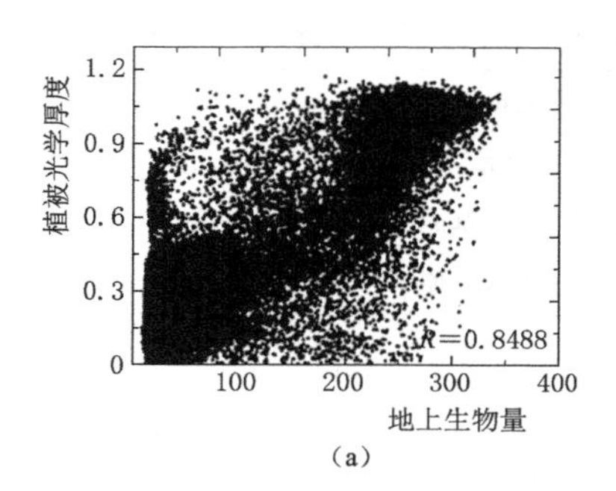

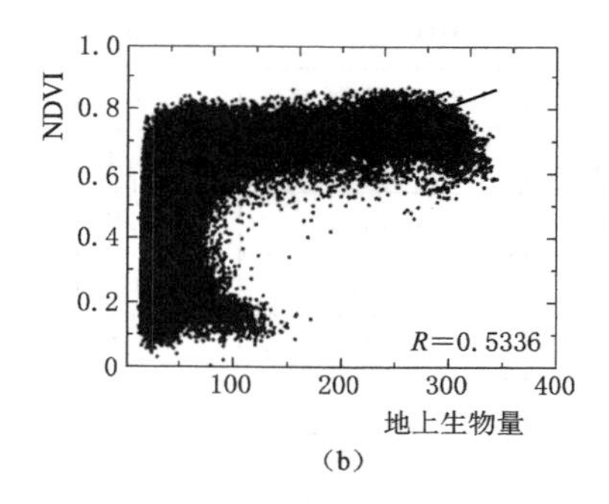

图5.7　地上生物量AGB与VOD、NDVI的对比

注：点的数量N为48597。

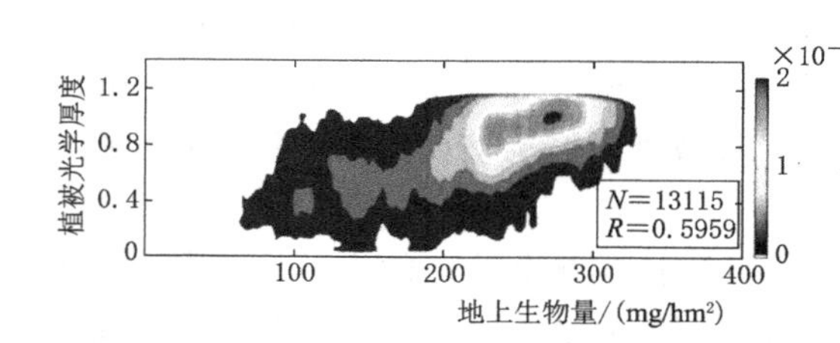

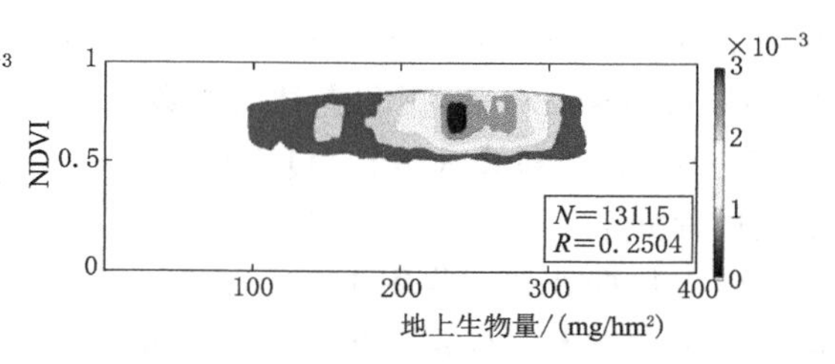

图5.8　常绿阔叶林的地上生物量与植被光学厚度、NDVI的对比密度图

5.1.5.3　区域尺度时间变化监测

本书在全球范围内选取了9个覆盖不同植被类型的研究区，研究区大小为2.5°×2.5°。基于空间分辨率为0.25°的8天合成数据集，分别提取了9个研究区内所有网格的植被光学厚度与NDVI，分析它们的植被季节变化。表5.5显示了这9个研究区的地理位置和地表覆盖类型。

表5.5　研究区的地理位置和地表覆盖类型

研究区	中心位置（经度，纬度）	地覆盖类型表	研究区	中心位置（经度，纬度）	地覆盖类型表
研究区1	13.0°，6.75°	草地	研究区6	38.0°，−81.5°	落叶阔叶林
研究区2	41.75°，−93°	农田	研究区7	54.25°，−124.0°	常绿针叶林
研究区3	−18.75°，29.25°	稀树草原	研究区8	61.50°，133.25°	落叶针叶林
研究区4	6.0°，2.75°	多树草原	研究区9	−2.0°，−69.5°	常绿阔叶林
研究区5	46.75°，−67.75°	混交林			

图5.9给出了每个研究区的植被光学厚度与NDVI的散点图，统计信息列在表5.6中。从图中可以看到，在低矮植被覆盖地区，植被光学厚度随着NDVI的增大而增大。在农耕区，植被光学厚度与NDVI的相关性最高（$R=0.7222$），并且两者的线性关系与Lawrence et al.[152] 的试验结果非常接近。但是在森林地区，图中的点较为分散。当NDVI较小（小于0.2）时，植被光学厚度值被高估。造成这种现象的可能因素是冻土的影响。尽管在土壤冻融过程中植被光学厚度被高估，但是在落叶林地区，还是可以看出植被光学厚度随着NDVI的增大而增大。在常绿阔叶林地区，植被光学厚度与NDVI之间几乎

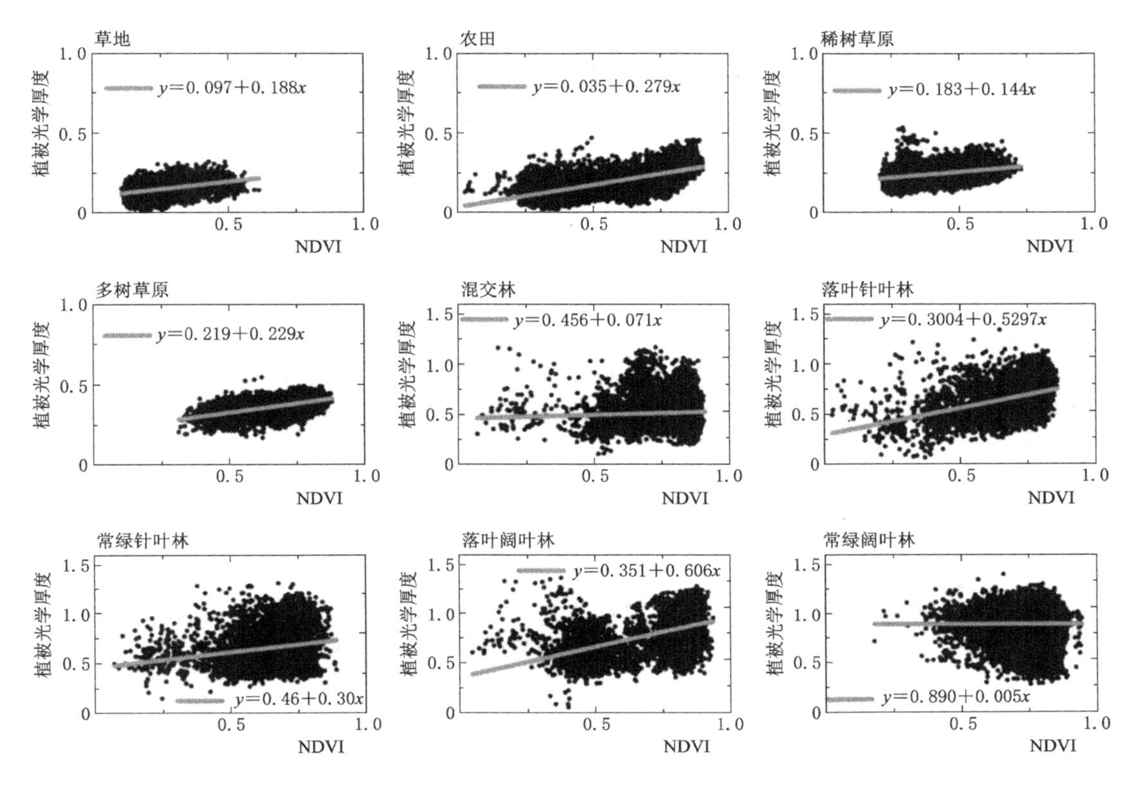

图 5.9 2010—2011 年各研究区的植被光学厚度与 NDVI 关系

没有相关性（$R=0.00343$），原因是常绿林季节性变化小。混合林植被光学厚度与 NDVI 的相关性也非常小（$R=0.0555$）。原因可能是该地区周围有大量的开阔水域，影响了植被光学厚度的反演。另外，地表覆盖的不均一性以及可能出现的信号饱和都是造成这一现象的原因。值得注意的是，在森林地区，对于任一 NDVI 值，对应的植被光学厚度动态范围很大。这反映出微波传感器和光学传感器对不同的植被特性敏感。NDVI 仅对植被冠层一薄层叶片的绿度敏感，而植被光学厚度与植被含水量和生物量相关，包括叶片和木质部信息。因此，对于 1 个 NDVI 值，植被光学厚度呈现出 1 个范围内的值，反映了植被结构、大小和含水量（或生物量）的差别。

表 5.6 植被光学厚度与 NDVI 的相关性

研究区	地覆盖类型表	NDVI 与植被光学厚度相关性	研究区	地覆盖类型表	NDVI 与植被光学厚度相关性
研究区 1	草地	0.3797	研究区 6	落叶阔叶林	0.5271
研究区 2	农田	0.7222	研究区 7	常绿针叶林	0.2548
研究区 3	稀树草原	0.3761	研究区 8	落叶针叶林	0.4016
研究区 4	多树草原	0.5568	研究区 9	常绿阔叶林	0.00343
研究区 5	混交林	0.0555			

从图 5.9 也可以看到，根据统计得到的植被光学厚度与 NDVI 的线性关系，截距是一个大于 0 的值。也就是说，当 NDVI 值为 0 时，植被光学厚度并不等于 0。而且，对于不同的植被类型，截距不同，总体上说，森林所对应的截距值大于低矮植被对应的截距值。我们认为，这个截距可能与凋落层 、植被的木质部信息有关，它为研究凋落层、区分植被叶片生物量和木质生物量提供了可能，要作进一步的研究。

图 5.10 显示了 2010—2011 年研究区平均植被光学厚度与 NDVI 的时间序列图。除了常绿阔叶林研究区，植被光学厚度与 NDVI 都显示出明显的植被季节性变化。在植被生长期两者都增大，而在植被衰落期两者都减小。通过对时间序列图的分析可以看到，相对于 NDVI，植被光学厚度的变化存在一定的时间滞后，这再一次反映出植被光学厚度与 NDVI 对不同的植被特性敏感。其中，草地、热带草原和多树草原研究区都属于热带草原气候，这一气候的特点是具有明显的干、湿两季。该气候带中，影响植被生长的一个关键因素是降水。草地研究区紧邻撒哈拉沙漠，干燥季时间长，在年中开始进入雨季。热带草原研究区位南半球，年初就进入雨季。在这两个研究区，NDVI 开始增大的时间要比植被光

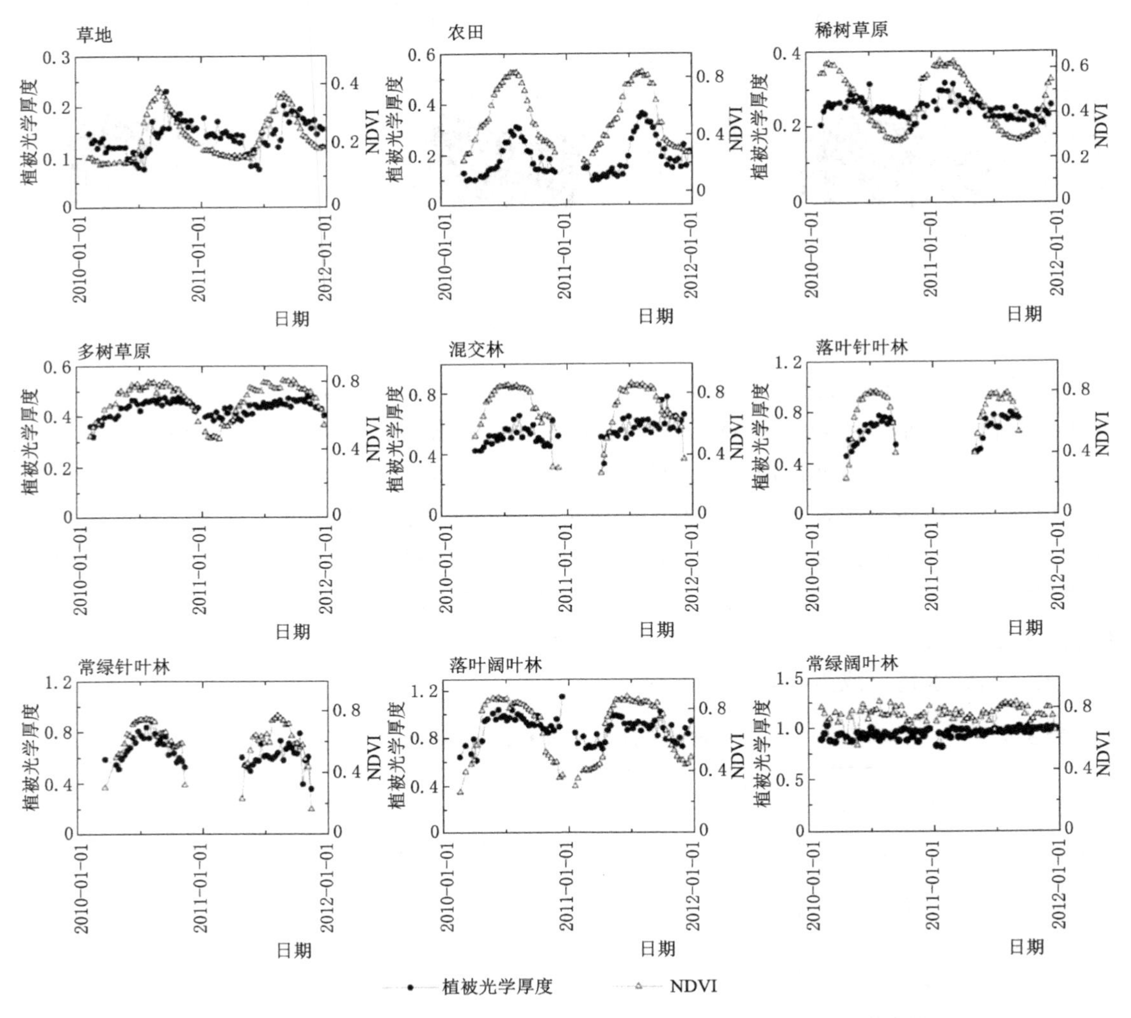

图 5.10　2010—2011 年各研究区的 8 天平均植被光学厚度和 NDVI 时间序列图

学厚度开始增大的时间早。一个可能的解释为，当降水量仅为 5mm 时，浅根植被（如草）就开始进行光合作用[153]，导致 NDVI 开始升高；而这种小量的降水却不会导致植被含水量和生物量的提高。因为生物量，尤其是木质部内的生物量，只有在雨季中间段才开始累积[154]，所以深根植被对降雨的反应很慢[155]。因此，多树草原植被光学厚度的滞后时间比草地的滞后时间长。在混合林和落叶林地区，植被光学厚度的峰值滞后于 NDVI 的峰值，2010 年尤为明显。产生这一现象的原因是，当植被绿度达到最高值时，木质部内的植被含水量和生物量仍然可以增加；而当植被衰老时，植被光学厚度降低，导致 NDVI 下降，而叶片中的生物量依然存在直到叶片凋落。这里，冬天数据的缺失限制了更加详细的植被物候分析。

从图 5.10 中也可以看到，当 NDVI 从 0.4 增大到 0.8 时，混合林的植被光学厚度从 0.4 增大到 0.65，落叶阔叶林的植被光学厚度从 0.6 增大到 1.0，而常绿针叶林的光学厚度从 0.5 增大到 0.85。再考虑到低矮植被，可以看到农作地的光学厚度从 0.1 增大到 0.35。这些差别反映出这几种植被类型虽然具有相同的 NDVI，但是却具有不同的植被含水量或生物量。

以上这些都说明了被动微波遥感在植被监测领域的优势，它可以提供光学遥感所不能提供的植被特性信息。微波遥感与光学遥感互为补充，可以更全面地监测植被变化。

5.2 基于 SMOS 被动微波数据的土壤水分反演

5.2.1 改进的 L 波段裸土多角度反射率参数化模型

目前，已有的研究提出了不同形式的粗糙度参数，用以模拟地表粗糙度对地表反射率的影响：如 Chen et al. 提出的 $slope=s/l$，仅适用于高斯相关型地表[156]；赵天杰等提出的 $m=s^2/l$，仅适用于指数相关型地表[157]。在主动微波领域，地表粗糙度影响雷达后向散射，因此，也有不同形式的粗糙度参数：例如，Shi et al. 提出的 $Sr=(Ks)^2W$，W 为相关函数的功率谱函数，考虑了多种形式的表面相关函数；Zribi et al. 提出 $Zg=s\left(\frac{s}{l}\right)^N$，充分考虑了地表均方根高度、相关长度以及相关函数的形式，也可直接用于地表土壤水分的反演[158]。

这里，提出新的地表粗糙度参数 Sr，用于描述地表粗糙度效应：

$$Sr=(Ks)^{2-N}(s/l)^N \tag{5.22}$$

式中：K 为 L 波段波数；N 为表面自相关函数 $\rho(\xi)=\exp\left[-\left(\frac{\xi}{l}\right)^N\right]$ 中的指数，$N=1$ 为指数相关，$N=2$ 为高斯相关。

以表 5.1 中的各参数作为输入参数，建立 AIEM 模拟数据库，该数据库包含了高斯、1.5－power 和指数相关函数的模拟值。得到 R_p^e/r_p 与地表粗糙度参数 Sr 的关系如图 5.11 所示。从图中可以看到，R_p^e/r_p 与 Sr 之间存在良好的函数关系，随着 Sr 值的增大，R_p^e/r_p 减小。

由此，提出改进的多角度裸土反射率参数化模型为

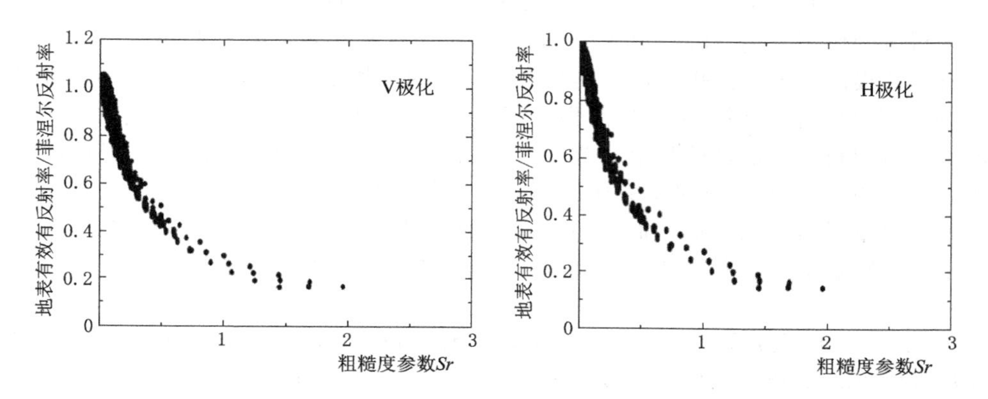

图 5.11　R_p^e/r_p 与地表粗糙度参数 Sr 的关系（$\theta=20°$）

$$R_p^e(\theta)=r_p(\theta)\cdot A_p(\theta)\cdot \exp[B_p(\theta)\cdot Sr^{D_p(\theta)}+C_p(\theta)\cdot Sr^{2\cdot D_p(\theta)}] \tag{5.23}$$

其中，参数 A，B，C 和 D 只与极化和入射角有关，可以表示成入射角的 3 次函数：

$$A_p, B_p, C_p, D_p=e_p+f_p\cdot\theta+g_p\cdot\theta^2+h_p\cdot\theta^3 \tag{5.24}$$

式（5.24）中的各参数可由 AIEM 模拟数据回归计算得到。表 5.7 为式（5.24）中各个参数的取值。

表 5.7　　式（5.24）中各参数的值

参　数	e	f	g	h
A(V)	1.0031	0.2740	−0.8280	0.7279
B(V)	−2.1635	−0.1055	2.5297	−0.3719
C(V)	0.5763	0.0015	−0.5909	0.0038
D(V)	0.6926	2.4224	−7.4422	6.9841
A(H)	1.0225	0.0303	−0.1550	0.1217
B(H)	−2.2110	0.4824	0.1569	1.3219
C(H)	0.6285	−0.6073	1.0226	−1.3638
D(H)	0.9214	−0.3925	0.7734	−0.9355

为了验证本书提出的参数化模型的准确性，我们利用参数化模型重新计算了表 5.7 所有条件下的地表有效反射率，同 AIEM 模型结果进行比较。图 5.12 展示了改进的参数化模型与 AIEM 模型的对比图。同时计算参数化模型在不同极化和不同入射角下的误差（图 5.13）。可以看到，V 和 H 极化下，参数化模型与 AIEM 理论模型具有非常良好的线性关系，两者十分吻合。与 AIEM 理论模型相比，参数化模型的精度在 V 和 H 极化都是随着入射角的增大先增加后减小。最大误差均出现在最大入射角（55°）处，约为 0.017。对于 V 极化，最小误差存在于 35°处，约为 0.008；对于 H 极化，最小误差出现在 30°处，约为

0.009。这种误差范围一般只会引起亮温的较小差异，可以满足地表土壤水分反演的需要。本书中，使用30°，35°，40°，45°和50°这5个角度的裸土发射率同时估算地表土壤水分和地表粗糙度参数Sr。

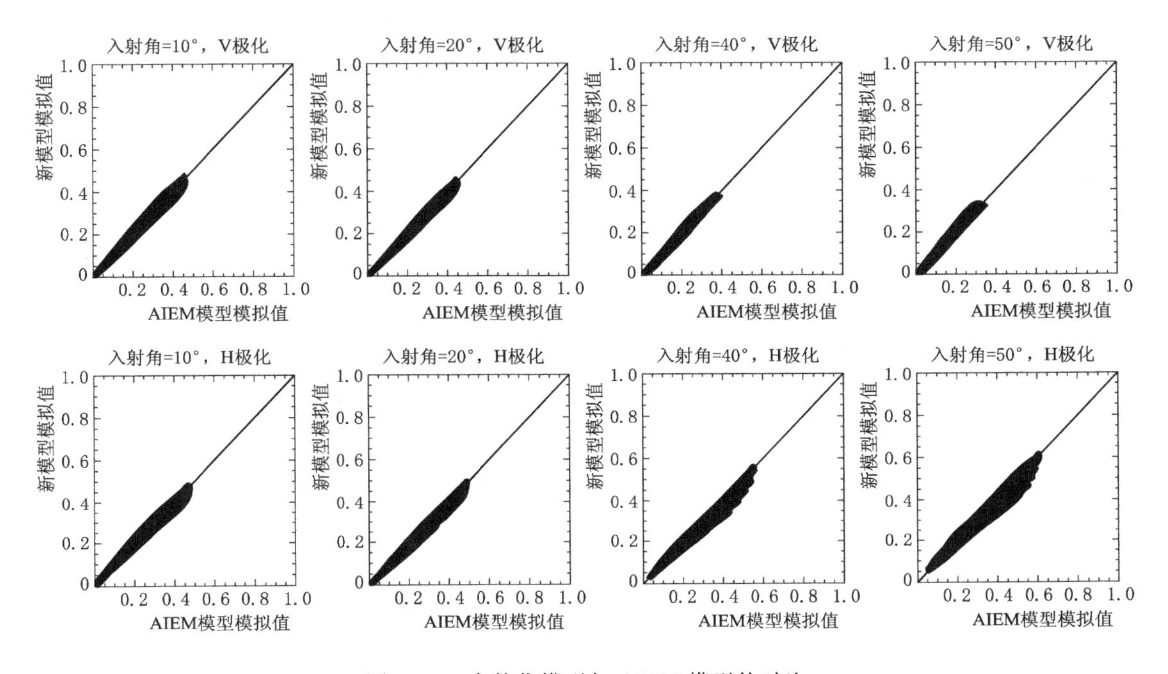

图5.12 参数化模型与AIEM模型的对比

5.2.2 表层土壤水分反演

对于植被覆盖地表，土壤水分的反演就是对传感器接收到的地表信号经过温度校正、植被校正以及粗糙度校正，得到仅包含地表土壤水分的信息，然后估算地表土壤水分。本章基于前面的研究，发展了新的地表土壤水分反演算法，该算法仅用H极化多角度亮温数据。具体步骤如下：

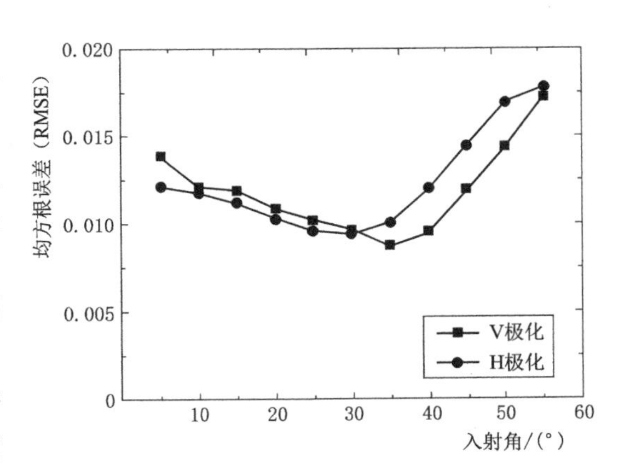

图5.13 参数化模型RMSE与入射角的关系

（1）温度校正：由于SMOS卫星只搭载L波段传感器，没有用来提供地表温度的高频数据，因此，温度校正使用辅助数据：来自ECMWF的地表7cm温度数据。假设土壤温度与植被冠层温度相等，那么经过温度校正，得到地表反射率＝亮温数据/温度。

（2）植被校正：直接由SMOS H极化多角度亮温数据反演植被光学厚度。经过植被校正，即可计算裸土多角度的反射率。

(3) 粗糙度校正：利用裸土多角度反射率，采用本章提出的裸土反射率参数化模型即可估算土壤介电常数和地表粗糙度参数 Sr。

(4) 土壤水分反演：由土壤介电常数，利用土壤介电常数模型反演得到土壤水分。

对于裸土地区，反演算法只有温度校正、粗糙度校正及土壤水分反演 3 步。以上即是新的地表土壤水分反演算法。该算法可以反演得到植被光学厚度、地表土壤水分和地表粗糙度参数。

5.2.3 算法验证

5.2.3.1 试验区介绍

1. 澳大利亚 Yanco 地区

Murrumbidgee 土壤水分监测网络（murrumbidgee soil moisture monitoring network，MSMMN）位于澳大利亚东南部的 Murrumbidgee 河流域（33°S～37°S，143°E～150°E），占地约 82000km²。该流域内的气候、土壤、植被以及土地利用具有很明显的空间差异。西部高程为 50m 而东部高程 2000m。由于这种高程差距，流域内的气候多样：西部为半干旱气候，平均年降水量为 300mm；而东部气候湿润，平均年降水量可以达到 1900mm。该流域内的土地利用类型主要是农耕地，同时也有几处混合林[159]。

Yanco 试验区位于 Murrumbidgee 流域的中西部，占地约 2500km²，地势平坦，西部主要是水稻灌溉区，北部为旱种作物，东南部为天然草场。该地区内平均分布有 13 个土壤水分监测站点，包括 1 个 Old Sites 和 12 个 New Sites。2009 年，在 Yanco 试验区内的两个位置又建立了 24 个加密站点（没有在图中显示，该研究中没有使用加密站点数据）。这些监测站可以测量地表土壤水分（0～5cm 或 0～8cm）、土壤下层土壤水分（0～30cm，30～60cm，60～90cm）、地表温度（2.5cm 或 4cm）、土壤温度（15cm）以及降水量。新（旧）观测站每隔 60(5) s 观测，然后得到 20(30) min 的平均量[160]。MSMMN 监测网已经被用来验证星载和机载的土壤水分观测[161]。

考虑到 Yanco 地区的地势平坦，主要被低矮植被覆盖（图 5.14），监测站点分布合理，本书采用 Yanco 地区作为验证土壤水分反演算法的一个试验区。

图 5.14　Yanco 试验区内土壤水分监测站示意图

2. 美国 Little Washita Watershed 地区

美国 Little Washita Watershed 地区被用作土壤水分研究已超过30年。因此，它可以提供长时间的地表土壤水分测量数据。Little Washita Watershed 位于美国 Great Plains 地区 Oklahoma 州的西南部，面积约为 $610km^2$，半湿润气候，平均年降水量为750mm。该地区内的地势起伏不大，最高处海拔低于200m。土地利用类型主要是牧场和草地，也有很大面积的小麦和其他粮食作物用地。

该地区内建有一个水文监测网络：ARS Micronet。目前尚可以提供监测数据的监测站有20个，站点相隔约为5km，每半小时测量1次地表土壤水分（0～5cm）、土壤温度（5cm，10cm，15cm，30cm）以及降水数据。Little Washita Watershed 试验区已经被用来验证多种地表土壤水分产品精度[162,163]。本书将其作为验证地表土壤水分反演算法的试验区。

5.2.3.2　试验区土壤水分反演结果与分析

对研究区范围内每个DGG格网点的SMOS多角度亮温数据进行地表土壤水分反演，求得反演结果的平均值，作为该研究区的地表土壤水分反演值。与研究区内各站点地表土壤水分实测值的平均值进行对比。该研究对升轨和降轨数据分别进行了反演，还使用了研究区的实测日降水量数据进行结果分析。

Yanco 地区的实测地表土壤水分数据包括2010年1月1日—2011年5月30日，而降水数据仅有2010年的。图5.15为该研究区2010年1月—2011年5月地表土壤水分反演结果的时间序列图，分别显示了升轨和降轨数据的结果。从图中可以看到，当有降水时，地表土壤水分会陡然升高，随着降水的下渗，土壤水分迅速下降。而地表土壤水分的反演值也可以反映出降水的影响。图中也显示出，有几天的地表土壤水分反演结果出现了比较大的偏差，这几天中恰好都有明显的降水。一个可能的解释是，有降水时，地表土壤含水量迅速增大，出现饱和状态，此时微波信号的有效深度减小，也就是说，此时传感器得到的信号来自非常薄的一层地表，表层含水量非常高。而实测土壤水分是地下5cm处的数

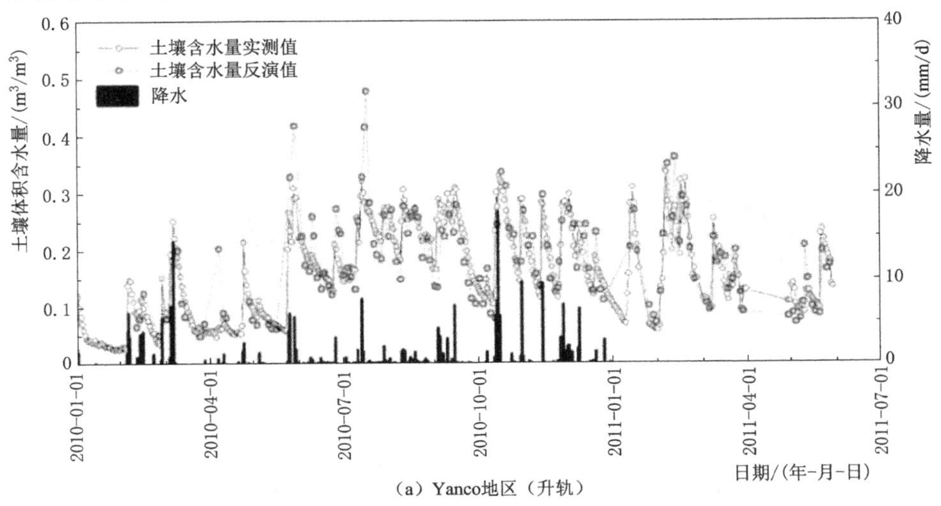

(a) Yanco地区（升轨）

图5.15（一）　澳大利亚 Yanco 地区地表土壤水分反演结果

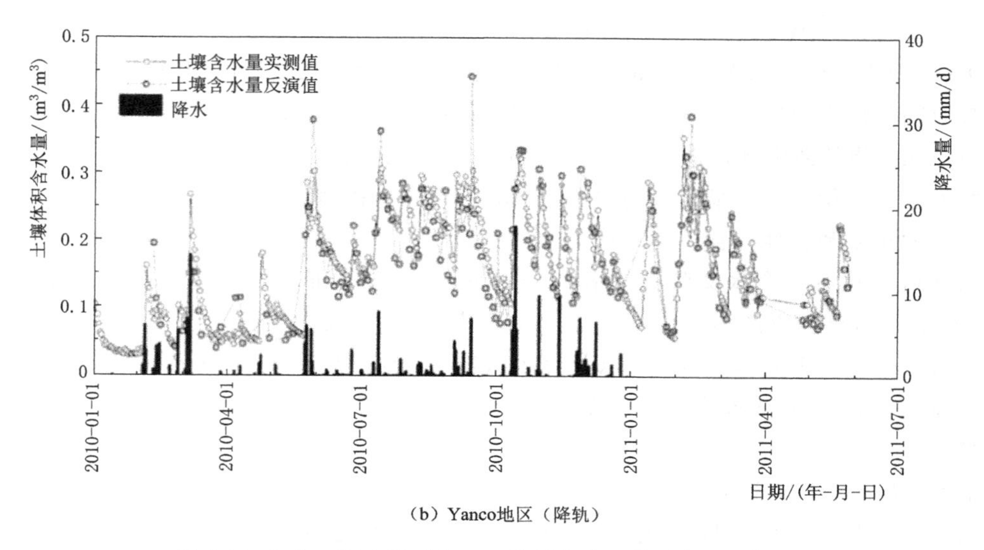

图 5.15（二）　澳大利亚 Yanco 地区地表土壤水分反演结果

据。因此，与实测值相比，反演结果偏高。总体上，地表土壤水分的反演结果能够反映出实测值的变化。

图 5.16 为该研究区地表土壤水分反演值与实测值的对比图。图中还加入了 SMOS L2 土壤水分产品进行对比。可以看到，反演值与实测值比较吻合，相关性较强。该研究反演结果的 RMSE 分别为 0.0455m^3/m^3（升轨）和 0.0407m^3/m^3（降轨），相关系数 R 分别为 0.829（升轨）和 0.865（降轨），基本上可以达到 RMSE 为 0.04m^3/m^3 的目标精度。而 SMOS L2 土壤水分产品的 RMSE 为 0.0450m^3/m^3（升轨）和 0.0581m^3/m^3（降轨），相关系数 R 分别为 0.881（升轨）和 0.824（降轨），降轨数据的 RMSE 较大。与 SMOS L2 产品相比，本书的反演结果分散度更小。

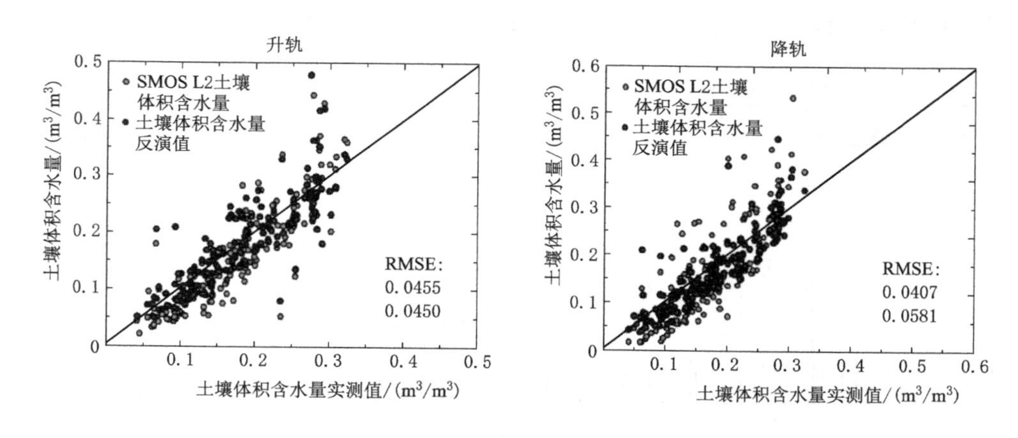

图 5.16　澳大利亚 Yanco 地区地表土壤水分反演结果与实测值的对比

基于大量试验数据的研究指出，地表粗糙度与土壤水分有关[164]。这是因为土壤水分含量低时，土壤表层容易出现空隙和裂痕，这会增加土壤的有效“介电粗糙度”；而当土

壤水分含量升高时，土壤表面则会更加均一平滑。此外，也有研究指出，地表粗糙度也受降水的影响，降水后地表粗糙度陡然下降[15]。但是，本书从表面散射理论模型出发，提出的地表粗糙度参数 Sr 中没有考虑土壤水分对地表粗糙度的影响。图5.17是Yanco研究区地表粗糙度参数 Sr 的反演结果与地表土壤水分实测值的对比。可以看到，当地表土壤水分大于 $0.20m^3/m^3$ 时，Sr 随着土壤水分的增加而减小。但是，当地表土壤水分小于 $0.20m^3/m^3$ 时，Sr 随着土壤水分的增加而增大，这与理论不符，其原因需要利用试验数据进一步研究。

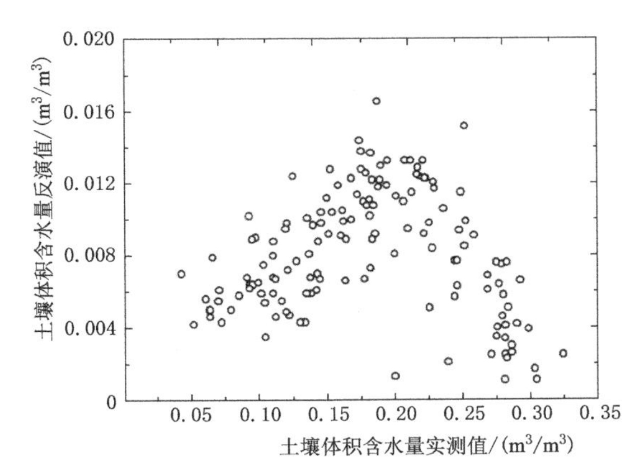

图5.17 地表粗糙度参数 Sr 反演结果与土壤水分关系

图5.18为2010—2011年美国LW地区的地表土壤水分反演结果图。反演值基本可以反映实测值的变化，但是，若干个反演值明显被高估，偏差较大。其中出现在冬季的点，一个可能的原因是受到地表冻融的影响，另一个原因是受降水的影响。

图5.19为该研究区地表土壤水分反演结果与实测值的对比图，图中包括SMOS L2土壤水分产品。反演结果与实测值十分吻合，分散图和偏离都较低。该研究反演结果的RMSE分别为 $0.0308m^3/m^3$（升轨）和 $0.0345m^3/m^3$（降轨），相关系数 R 分别为0.832（升轨）和0.809（降轨）。而SMOS L2土壤水分产品的RMSE分别为 $0.0464m^3/m^3$（升轨）和 $0.0491m^3/m^3$（降轨），相关系数 R 分别为0.771（升轨）和0.822（降轨）。从图中可以看到，SMOS反演结果随着土壤水分的增加，偏差明显增大。

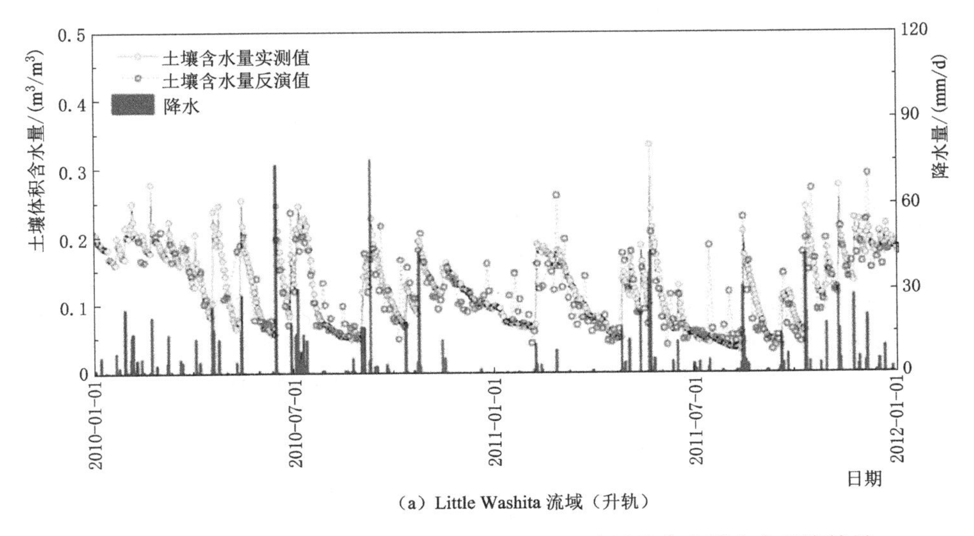

(a) Little Washita流域（升轨）

图5.18（一） 美国Little Washita Watershed地区地表土壤水分反演结果

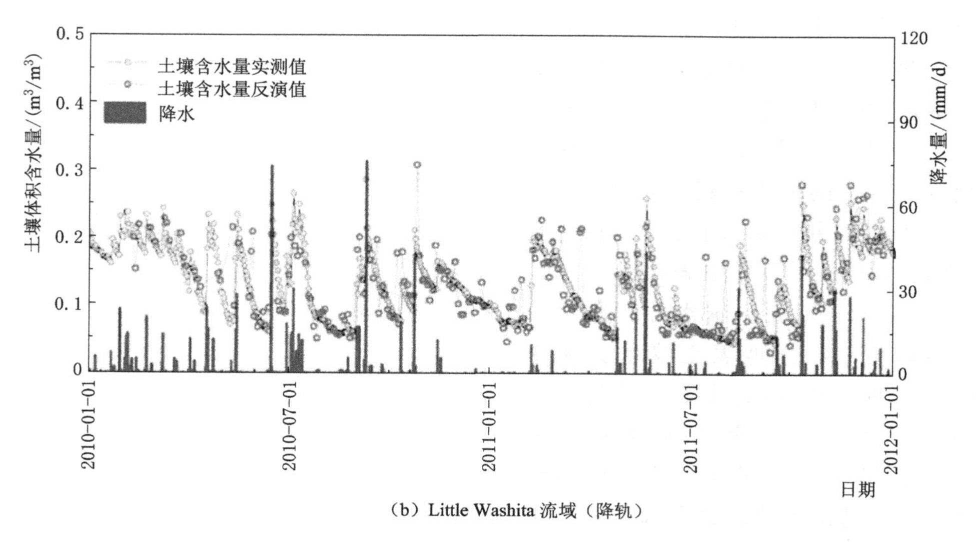

(b) Little Washita 流域（降轨）

图 5.18（二）　美国 Little Washita Watershed 地区地表土壤水分反演结果

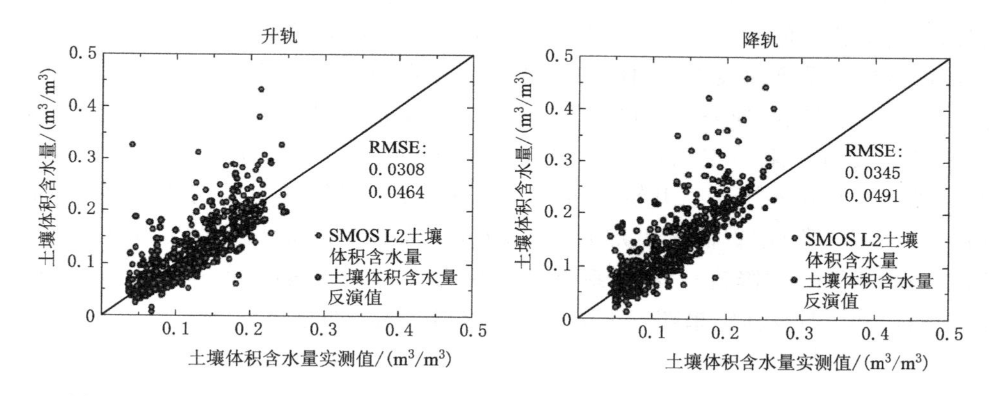

图 5.19　美国 Little Washita Watershed 地区地表土壤水分反演结果实测值的对比

5.3　小结

本章研究先基于 AIEM 模拟数据库得到不同入射角下裸土有效发射率之间的线性关系；利用这种关系消除亮温数据中的土壤信号，发展出 H 极化多角度微波植被指数。利用微波植被指数仅与温度和植被特性有关、与土壤无关的特点，通过多个观测角组合的亮温数据估算植被光学厚度。经过理论验证和试验验证，检验该植被光学厚度反演方法的可行性和可信度，并适用于 SMOS 像元尺度下。基于优化的 SMOS L1c 多角度亮温数据，反演全球植被光学厚度。将植被光学厚度、MODIS NDVI 产品与地上生物量对比，发现植被光学厚度与地上生物量的相关性更强（$R=0.8488$），远高于 NDVI 与生物量的相关性（$R=0.5336$）。在森林地区，植被光学厚度仍然随地上生物量而变化，而 NDVI 则达到饱和，没有变化。提出了新的地表粗糙度参数 Sr，该参数考虑了地表均方根高度、相

关长度以及表面自相关函数的影响。基于 AIEM 模拟数据，利用新的地表粗糙度参数，本章发展了改进的裸土多角度反射率参数化模型，模拟地表的多角度辐射。通过与 AIEM 模型的对比，证明该模型具有较高的精度，可以满足反演地表土壤水分的要求。利用提出的植被校正方法和本章提出的粗糙度校正方法，本章提出了新的地表土壤水分反演算法。利用 2011 年 SMOS L1c 多角度 H 极化亮温数据，得到全球地表土壤水分反演结果，其空间分布符合地理环境特征。最后，利用澳大利亚和美国的两个地表土壤水分实测网络数据对算法进行了验证，反映出该算法具有较高的精度。

第 6 章　主被动微波遥感土壤水分协同反演方法

主被动微波遥感作为微波遥感的两种类型，在土壤水分监测中各具优缺点。其中，主动微波雷达遥感具有高空间分辨率的特性，但重访时间长、土壤水分反演精度低；被动微波遥感具有重访时间短、土壤水分反演精度高的优势，但空间分辨率低。为了获取高空间分辨率、高精度的土壤水分产品，基于主动微波 SAR 与被动微波辐射计数据开展土壤水分协同反演是目前的一个最佳选择。美国 NASA 2015 年发射了搭载主动微波雷达和被动微波辐射计的 SMAP 卫星，同时搭载 L 波段的微波辐射计和雷达，通过主被协同获取 91cm 空间分辨率、1～3 天时间分辨率的全球地表土壤水分，但是不久后主动微波雷达传感器出现故障。欧空局于 2014 年和 2016 年发射了 C 波段 Sentinel－1A 和 Sentinel－1B 卫星雷达数据，空间分辨率为 20m，单星观测时间分辨率为 12 天，双星联合观测时间分辨率可达 6 天，幅宽达到了 250km，具有 VV、VH 双极化模式的全球对地观测能力。在不同卫星轨道上，C 波段 Sentinel－1 卫星雷达与 L 波段 SMAP 辐射计具有时空覆盖度较一致的对地观测数据，而两者结合为主被动微波协同反演土壤水分提供了可能。为此，本章将针对 Sentinel－1 雷达与 SMAP 辐射计亮度温度数据的特点发展一种能满足应用需求的基于 C 波段和 L 波段的主被动微波遥感协同的中、高分辨率的土壤水分反演算法与模型。对于 L 波段、C 波段的主被动微波遥感的土壤水分协同反演，本章提供了两种思路：①先利用高空间分辨率的 C 波段雷达后向散射系数对低空间分辨率的 L 波段辐射计亮度温度数据进行空间降尺度以获取中、高分辨率的 L 波段亮度温度数据，然后对降尺度后中、高空间分辨率的 L 波段亮度温度进行土壤水分反演；②先针对低空间分辨率 L 波段辐射计亮度温度进行土壤水分反演以获取低空间分辨率高精度的土壤水分反演产品，然后利用高空间分辨率雷达后向散射系数对低空间分辨率的土壤水分产品进行降尺度，进而实现中、高空间分辨率土壤水分反演（图 6.1）。

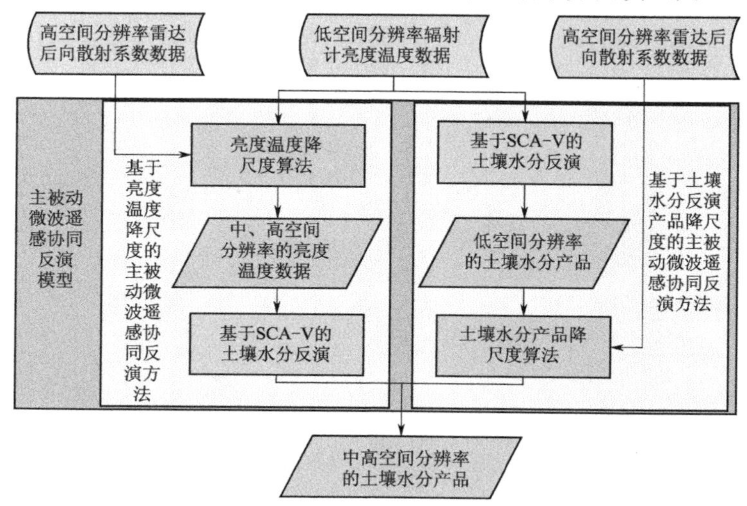

图 6.1　主被动微波遥感协同反演土壤水分的流程图

基于以上两种思路发展的C与L波段主被动微波遥感的土壤水分协同反演方法主要包括两个过程（图6.1）：①基于被动微波的土壤水分反演，该反演主要采用Jackon的V极化单通道算法（single channel algorithm to v Polarization，SCA-V）；②在土壤水分反演前基于雷达后向散射系数进行低空间分辨率亮度温度数据的降尺度或在土壤水分反演后基于雷达后向散射系数进行低空间分辨率被动微波土壤水分产品的降尺度。

6.1 被动微波遥感的土壤水分反演算法

本节基于V极化的亮度温度 T_B 数据采用Jackson et al. 1993年提出的单通道算法SCA-V[165] 开展被动微波遥感的土壤水分反演。该反演过程主要分为5步：①将V极化的亮度温度归一化为地表发射率；②去除植被效应以获取土壤的表面发射率；③纠正土壤表面粗糙度影响以获取土壤的光滑表面发射率；④将土壤的光滑平面发射率转化为土壤介电常数化；⑤将介电常数转化为土壤水分含量。

SCA-V算法，主要通过 $\tau-\omega$ 模型描述在植被冠层中微波辐射传输的规律，相应的V极化亮度温度的 $\tau-\omega$ 模型表达式如下：

$$T_{BV}=e_v^{surf}\gamma\cdot T_s+(1-\omega)(1-\gamma)[1+(1-e_v^{surf})\gamma]\cdot T_c \tag{6.1}$$

式中：T_{BV} 为V极化的辐射亮度温度，K；T_s、T_c 分别为土壤层和植被冠层的物理温度，K；e^{surf} 为土壤表面发射率；ω 为植被冠层单次反照率，通过野外试验获取，对于L波段一般取 $\omega=0.08$；γ 为植被冠层的衰减系数，与植被的含水量有关。

在SCA-V算法中，根据植被冠层温度与土壤层有效物理温度相等的假设，即 $T_c=T_s=T_{eff}$，则对于地表发射率 e_v，由V极化被动微波辐射亮度温度数据 T_{BV} 估算的表达式如下：

$$e_v=\frac{T_{Bv}}{T_{eff}} \tag{6.2}$$

式中：T_{eff} 为地表土壤有效物理温度，K，可以通过模型模拟或者其他方式获取。

由 $\tau-\omega$ 模型，去除植被影响，将地表发射率转化为土壤表面发射率 e_v^{surf}，其计算公式如下：

$$e_v^{surf}=\frac{e_v-1+\gamma^2+\omega-\omega\gamma^2}{\gamma^2+\omega-\omega\gamma^2} \tag{6.3}$$

植被衰减系数 γ 的计算表达式如下：

$$\gamma=\exp\left(-\frac{\tau_{Nod}}{\cos\theta}\right) \tag{6.4}$$

$$\tau_{Nad}=b\cdot VWC \tag{6.5}$$

式中：θ 为辐射角；τ_{Nad} 为植被冠层垂直光学厚度；b 为相关系数，通过经验拟合建立的查找表获取；VWC为植被含水量，可通过NDVI计算得到。

根据Hp模型去除地表粗糙度效应，将土壤表面发射率 e_v^{surf} 转化为估算土壤光滑表面

的发射率 $e_{\mathrm{v}}^{\mathrm{soil}}$，其表达式如下：

$$e_{\mathrm{v}}^{\mathrm{soil}}=1-(1-e_{\mathrm{v}}^{\mathrm{surf}})\exp(h\cdot\cos^{2}\theta) \tag{6.6}$$

式中：h 为地表粗糙度因子，受多种因数影响，一般取 $h=-2k\cdot\sigma$；k 为波数；σ 为地表均方根高度差。

根据菲涅系数方程，建立土壤的光滑表面 V 极化微波发射率 $e_{\mathrm{V}}(\theta)$ 与土壤介电常数 ε 的关系，以此实现土壤的介电常数的反演，关系表达式如下：

$$e_{\mathrm{V}}(\theta)=1-\left|\frac{\varepsilon_{\mathrm{r}}\cos\theta-\sqrt{\varepsilon_{\mathrm{r}}-\sin^{2}\theta}}{\varepsilon_{\mathrm{r}}\cos\theta+\sqrt{\varepsilon_{\mathrm{r}}-\sin^{2}\theta}}\right|^{2} \tag{6.7}$$

式中：ε_{r} 为土壤介电常数的实部。

最后由土壤介电常数混合模型，将土壤介电常数实部 ε_{r} 转化为土壤体积含水量 m_{v}，进而实现土壤水分的反演。目前被用于被动微波土壤水分反演的介电常数模型主要包括 Mironov、Dobson、Wang 和 Hallikainen 模型 4 种类型，但 4 种模型具有不同的局限性，详细信息已在第三章节做了说明。为此，将根据第三章分析的结论，按照土壤质地条件，选择最优的介电常数模型，完成土壤水分的反演。

6.2　基于 C 波段后向散射系数的 L 波段亮温的降尺度算法

AIEM 模型是目前最精确的裸土区微波辐射与后向散射的理论模型，能够模拟较宽粗糙度下不同频率、极化方式、土壤含水量的地表辐射特征及后向散射特征[172,174,176]。Tor Vergata 离散后向散射和辐射模型是目前被广泛应用的植被区微波辐射与后向散射的理论模型，能够准确模拟不同植被类型、植被含水量和土壤含水量的地表与植被冠层的辐射与后向散射特征[92-94]。基于此，本节选用 AIEM 模型、Tor Vergata 模型，分别分析裸土区和植被区 C 波段、L 波段 V 极化发射率与 VV 极化后向散射系数的关系，以此开展基于后向散射系数的辐射亮度温度降尺度算法研究。

针对裸土区土壤的微波发射率与后向散射系数模拟而设置的 AIEM 模型的参数为：均方根高度 s 为 0.4cm、0.8cm、1.2cm，表面相关长度 l 为 4cm、8cm、12cm，表面相关函数为指数自相关函数，微波频率为 5.405GHz（C 波段）、1.41GHz（L 波段），入射角 θ 为 40°，土壤体积含水量为 0.05～0.40$\mathrm{cm^3/cm^3}$（间隔为 0.01$\mathrm{cm^3/cm^3}$）。基于模拟值统计的土壤 V 极化发射率与 VV 极化后向散射系数之间的关系如图 6.1～图 6.3 所示；针对作物植被区土壤的微波发射率与后向散射系数模拟而设置的 Tor Vergata 模型的参数范围为：植被类型以玉米为代表，植被 LAI 为 0.25、1、1.75、2.5、3.25、4、4.75（所对应的植被含水量为：0.28$\mathrm{kg/m^2}$、1.14$\mathrm{kg/m^2}$、2.0$\mathrm{kg/m^2}$、2.94$\mathrm{kg/m^2}$、3.89$\mathrm{kg/m^2}$、4.88$\mathrm{kg/m^2}$、5.9$\mathrm{kg/m^2}$），均方根高度 s 为 1.0cm，表面相关长度 l 为 8.0cm，表面相关函数为指数自相关函数，微波频率为 5.405GHz（C 波段）、1.41GHz（L 波段），入射角 θ 为 40°，土壤体积含水量为 0.05～0.40$\mathrm{cm^3/cm^3}$（间隔为 0.05$\mathrm{cm^3/cm^3}$）。通过模拟值统计的土壤 V 极化发射率与 VV 极化后向散射系数之间的关系如图

6.7～图6.9所示。

图6.2、图6.3分别显示，在不同粗糙度下，裸土区土壤C波段V极化发射率与C波段VV极化后向散射系数之间高度负线性相关（R接近于1）、裸土区土壤L波段V极化发射率与L波段VV后向散射系数之间高度负线性相关（R接近于1）。从图6.4可以看出，与图6.2和图6.3统计结果相比，在不同粗糙度下，裸土区L波段V极化发射率与C波段VV后向散射系数之间同样高度负线性相关，R接近于1，并且线性关系特性与图6.2更接近。

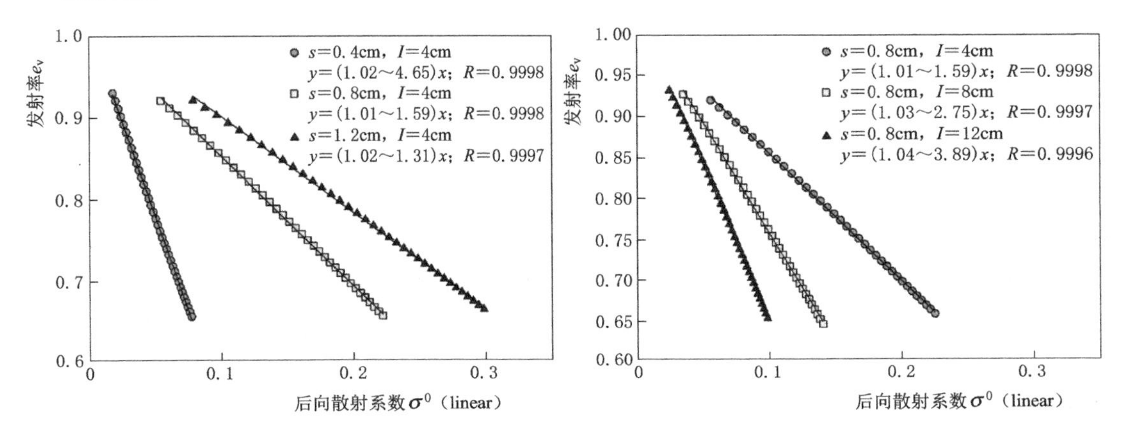

图6.2　不同粗糙度下裸土区C波段土壤V极化发射率与VV极化后向散射系数的关系图

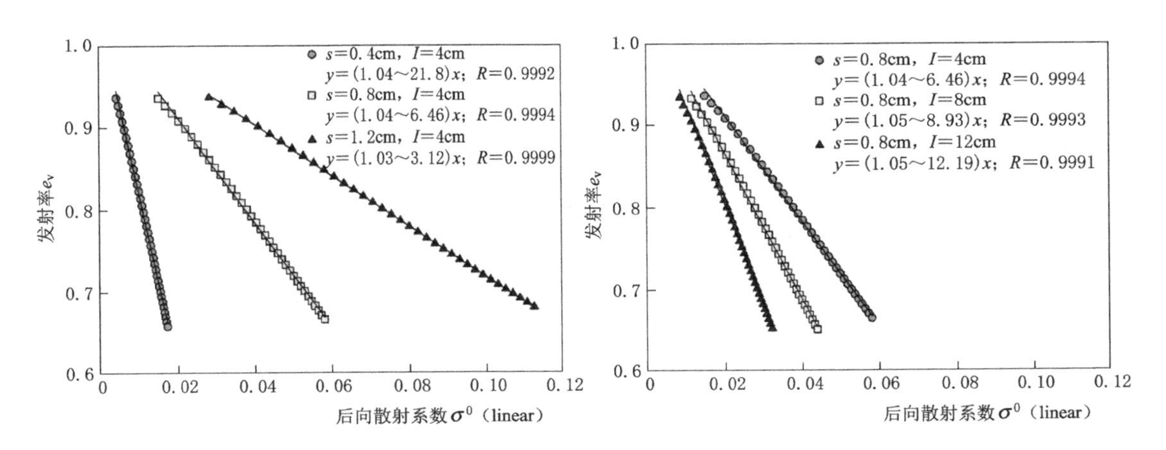

图6.3　不同粗糙度下裸土区L波段土壤V极化发射率与VV极化后向散射系数的关系图

图6.5、图6.6分别统计了不同LAI下的植被区C、L波段微波V极化发射率与VV极化后向散射系数在土壤含水量0.05～0.40cm^3/cm^{3}区间内的变化结果，该结果显示，对于C波段，LAI≥3.25植被区微波发射率与后向散射系数对土壤含水量变化的敏感度大幅降低，甚至无法反映土壤含水量变化的信息，即C波段的主被动微波遥感已无法探测LAI≥3.25植被覆盖下土壤含水量；对于L波段，在0.25≤LAI≤4.75整个区间内植被区微波发射率与后向散射系数对土壤含水量变化都有较高的敏感度，但随着LAI的增大其敏感度降低。同时，已有较多研究表明C波段的微波一般只适用于植被含水量低于

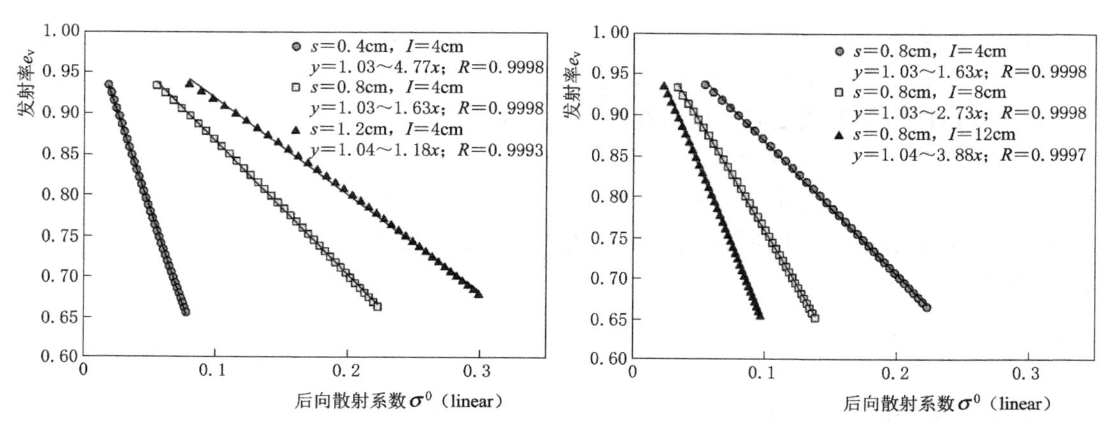

图 6.4　不同粗糙度下裸土区土壤 L 波段 V 极化发射率与 C 波段 VV 极化后向散射系数的关系图

2kg/m² 的植被区土壤含水量监测。因此，图 6.7～图 6.9 只统计了 LAI≤2.75 下的植被区微波发射率与发射率模拟值之间的关系。图 6.7、图 6.8 分别显示，在不同植被含水量下，植被区 C 波段 V 极化发射率与 C 波段 VV 极化后向散射系数之间高度负线性相关（R 接近于 1）、植被区 L 波段 V 极化发射率与 L 波段 VV 后向散射系数之间高度负线性相关

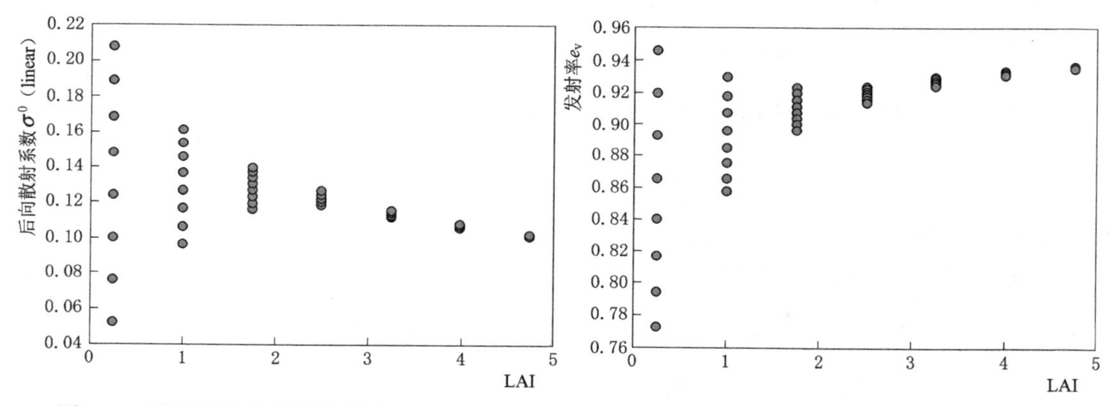

图 6.5　不同土壤含水量的植被区 C 波段 VV 极化后向散射系数与 V 极化发射率随 LAI 变化图

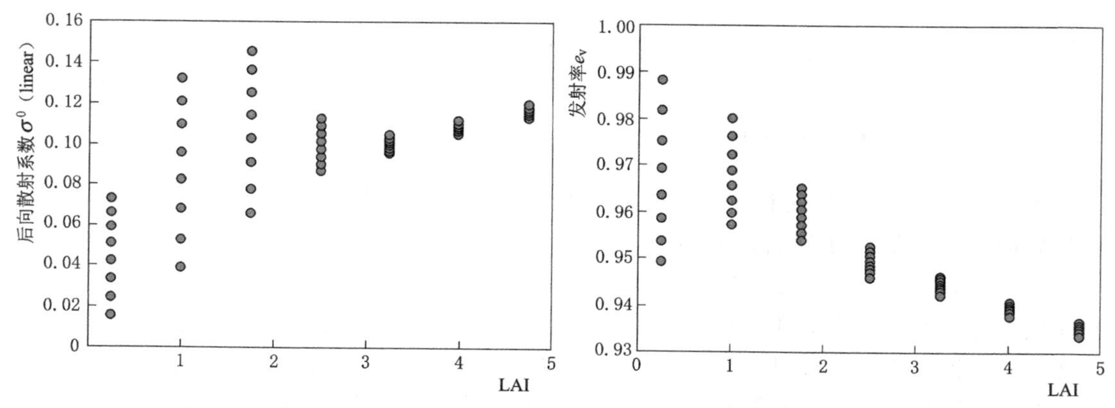

图 6.6　不同土壤含水量的植被区 L 波段 VV 极化后向散射系数与 V 极化发射率随 LAI 变化图

（R 接近于1）。图6.9显示，与图6.5和图6.6统计结果相比，在不同植被含水量下，植被区L波段V极化发射率与C波段VV后向散射系数之间同样高度负线性相关，R 接近于1。另外，从图6.2～图6.9可以看出，发射率与后向散射系数的线性关系特征受土壤表面粗糙度和植被冠层LAI显著影响。随粗糙度增大，相同波段和不同波段组合的线性关系斜率绝对值增大；随植被LAI增加（植被含水量增加），C波段和C、L不同波段组合所对应线性关系斜率绝对值增大，L波段所对应线性关系斜率绝对值先增大后减小。

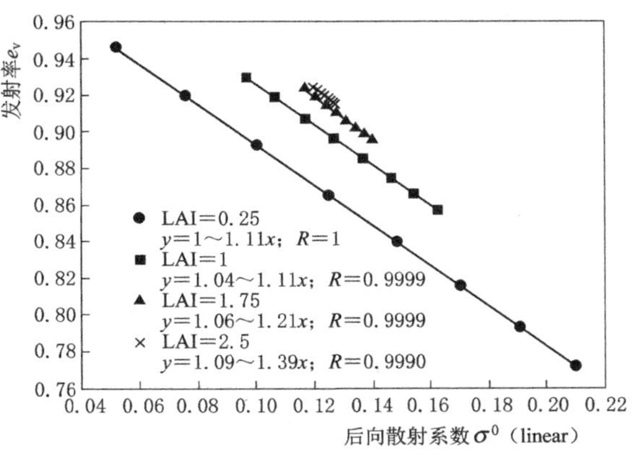

图6.7 不同LAI下植被区C波段V极化发射率与VV极化后向散射系数的关系图

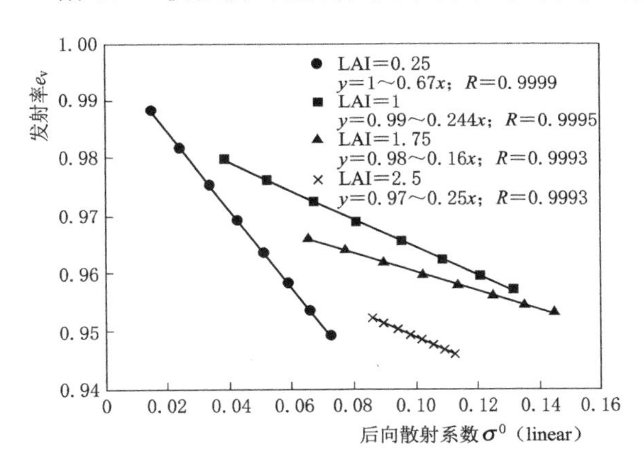

图6.8 不同LAI下植被区L波段V极化发射率与VV极化后向散射系数的关系图

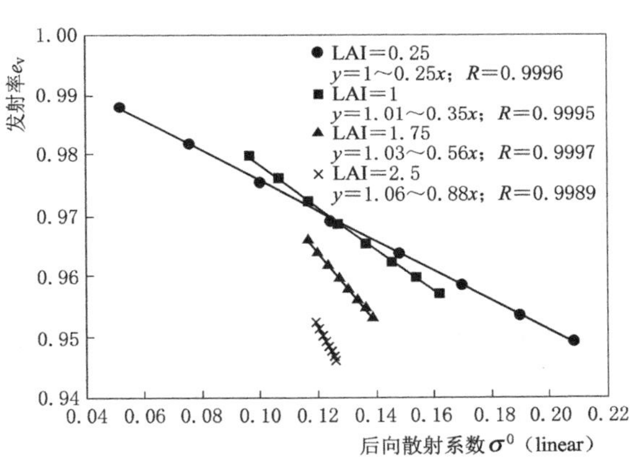

图6.9 不同LAI下植被区L波段V极化发射率与C波段VV极化后向散射系数的关系图

根据以上分析结果，可知C波段V极化发射率与C波段VV极化后向散射系数之间的线性特性、L波段V极化发射率与L波段VV极化后向散射系数之间的线性特性同样适用于L波段V极化发射率与C波段VV极化后向散射系数之间。因此，针对L波段V极化发射率与C波段VV极化后向散射系数线性特性，采用C波波段的VV极化后向散射系数进行L波段V极化亮度温度的降尺度是可行的。

6.2.1 被动微波辐射亮度温度降尺度理论基础

Njoku和Enteckhabi研究发现，在短时期内地表植被与粗糙度保持恒定，地表的微波辐射亮度温度与微波后向散射系数主要受土壤含水量的变化影响，随土壤含水量的增大，地表的微波辐射亮度温度降低而地表微波后向散射系数增大，微波辐射亮度温度与后向散射系数之间负线性相关[166]。其中，微波辐射亮度温度与后向散射系数之间负线性相关具有明确的物理基础。

$\tau-\omega$ 模型作为零阶辐射传输方程模型能明确地描述辐射亮度温度与地表各参数之间的关系[95]。由于较低频率的微波段植被冠层的单次反照率 ω 非常小，因此设定单次反照率 $\omega=0$[167-168]。并且忽略地表土壤层物理温度 T_s 与植被冠层物理温度 T_c 差异，设定地表土壤层和植被冠层物理温度相等 $T_c=T_s=T_{eff}$。将 $\tau-\omega$ 模型公式进一步简化，辐射亮度温度 T_{Bp} 的表达式如下：

$$T_{Bp}=T_{eff}(1-r_p\cdot e^{-2\tau_p/\cos\theta}) \tag{6.8}$$

式中：p 表示极化方式，分别为 V 或者 H；T_{eff} 为土壤层有效温度，K；r_p 为土壤粗糙表面反射率；τ_p 为植被冠层垂直光学厚度；θ 为辐射角。

根据植被区微波散射机制[165,169]，可知植被区微波后向散射系数主要由裸土、植被冠层和裸土与植被相互作用 3 部分贡献组成，则植被区微波后向散射系数 σ_{pp}^0 的表达式如下：

$$\sigma_{pp}^0=\sigma_{pp}^{surf}\cdot\exp(-2\tau_p/\cos\theta)+\sigma_{pp}^{vol}+\sigma_{pp}^{int} \tag{6.9}$$

式中：$\sigma_{pp}^{surf}\cdot\exp(-2\tau_p/\cos\theta)$ 为冠层衰减的裸土散射部分；σ_{pp}^{surf} 为裸土后向散射项；$e^{-2\tau_p/\cos\theta}$ 为植被冠层双层衰减项；σ_{pp}^{vol} 为冠层体散射部分；σ_{pp}^{int} 为地表与冠层之间的二面散射部分（地面与冠层相互作用）。

根据小扰动模型（SPM 物理模型）[169-171,82]，植被覆盖下裸土表面散射系数 σ_{pp}^{surf} 的表达式如下：

$$\sigma_{pp}^{surf}=f_s(\text{rough})\cdot|\alpha_{pp}|^2=f_s(\text{rough})\cdot r_{sp} \tag{6.10}$$

式中：$f_s(\text{rough})$ 为与粗糙度相关的函数；α_{pp} 为 pp 极化的极化强度；r_{sp} 平滑表面反射率。

根据植被冠层散射机制，可知植被冠层体散射部分 σ_{pp}^{vol} 的表达式如下[95]：

$$\sigma_{pp}^{vol}=f_v(\text{vegetation}) \tag{6.11}$$

式中：$f_v(\text{vegetation})$ 为与植被冠层介电特性等相关的函数。

根据二面散射机制，可知裸土与植被冠层相互作用散射部分 σ_{pp}^{int} 的表达式如下[95]：

$$\sigma_{pp}^{int}=f_d(\text{rough},\text{vegetation})\cdot r_{sp} \tag{6.12}$$

式中：$f_d(\text{rough, vegetation})$ 为与地表粗糙度和植被冠层介电特性及形态特征相关的函数；r_{sp} 为土壤平滑表面反射率。

式（6.9）～式（6.12）联立方程组，植被区微波后向散射系数 σ_{pp}^0 进一步表达为

$$\sigma_{pp}^0=f_s\cdot r_{sp}\cdot\exp(-2\tau_p/\cos\theta)+f_v+f_d\cdot r_{sp} \tag{6.13}$$

由式（6.13），可得土壤平滑表面反射率 r_{sp} 的表达式如下：

$$r_{sp}=\frac{\sigma_{pp}^0-f_v}{f_s\cdot\exp(2\tau_p/\cos\theta)+f_d} \tag{6.14}$$

根据粗糙表面反射率 Hp 模型[12]，可知粗糙表面反射率与平滑表面的关系表达式如下：

$$r_p=r_{sp}\cdot\exp(-h) \tag{6.15}$$

式（6.8）、式（6.14）和式（6.15）联立方程组，可得辐射亮度温度 T_{Bp} 与后向散射系数 σ_{pp}^0 的线性关系表达式如下：

$$T_{\mathrm{B}p}=T_{\mathrm{eff}}\left[1-\frac{\sigma_{pp}^{0}-f_{\mathrm{v}}}{f_{\mathrm{s}}\cdot\exp(-2\tau_{p}/\cos\theta)+f_{\mathrm{d}}}\cdot\exp(-h)\cdot\exp(-2\tau_{p}/\cos\theta)\right]$$
$$=T_{\mathrm{eff}}\left[1+\frac{\exp(-h)\cdot\exp(-2\tau_{p}/\cos\theta)}{f_{\mathrm{s}}\cdot\exp(2-\tau_{p}/\cos\theta)+f_{\mathrm{d}}}\cdot f_{\mathrm{v}}-\frac{\exp(-h)\cdot\exp(-2\tau_{p}/\cos\theta)}{f_{\mathrm{s}}\cdot\exp(-2\tau_{p}/\cos\theta)+f_{d}}\cdot\sigma_{pp}^{0}\right] \tag{6.16}$$

式（6.16）的线性关系进一步简化如下：

$$T_{\mathrm{B}p}=T_{\mathrm{eff}}(\alpha+\beta\cdot\sigma_{pp}^{0})$$
$$\beta=-\frac{\exp(-h)\cdot\exp(-2\tau_{p}/\cos\theta)}{f_{s}\cdot\exp(-2\tau_{p}/\cos\theta)+f_{d}}, \tag{6.17}$$
$$\alpha=1+\frac{\exp(-h)\cdot\exp(-2\tau_{p}/\cos\theta)}{f_{s}\cdot\exp(-2\tau_{p}/\cos\theta)+f_{\mathrm{d}}}\cdot f_{\mathrm{v}}=1+\beta\cdot f_{\mathrm{v}}$$

式中：α、β 分别为线性关系的截距和系数，与土壤表面粗糙度和植被冠层参数相关。

式（6.17）中裸土、植被冠层和裸土与植被相互作用3部分后向散射系数贡献定量求解，需要深入分析植被区微波后向散射机制。根据Freeman[172]、Cloude[173] 的极化分解理论。基于三分量分解法将后向散射分解为裸土表面散射、地面与植被冠层二面散射和植被冠层体散射，如图6.10所示。并且极化分解的参数量，一般为后向散射矩阵和相干矩阵，而后向散射矩阵、相干矩阵与后向散射系数的关系及相关详细内容见第二章介绍。

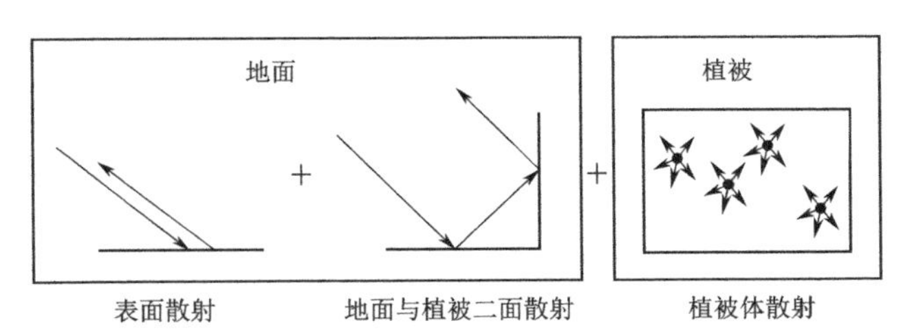

图6.10 地表后向散射的表面散射、二面角散射和体散射三分量机制图

在极化分解中一般认为地表散射旋转对称，则相干矩阵 T_3 的表示如下[173]：

$$[T]=\begin{bmatrix}T11 & T12 & 0\\ T21 & T22 & 0\\ 0 & 0 & T33\end{bmatrix}$$
$$=\frac{1}{2}\begin{bmatrix}|S_{\mathrm{HH}}+S_{\mathrm{VV}}|^{2} & (S_{\mathrm{HH}}+S_{\mathrm{VV}})(S_{\mathrm{HH}}-S_{\mathrm{VV}})^{*} & 0\\ (S_{\mathrm{HH}}+S_{\mathrm{VV}})^{*}(S_{\mathrm{HH}}-S_{\mathrm{VV}})^{*} & |S_{\mathrm{HH}}-S_{\mathrm{VV}}|^{2} & 0\\ 0 & 0 & 4|S_{\mathrm{HV}}|^{2}\end{bmatrix} \tag{6.18}$$

根据三分量分解原理，地表后向散射有相干矩阵 T_3，可以进一步分解如下：

$$[T]=[T_{\mathrm{S}}]+[T_{\mathrm{D}}]+[T_{\mathrm{V}}] \tag{6.19}$$

式中：$[T]$ 为总后向散射的相干矩阵形式；$[T_{\mathrm{S}}]$ 为土壤的表面散射贡献部分；$[T_{\mathrm{D}}]$ 为

土壤表面与植被之间二面散射贡献部分 $[T_V]$；$[T_V]$ 为植被冠层体散射贡献部分。

根据 Bragg 表面散射理论，表面散射贡献部分 $[T_S]$ 表示如下[174]：

$$[T_S]=\begin{bmatrix} T_S11 & T_S12 & 0 \\ T_S21 & T_S22 & 0 \\ 0 & 0 & 0 \end{bmatrix}=I_S\begin{bmatrix} 1 & \beta_S^* & 0 \\ \beta_S & |\beta_S|^2 & 0 \\ 0 & 0 & 0 \end{bmatrix} \tag{6.20}$$

式中：I_S 为表面散射强度；β_S 为散射机制比。

其中，取值表达如下：

$$\begin{aligned} I_S &= \frac{m_S^2}{2}|R_H+R_V|^2 \\ \beta_S &= \frac{R_H-R_V}{R_H+R_V} \\ m_S &= 2\cos(\theta)^2 \cdot ks \cdot kl \cdot \exp\left(-\frac{1}{2}(kl \cdot \sin\theta)^2\right) \end{aligned} \tag{6.21}$$

式中：R_H、R_V 为土壤 H、V 极化 Bragg 散射系数（小扰动模型的 HH、VV 极化幅度系数）；R_{SV}、R_{TV} 为土壤平滑表面、树干的 V 极化菲涅尔反射率。

二面散射贡献部分 $[T_D]$ 表示如下[174,175]：

$$[T_D]=\begin{bmatrix} T_D11 & T_D12 & 0 \\ T_D21 & T_D22 & 0 \\ 0 & 0 & 0 \end{bmatrix}=I_D\begin{bmatrix} |\alpha_D|^2 & \alpha_D & 0 \\ \alpha_D^* & 1 & 0 \\ 0 & 0 & 0 \end{bmatrix} \tag{6.22}$$

式中：I_D 为双面散射强度；α_D 为散射机制比。

其中，取值表达如下：

$$\begin{aligned} I_D &= \frac{m_d^2}{2}|R_{SH}R_{TH}+R_{VH}R_{VH}e^{i\phi_d}|^2 \\ \alpha_D &= \frac{R_{SH}R_{TH}-R_{SV}R_{TV}e^{i\phi_d}}{R_{SH}R_{TH}+R_{SV}R_{TV}e^{i\phi_d}}; \quad \alpha_D = \frac{R_{SH}R_{TH}-R_{SV}R_{TV}e^{i\phi_d}}{R_{SH}R_{TH}+R_{SV}R_{TV}e^{i\phi_d}} \\ m_d &= \exp(-2ks \cdot \cos\theta) \end{aligned} \tag{6.23}$$

式中：R_{SH}、R_{TH} 为土壤平滑表面、树干的 H 极化菲涅尔反射系数；R_{SV}、R_{TV} 为土壤平滑表面、树干的 V 极化菲涅尔反射率。

植被冠层体散射贡献部分 $[T_V]$ 表示如下：

$$[T_V]=[T_D]=\begin{bmatrix} T_V11 & T_V12 & 0 \\ T_V21 & T_V22 & 0 \\ 0 & 0 & T_V33 \end{bmatrix}=I_V\begin{bmatrix} V_{11} & V_{12} & 0 \\ V_{21} & V_{22} & 0 \\ 0 & 0 & V_{33} \end{bmatrix} \tag{6.24}$$

式中：I_V 为植被冠层散射强度；$V_{i,j}$ 为散射机制比。

针对植被冠层体散射贡献部分的定量描述，假设植被冠层是一个粒子层（见图 6.11）。

根据粒子散射理论，植被冠层中每个粒子的电磁散射，可由粒子电场偶极矩形式表示如[173] 下：

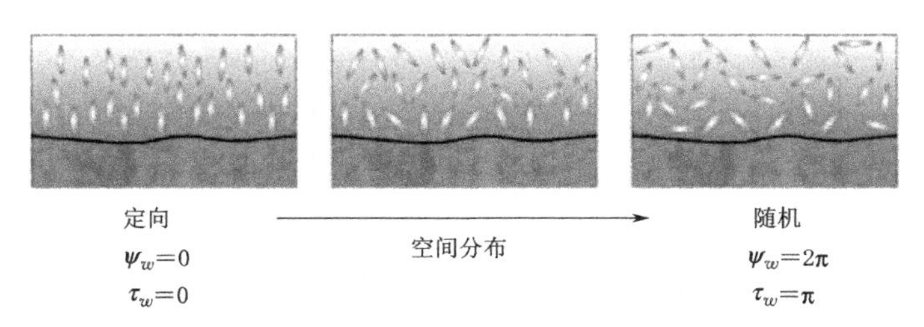

图 6.11 植被冠层介电椭球粒子空间分布图

$$\begin{bmatrix} \underline{p}_{di} \\ \underline{m}_{di} \end{bmatrix} = \begin{bmatrix} \rho_{ee} & \rho_{em} \\ -\rho_{me} & \rho_{mm} \end{bmatrix} \cdot \begin{bmatrix} \underline{E}_i \\ \underline{H}_i \end{bmatrix} \tag{6.25}$$

式中：d 为极矩；e 为电场；m 为磁场；$\underline{p}_{di}$ 为粒子入射电磁波电偶极矩；$\underline{m}_{di}$ 为粒子入射电磁波磁偶极矩；$\underline{E}_{di}$ 为入射电磁波电场；$\underline{H}_{di}$ 为入射电磁波磁场；$\begin{bmatrix} \rho_{ee} & \rho_{em} \\ -\rho_{me} & \rho_{mm} \end{bmatrix}$为电磁场电磁极化率，与粒子形状和介电常数相关。

其中入射电磁波电场 $\underline{E}_i$ 和入射电磁波磁场 $\underline{H}_i$，具体表达式如下：

$$\begin{aligned} \underline{E}_i &= [E_{\mathrm{H}} \quad E_{\mathrm{V}} \quad 0] \\ \underline{H}_i &= [H_{\mathrm{H}} \quad H_{\mathrm{V}} \quad 0] = \sqrt{\mu_0 \varepsilon_0}[-E_{\mathrm{V}} \quad E_{\mathrm{H}} \quad 0] \end{aligned} \tag{6.26}$$

式中：ε_0、μ_0 为自由空间介电常数和磁导率。

粒子的电磁散射与空间形态相关，而任意形态的粒子都可以由某一形态粒子通过旋转得到，则任意形态粒子电磁散射$\begin{bmatrix} \underline{p}_{di} \\ \underline{m}_{di} \end{bmatrix}$，由式（6.25）进一步改写如下[173]：

$$\begin{bmatrix} \underline{p}_{di} \\ \underline{m}_{di} \end{bmatrix} = \begin{bmatrix} [R_{rot}]^{-1}\rho_{ee}[R_{rot}] & [R_{rot}]^{-1}\rho_{em}[R_{rot}] \\ [R_{rot}]^{-1}\rho_{me}[R_{rot}] & [R_{rot}]^{-1}\rho_{mm}[R_{rot}] \end{bmatrix} \cdot \begin{bmatrix} \underline{E}_i \\ \underline{H}_i \end{bmatrix} \tag{6.27}$$

式中：$[R_{rot}]$ 为粒子旋转矩阵；由欧拉旋转角（见图 6.12）表示如下：

$$[R_{rot}] = \begin{bmatrix} \cos\chi & \sin\chi & 0 \\ -\sin\chi & \cos\chi & 0 \\ 0 & 0 & 1 \end{bmatrix} \begin{bmatrix} \cos\tau & 0 & -\sin\tau \\ 0 & 1 & 0 \\ \sin\tau & 0 & \cos\tau \end{bmatrix} \begin{bmatrix} \cos\psi & \sin\psi & 0 \\ -\sin\psi & \cos\psi & 0 \\ 0 & 0 & 1 \end{bmatrix} \tag{6.28}$$

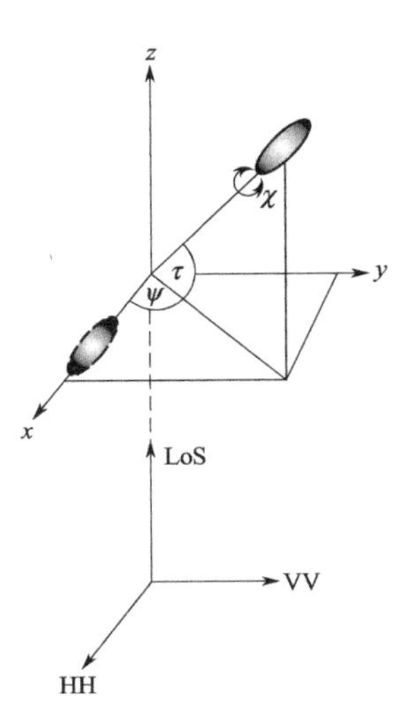

图 6.12 由欧拉旋转角（χ,τ,ψ）表示的椭球体粒子任意三维空间形态图

由于微波遥感中主要关注电磁波中电场作用，由式（6.27）、式（6.28）联立可得由粒子的电磁散射的电偶极矩形式如下：

$$
\left[p_{di}^{real}\right]=\begin{bmatrix} R_{rot11} & R_{rot12} & R_{rot13} \\ R_{rot21} & R_{rot22} & R_{rot23} \\ R_{rot31} & R_{rot32} & R_{rot33} \end{bmatrix}^{-1}\begin{bmatrix} \rho_{ee1} & 0 & 0 \\ 0 & \rho_{ee2} & 0 \\ 0 & 0 & \rho_{ee3} \end{bmatrix}
\begin{bmatrix} R_{rot11} & R_{rot12} & R_{rot13} \\ R_{rot21} & R_{rot22} & R_{rot23} \\ R_{rot31} & R_{rot32} & R_{rot33} \end{bmatrix}\begin{bmatrix} E_h^i \\ E_v^i \\ 0 \end{bmatrix}
=\left[\rho_{ee_{rot}}\right]\begin{bmatrix} E_h^i \\ E_v^i \\ 0 \end{bmatrix} \tag{6.29}
$$

式中：ρ_{ee2}、ρ_{ee3}、ρ_{ee3} 为三维结构椭球体粒子在 3 个半轴方向上电极化率为，与粒子形态结构和介电常数相关，其中粒子三维结构如图 6.13 所示。

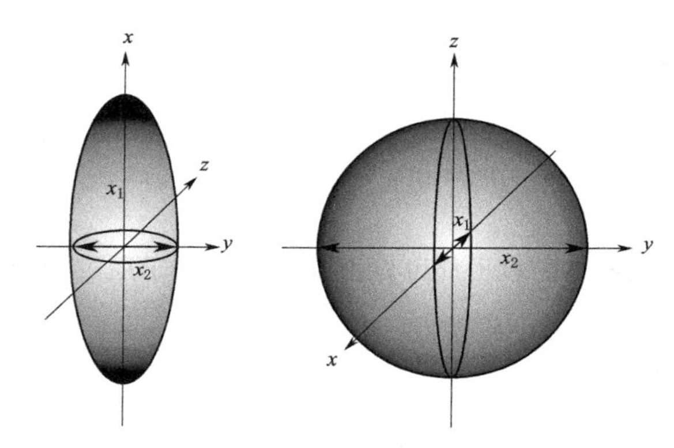

图 6.13　植被介电旋转椭球体粒子三维结构图

粒子电极化率 ρ_{ee2}、ρ_{ee3}、ρ_{ee3} 的计算表达式如下[176]：

$$
\begin{aligned}
\rho_{ee1} &= \frac{V}{4\pi(L_1+1)/(\varepsilon_r+1)} \\
\rho_{ee2} &= \frac{V}{4\pi(L_2+1)/(\varepsilon_r+1)} \\
\rho_{ee3} &= \frac{V}{4\pi(L_3+1)/(\varepsilon_r+1)}
\end{aligned} \tag{6.30}
$$

式中：L_1、L_2、L_3 分别为粒子在 3 个半轴方向上的形状结构参数，与粒子半轴长度相关。

粒子形态参数 L_1、L_2、L_3 的计算表达式如下：

$$
L_1=\begin{cases} \text{扁长：}\dfrac{1-e^2}{e^2}\left(-1+\dfrac{1}{2e}\ln\dfrac{1+e}{1-e}\right) & x_1>x_2=x_3 \quad e^2=1-\dfrac{x_2^2}{x_1^2} \\ \text{扁圆：}\dfrac{1+f^2}{f^2}\left(1-\dfrac{1}{f}\arctan f\right) & x_1<x_2=x_3 \quad f^2=\dfrac{x_2^2}{x_1^2}-1 \end{cases} \tag{6.31}
$$

$$
L_2=L_3=\frac{1}{2}(1-L_1)
$$

由于粒子 $x_2=x_3$，则在 x_2 与 x_3 椭球体上散射特性相同，则在 x_2、x_3 半轴的极化方向，任意形态椭球体粒子散射矩阵 $[S_{vp}]$ 由电极化率表示如下[175]：

$$
[S_{vp}]=\begin{bmatrix} S_{vp_{11}} & S_{vp_{12}} \\ S_{vp_{21}} & S_{vp_{22}} \end{bmatrix}=\begin{bmatrix} \rho_{ee_{rot11}} & \rho_{ee_{rot12}} \\ \rho_{ee_{rot21}} & \rho_{ee_{rot22}} \end{bmatrix} \tag{6.32}
$$

任意形态椭球体粒子相干散射矩阵 $[T_{vp}]$：

$$[T_{vp}]=\frac{1}{2}\begin{bmatrix} |S_{vp_{11}}+S_{vp_{22}}|^2 & (S_{vp_{11}}+S_{vp_{22}})(S_{vp_{11}}-S_{vp_{22}})^* & 2(S_{vp_{11}}+S_{vp_{22}})(S_{vp_{12}})^* \\ (S_{vp_{11}}+S_{vp_{22}})^*(S_{vp_{11}}-S_{vp_{22}}) & |S_{vp_{11}}-S_{vp_{22}}|^2 & 2(S_{vp_{11}}-S_{vp_{22}})(S_{vp_{12}})^* \\ 2(S_{vp_{11}}+S_{vp_{22}})^*(S_{vp_{12}}) & 2(S_{vp_{11}}-S_{vp_{22}})^*(S_{vp_{12}}) & 4|S_{vp_{12}}|^2 \end{bmatrix} \tag{6.33}$$

植被冠层的微波散射可由冠层粒子的散射积分得到，则植被冠层相干矩阵［T_v］的计算表达式如下[82]：

$$[T_v]=\int_{\bar{\chi}-\Delta\chi}^{\bar{\chi}+\Delta\chi}\int_{\bar{\tau}-\Delta\tau}^{\bar{\tau}+\Delta\tau}\int_{\bar{\psi}-\Delta\psi}^{\bar{\psi}+\Delta\psi}[T_{vp}]\cdot pdf(\chi)\cdot pdf(\tau)\cdot pdf(\psi)\mathrm{d}(\chi)\mathrm{d}(\tau)\mathrm{d}(\psi) \tag{6.34}$$

式中：χ、τ、ψ 分别为粒子空间形态所对应的欧拉旋转角；$pdf(\chi)$ 为旋角方向 2π 空间的概率密度函数；$pdf(\tau)$ 为极角方向 π 空间的概率密度函数，$pdf(\psi)$ 为方位向 2π 空间的概率密度函数。

由于椭球体粒子半轴 $x_2=x_3$，而以任意旋角 χ 自旋时粒子极化特性不变。另外，一般假设冠层粒子在极角方向上 $\Delta\tau=\frac{\pi}{2}$ 且 $\tau_w=\pi$ 空间内随机分布，和冠层粒子在方位角方向上 $2\Delta\psi$ 空间均匀分布时[176]，则有

$$\begin{aligned} &\int[T_{vp}]pdf(\chi)\mathrm{d}(\chi)=[T_{vp}](\chi=0) \\ &pdf(\tau)=\frac{\cos\tau}{2} \\ &pdf(\psi)=\frac{1}{2\Delta\psi} \end{aligned} \tag{6.35}$$

一般冠层体散射沿传输方向 LOS 旋转对称，则由式（6.27）、式（6.28）、式（6.32）、式（6.33）、式（6.34）和式（6.35）可得冠层体散射相干矩阵［T_v］如下：

$$\begin{aligned}[T_v]&=\frac{1}{2}\begin{bmatrix} |Sv_{\mathrm{HH}}+Sv_{\mathrm{VV}}|^2 & (Sv_{\mathrm{HH}}+Sv_{\mathrm{VV}})(Sv_{\mathrm{VV}}-Sv_{\mathrm{VV}})^* & 0 \\ (Sv_{\mathrm{HH}}+Sv_{\mathrm{VV}})^*(Sv_{\mathrm{VV}}-Sv_{\mathrm{VV}}) & |Sv_{\mathrm{HH}}-Sv_{\mathrm{VV}}|^2 & 0 \\ 0 & 0 & 4|Sv_{\mathrm{HV}}|^2 \end{bmatrix} \\ &=\begin{bmatrix} 2+\frac{4}{3}N+\frac{4}{15}N^2 & \left(\frac{2}{3}N+\frac{4}{15}N^2\right)\mathrm{sinc}(2\Delta\psi) & 0 \\ \left(\frac{2}{3}N+\frac{4}{15}N^2\right)\mathrm{sinc}(2\Delta\psi) & \frac{2}{15}N^2(1+\mathrm{sinc}(4\Delta\psi)) & 0 \\ 0 & 0 & \frac{2}{15}N^2(1-\mathrm{sinc}(4\Delta\psi)) \end{bmatrix}\end{aligned} \tag{6.36}$$

$$\begin{aligned} &N=Ap-1 \\ &A_p=\frac{\rho_{ee1}}{\rho_{ee2}}=\frac{L_2+1/(e_r-1)}{L_1+1/(e_r-1)} \quad \begin{cases} A_p<1 & \text{扁圆椭球} \\ A_p=1 & \text{球体} \\ A_p>1 & \text{扁长椭球} \end{cases} \end{aligned} \tag{6.37}$$

式中：A_p 为粒子异性因子，与形态和介电常数相关。

6.2.2 基于雷达后向散射系数的被动微波亮温降尺度算法

Das et al. 2011 年基于辐射亮度温度与后向散射系数（dB 形式）的线性关系，提出了时间序列的辐射亮度温度降尺度方法，用于 SMAP 基于 L 波段雷达与辐射计协同反演的土壤水分算法中亮度温度降尺度[177]。Das 的时间序列降尺度算法特点是需要假设一定时间内植被形态和地表粗糙度不变，通过利用时间序列的粗分辨率的亮度温度与后向散射系数数据进行线性拟合获得。但是相比 SMAP 的时间分辨率（1～3d/次），Sentinel－1 SAR 时间分辨率（12d/次）很难满足 Das 时间序列降尺度算法中植被状态和地表粗糙度不变的假设。Das 的时间序列降尺度算法不再适用于基于 Sentinel－1 SAR 开展的 SMAP 辐射计亮度温度的降尺度。根据图 6.4 和图 6.9 的统计结果，可以看出 L 波段 V 极化发射率与 C 波段 VV 极化后向散射系数（linear 形式）之间仍高度线性相关。因此，本节基于 L 波段 V 极化发射率与 C 波段 VV 极化后向散射系数（linear 形式）之间的线性关系，改进 Das 的时间序列降尺度算法，发展一种新型单期瞬时状态的亮度温度空间降尺度算法。

根据式（6.17）分别建立粗分辨率和中、高分辨率的发射率与后向散射系数（Linear 形式）之间的关系，表达式如下：

$$
\begin{aligned}
e_{\mathrm{V}}(C) &= \frac{T_{\mathrm{BV}}(C)}{T_{\mathrm{eff}}} = \alpha(C) + \beta(C) \cdot \sigma_{\mathrm{VV}}^{0}(C) \\
e_{\mathrm{V}}(M_j) &= \frac{T_{\mathrm{BV}}(M_j)}{T_{\mathrm{eff}}} = \alpha(M_j) + \beta(M_j) \cdot \sigma_{\mathrm{VV}}^{0}(M_j)
\end{aligned}
\tag{6.38}
$$

式中：C 为粗分辨率；M 为降尺度后的中、高分辨率；j 为在粗分辨率 C 单元下中分辨率 M 的第 j 个单元；$e_{\mathrm{V}}(\cdot)$ 为地表 L 波段 V 极化发射率；$T_{\mathrm{BV}}(\cdot)$ 为 L 波段 V 极化亮度温度，K；$\sigma_{\mathrm{VV}}^{0}(\cdot)$ 为 C 波段 VV 极化后向散射系数，linear 形式。

由式（6.18）中方程组进一步简化，可得辐射亮度温度的降尺度算法，即降尺度后中、高分辨率辐射亮度温度 $T_{\mathrm{B}p}(M_j)$ 的估算表达式如下：

$$
\begin{aligned}
\frac{T_{\mathrm{BV}}(M_j)}{T_{\mathrm{eff}}} = \frac{T_{\mathrm{BV}}(C)}{T_{\mathrm{eff}}} &+ \beta(C) \cdot [\sigma_{\mathrm{VV}}^{0}(M_j) - \sigma_{\mathrm{VV}}^{0}(C)] + \{[\alpha(M_j) - \alpha(C)] \\
&+ [\beta(M_j) - \beta(C)] \cdot \sigma_{\mathrm{VV}}^{0}(M_j)\}
\end{aligned}
\tag{6.39}
$$

式中：$[\alpha(M_j)-\alpha(C)]+[\beta(M_j)-\beta(C)] \cdot \sigma_{\mathrm{VV}}^{0}(M_j)$为粗糙分辨率像元中由粗糙度和植被参数所引起亚像元亮度温度的异质性项。

由于交叉极化的后向散射系数对植被形态和地表不糙度参数的变化更敏感，因此式（6.19）中异质性项可以进一步简化为

$$
\begin{aligned}
&[\alpha(M_j) - \alpha(C)] + [\beta(M_j) - \beta(C)] \cdot \sigma_{\mathrm{VV}}^{0}(M_j) \\
&= \beta(C) \cdot \Gamma \cdot [\sigma_{\mathrm{VV}}^{0}(M_j) - \sigma_{\mathrm{VH}}^{0}(M_j)]
\end{aligned}
\tag{6.40}
$$

式中：Γ 为敏感度因子，取 $\Gamma = \left[\dfrac{\partial \sigma_{\mathrm{VV}}^{0}(M_j)}{\partial \sigma_{\mathrm{VH}}^{0}(M_j)}\right]_C$。

由式(6.18)、式(6.19)联立方程组，进一步将降尺度算法修改如下：

$$
\frac{T_{\mathrm{BV}}(M_j)}{T_{\mathrm{eff}}} = \frac{T_{\mathrm{BV}}(C)}{T_{\mathrm{eff}}} + \beta(C) \cdot \{[\sigma_{\mathrm{VV}}^{0}(M_j) - \sigma_{\mathrm{VV}}^{0}(C)] + \Gamma \cdot [\sigma_{\mathrm{VV}}^{0}(M_j) - \sigma_{\mathrm{VH}}^{0}(M_j)]\}
\tag{6.41}
$$

针对降尺度的公式中，粗分辨率像元的后向散射系数 $\sigma_{VV}^{0}(C)$ 的估算，由粗分率像元内中、高分辨率像元（亚像元）的后向散射系数聚合得到，即 $\sigma_{VV}^{0}(C)=\sum_{j=1}^{n}\sigma_{VV}^{0}(M_j)$；敏感度因子 Γ 由粗分辨率像元内 $\sigma_{VV}^{0}(M_j)$ 线、$\sigma_{VH}^{0}(M_j)$ 线性统计回归获得。

该算法的难点为，利用单期瞬时状态的亮度温度和后向散射系数求解线性关系系数 $\beta(C)$。由式（6.17）、式（6.18），可得线性关系系数 $\beta(C)$ 的表达式如下：

$$\beta(C)=\frac{\dfrac{T_{BV}(C)}{T_{eff}}-1}{\sigma_{VV}^{sd}(C)} \tag{6.42}$$

$$\sigma_{VV}^{sd}(C)=\sigma_{VV}^{0}(C)-f_V$$

式中：f_V 为植被冠层对于 VV 极化后向散射系数的贡献部分，即 $f_V=\sigma_{VV}^{vol}(C)$。

在极化分解理论中，后向散射系数（linear 形式）σ_{VV}^{vol} 由 $|Sv_{VV}|^2$ 形式表示。由式（6.36）、式（6.37）联立方程组，可得 VV 极化的冠层散射部分 $|Sv_{VV}|^2$ 如下：

$$|Sv_{VV}|^2=\frac{8}{15}+\frac{4}{15}Ap+\frac{1}{5}Ap^2-\left(\frac{2(Ap-1)}{3}+\frac{4(Ap-1)^2}{15}\right)\text{sinc}(2\Delta\psi)+\frac{(Ap-1)^2}{15}\text{sinc}(4\Delta\psi) \tag{6.43}$$

可得 Vh 极化的冠层散射部分 $|Sv_{VH}|^2$ 如下：

$$|Sv_{VH}|^2=\frac{1}{30}(Ap-1)^2[1-\text{sinc}(4\Delta\psi)] \tag{6.44}$$

由式（6.18）～式（6.20）、式（6.22）和式（6.36），可知

$$Sv_{VH}=S_{VH} \tag{6.45}$$

因此，由式（6.38）、式（6.39）、式（6.40），可得

$$\begin{aligned}|Sv_{VV}|^2&=|S_{VH}|^2\frac{3Ap^2+2Ap+3-4(Ap^2-1)\text{sinc}(2\Delta\psi)+(Ap-1)^2\text{sinc}(4\Delta\psi)}{(Ap-1)^2[1-\text{sinc}(4\Delta\psi)]^2}\\&=|S_{VH}|^2\cdot\mu_{VV-VH}\end{aligned} \tag{6.46}$$

式中：μ_{VV-VH} 为植被的形态参数因子，与粒子异性参数 Ap、朝向方位角 ψ 分布参数相关。

$$|S_{VV}^{sd}|^2=|S_{VV}|^2-|Sv_{VV}|^2=|S_{VV}|^2\left(1-\mu_{VV-VH}\cdot\frac{|S_{VH}|^2}{|S_{VV}|^2}\right)$$

由于 SMAP 时间降尺度算法中：

$$\Gamma(\text{dB})=\frac{\sigma_{VV}^{sd}(\text{dB})-\sigma_{VV}^{0}(\text{dB})}{\sigma_{VH}^{0}(\text{dB})}=\frac{\lg(|S_{VV}^{sd}|^2)-\lg(|S_{VV}|^2)}{\lg(|S_{VH}|^2)} \tag{6.47}$$

由于 Γ 可以根据单景数据统计出来，因此式（6.47）可转化为

$$\mu_{VV-VH}=\frac{|S_{VV}|^2}{|S_{VH}|^2}\cdot[1-(|S_{VH}|^2)^{\Gamma(\text{dB})}] \tag{6.48}$$

6.3 基于C波段后向散射系数的土壤水分反演产品降尺度算法

本节基于 AIEM 模型与 Tor Vergata 模型的模拟数据，分别分析裸土区和植被区 C 波

段 VV 极化后向散射系数与土壤体积含水的关系，并以此开展基于后向散射系数的土壤水分产品降尺度算法研究。

本节对裸土区 C 波段微波后向散射系数模拟而设置的 AIEM 模型参数范围为：均方根高度 s 为 0.4cm、0.8cm、1.2cm，表面相关长度 l 为 4cm、8cm、12cm，表面相关函数为指数自相关函数，微波频率为 5.405GHz（C 波段），入射角 θ 为 40°，土壤体积含水量为 0.05～0.40cm^3/cm^3（间隔为 0.01cm^3/cm^3）。针对模拟值统计的土壤 VV 极化后向散射系数与土壤含水量之间的关系如图 6.13～图 6.15 所示。本节对植被区 C 波段微波后向散射系数模拟而设置的 Tor Vergata 模型参数范围为：植被类型为玉米，植被 LAI 为 0.25、1、1.75、2.5、3.25、4、4.75（所对应的植被含水量为：0.28kg/m^2、1.14kg/m^2、2.0kg/m^2、2.94kg/m^2、3.89kg/m^2、4.88kg/m^2、5.9kg/m^2），均方根高度 s 为 1.0cm，表面相关长度 l 为 8.0cm，表面相关函数为指数自相关函数，微波频率为 5.33GHz（C 波段）、入射角 θ 为 40°，土壤体积含水量为 0.05～0.40cm^3/cm^3（间隔为 0.05cm^3/cm^3）。通过模拟值统计的植被区 VV 极化后向散射系数与植被含水量之间的关系如图 6.16、图 6.17 所示。

图 6.14、图 6.15 分别显示，在不同粗糙度下，裸土区土壤 C 波段 VV 极化后向散射系数在土壤含水量 0.05～0.40cm^3/cm^3 区间内的变化结果。从图中可以看出，随土壤含水量的增加土壤后向散射系数增大。相比 dB 形式的后向散射系数，linear 形式的后向散射系数与土壤体积含水量具有更好的线性相关性，并且随粗糙度减小线性相关程度增大。

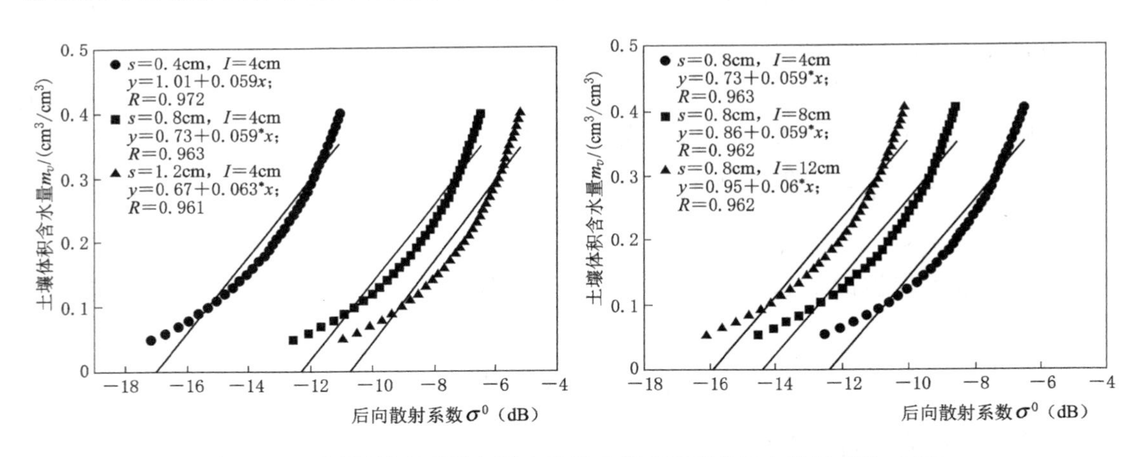

图 6.14　不同粗糙度下裸土区 C 波段土壤 VV 极化后向散射系数（dB）与土壤体积含水量的关系图

图 6.16、图 6.17 分别统计了不同 LAI 下的植被区 C 波段微波 VV 极化后向散射系数随土壤含水量在 0.05～0.40cm^3/cm^3 区间内的变化结果。该结果显示，在低矮稀疏植被区（LAI 较小），dB 形式的后向散射系数与土壤体积含水量的线性相关性较差，但随植被 LAI 增大（植被含水量增大），dB 形式的后向散射系数与土壤体积含水量的线性相关性增加，R 逐渐趋于 1；相比 dB 形式的后向散射系数，在整个植被 LAI 取值区间 linear 形式的后向散射系数值与土壤体积含水量高度线性相关，R 近似为 1。

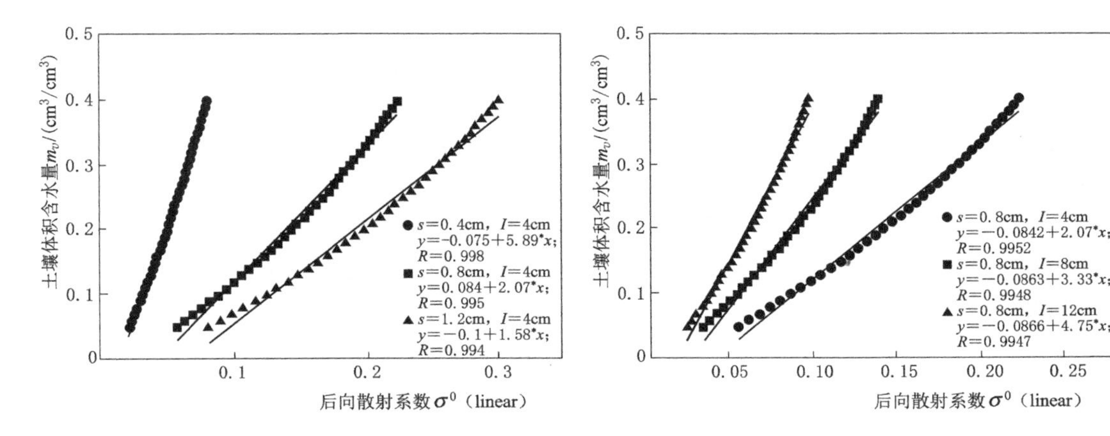

图6.15 不同粗糙度下裸土区C波段土壤VV极化后向散射系数(linear)与土壤体积含水量的关系图

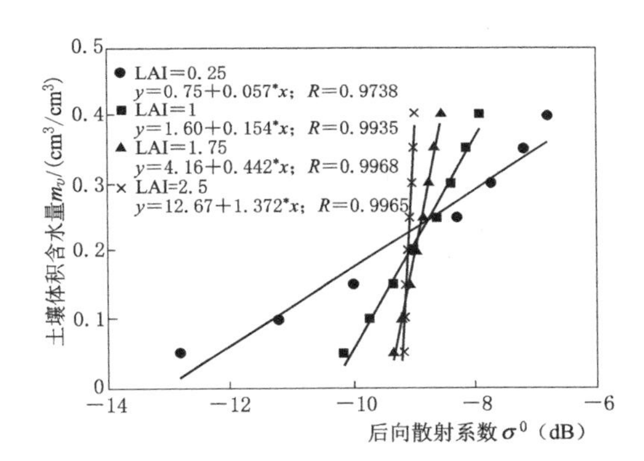

图6.16 不同LAI下植被区C波段土壤VV极化后向散射系数(dB)与土壤体积含水量的关系图

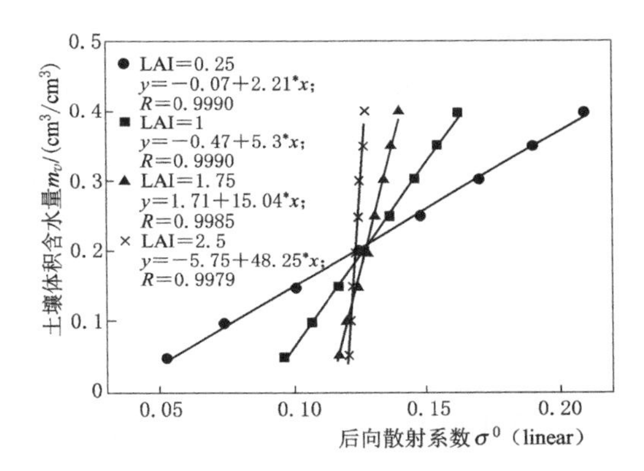

图6.17 不同LAI下植被区C波段土壤VV极化后向散射系数(linear)与土壤体积含水量的关系图

Piles et al. 2009年根据植被区后向散射系数(dB形式)与土壤体积含水量的线性关系，并且假定低空间分辨率下构建的后向散射系数与土壤含水量的线性关系系数适用于高空间分辨率下的线性关系，基于此，利用高空间分辨率的后向散射系数(dB形式)，实现低空间分辨率土壤水分产品降尺度[178]。但是Piles提出的降尺度方法具有一个明显的不足之处，忽略了粗尺度内的空间异质性所引起线性系数的变化。本节根据Piles降尺度方法中后向散射系数与土壤含水量之间的线性关系理念发展一种新型的基于C波段后向散射系数的土壤水分产品降尺度算法。根据以上分析结果，可知C波段VV极化后向散射系数(linear形式)与土壤体积含水量之间具有较好的线性特性。为此，本节通过建立C波段VV极化后向散射系数(linear形式)与土壤含水量的线性关系式，开展土壤水分产品降尺度。VV极化方后向散射系数(linear形式)与土壤体积含水量的线性关系如下：

$$m_v(a,t)=\alpha(a,t)+\beta(a,t)\cdot\sigma_{VV}^0(a,t) \tag{6.49}$$

式中：$m_v(\cdot)$ 为土壤体积含水量；$\sigma_{VV}^0(a,t)$ 为 VV 极化后向散射系数，linear 形式；$\alpha(\cdot)$、$\beta(\cdot)$ 分别为相应系数；a，t 分别为像元尺度和对应时间。

根据式（6.50），低空间分辨率（C）下土壤水分与微波后向散射系数之间的线性关系如下：

$$m_v(C)=\alpha(C)+\beta(C)\cdot\sigma_{VV}^0(C) \tag{6.50}$$

根据式（6.50），中、高空间分辨率（M_j）下土壤水分与微波后向散射系数之间的线性关系如下：

$$m_v(M_j)=\alpha(M_j)+\beta(M_j)\cdot\sigma_{VV}^0(M_j) \tag{6.51}$$

由式（6.51）、式（6.52）联立，可得

$$\begin{aligned}m_v(M_j)=&m_v(C)+\beta(C)\cdot[\sigma_{VV}^0(M_j)-\sigma_{VV}^0(C)]\\&+\{[\alpha(M_j)-\alpha(C)]+[\beta(M_j)-\beta(C)]\cdot\sigma_{VV}^0(M_j)\}\end{aligned} \tag{6.52}$$

其中，$\{[\alpha(M_j)-\alpha(C)]+[\beta(M_j)-\beta(C)]\cdot\sigma_{VV}^0(M_j)\}$表示粗糙分辨率像元中由粗糙度和植被参数所引起的异质性项。

由于交叉极化的后向散射系数对植被形态和地表不糙度参数的变化更敏感，因此式（6.53）中异质性项可以进一步简化为

$$\begin{aligned}&\{[\alpha(M_j)-\alpha(C)]+[\beta(M_j)-\beta(C)]\cdot\sigma_{VV}^0(M_j)\}\\&=\beta(C)\cdot\Gamma\cdot[\sigma_{VV}^0(M_j)-\sigma_{VH}^0(M_j)]\end{aligned} \tag{6.53}$$

式中：Γ 为敏感度因子，取 $\Gamma=\left[\dfrac{\partial\sigma_{VV}^0(M_j)}{\partial\sigma_{VH}^0(M_j)}\right]_C$。

6.4　SMEX02 试验区及试验数据

一般关于机载 C 和 L 波段主被动微波遥感的土壤水分监测野外试验需要大量的人力、物力和财力支持。目前国内外可获取的 C、L 波波段的主被动微波遥感的土壤水分野外试验数据，主要来源于 2002 年 6 月中旬到 7 月中旬在美国 Walnut Creek 流域开展的一次土壤水分监测试验，该试验又称 SMEX02 试验。SMEX02 试验获得了大量的卫星遥感数据、机载遥感数据，且在地面获得了大量同步观测的土壤水分以及地表温度、地表粗糙度等采样数据，以及其他的辅助数据，如土壤质地等[179]。为此，本节采用 SMEX02 试验数据应用于本章的相关研究。

6.4.1　研究区概况

Walnut Creek 流域位于美国 Iowa 州 Ames 地区南部的小流域，年均降水量为 835mm。该地区的植被主要为玉米和大豆农作物，其中，50%的区域玉米农作物，40%～45%的区域大豆农作物。在试验初期，玉米区作物处于初期生长阶段，大豆区属于裸地；到 6 月底，玉米区的作物生物量为 3～4kg/m^2，大豆区作物生物量不足 1kg/m^2，相应 LAI 分别为 2 和 0.5 左右。另外，在整个试验阶段，土壤水分呈现多次动态变化。研究选择了 SMEX02 试验中部分区域作为研究区[179]。

6.4.2 遥感数据与产品

研究所需的遥感数据包括，用于主被动微波土壤水分反演的 C 波段机载 Airborne Synthetic Aperture Radaer（AirSAR）雷达数据[181] 和 L 波段机载 Passive and Active L and S band Sensor（PALS）被动微波亮温数据[180]；另外还包括基于光学数据 LandSat TM 的植被类型数据和植被含水量数据[182]，被用来计算的植被透过率。

AirSAR 是一款合成孔径的微雷达，工作在 5.31GHz（C 波段）、1.26GHz（L 波段）和 0.45GHz（P 波段），以 PolSAR 模式成像，包括 HH、VV、VH、HV 4 种极化方式，其主要参数如表 6.1 所示。在本次研究中所选用的 AirSAR 数据，主要为 20°～60°入射角的 C 波段 VV 极化、VH 极化雷达数据。

表 6.1　AirSAR 主要系统参数[25]

雷　达		雷　达	
项　目	指　标	项　目	指　标
频率/GHz	5.31（C）、1.26（L）和 0.45（P）	入射角/(°)	20～60
波宽/MHz	20	高度/km	8
极化	HH、HV、VH 和 VV 全极化	斜距分辨率/m	7.5
波束宽度/(°)	15		

PALS 是一款 L 波段（1.4GHz）和 S 波段（2.69GHz）的真实性孔径的微波散射计和辐射计，能够提供 L 和 S 波段 H、V 极化的辐射亮温数据和以 HH、VV、VH、HV 4 种极化的后向散射系数数据，其主要参数见表 6.2 所示。在本次研究中所选用的 PALS 数据，为 45°入射角的 L 波段 V 极化辐射亮度温度数据。

表 6.2　PALS 主要系统参数[180]

辐　射　计		雷　达	
项　目	指　标	项　目	指　标
频率/GHz	1.41（L）和 2.69（S）	频率/GHz	1.26（L）和 3.15（S）
波宽/MHz	20 和 5	极化	HH、VV、VH
极化	V 和 H	天线增益/dB	23
波束宽度/(°)	15	入射角/(°)	35～55（需要预先设定）
入射角/(°)	35～55（需要预先设定）	发射功率/W	5
绝对定标精度/K	1	定标稳定性/dB	0.1
定标稳定性/K	0.2		

在 SMEX02 试验中，尽管 PALS 分别在 6 月 25 日、6 月 27 日、7 月 1 日、7 月 2 日、7 月 5 日、7 月 6 日、7 月 7 日和 7 月 8 日进行了 8 次成像。AirSAR 分别在 7 月 1 日、7 月 5 日、7 月 7 日、7 月 8 日和 7 月 9 日开展了 6 次成像（包括 2 条东西航线和 1 条南北航线），但是在部分时间段 PALS 所获得的数据不完整，因此，本次研究仅采用了 7 月 5 日、7 月 7 日、7 月 8 日 3 天的 PALS 和 AirSAR 数据用于主被动微波土壤水分协同反演及验证。另外，在研究区每次获取的 PALS 数据为 10 条航线的离散点形式数据（航线间隔为

800m)，需要经过点栅格化、射频干扰去除、辐射定标、几何定位等，获取空间插值得到 800m 空间分辨率的 PALS 亮度温度影像数据；在研究区获取的 AirSAR 数据为 PolSAR 模式数据，需要经过聚焦合成、辐射定标（天线方向图校正）、斜距转地距、滤波、地理编码、几何配准后，获取重采样为 40m 空间分辨率 AirSAR 后向散射系数影像数据。

6.4.3　地面实测数据

在整个 SMEX02 试验区，地面试验总计获取了 31 个样方监测数据。考虑到 AirSAR 和 PALS 数据的质量和匹配程度，本次研究仅采用了研究区所覆盖的 17 个样方地面观测数据（9 个玉米样方，8 个为大豆样方），分别为植被含水量、LAI 数据、土壤体积含水量、土壤重量含水量、土壤温度、土壤容重、土壤粗糙度。SMEX02 试验中的玉米和大豆作物如图 6.18 所示。

(a) 玉米

(b) 大豆

图 6.18　SMEX02 试验中的玉米与大豆作物

对于每个大样方中的植被含水量的采样和 LAI 的测量，设计了分别代表植被含水量为高、中、低的 3 个子样方。对于每个子样方，在第 2、4、6、8、10 行进行植被含水量、LAI、植被高度、植被密度的测量，然后经面积换算，计算子样方中植被含水量的值。总的下来，每个大样方共有 15 个植被含水量和 LAI 的测量值。如图 6.19、表 6.3 所示（仅为研究区内数据）[183]。

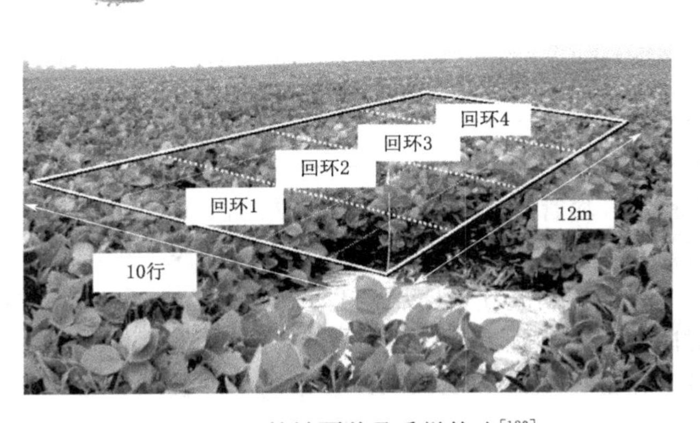

图 6.19　植被覆盖及采样策略[183]

表 6.3　　SMEX02 实验中样方信息[183]

样方号	作物	行距	行方向	回环 1	回环 2	回环 3	回环 4
WC13[a]	大豆	0.76	E—W[b]；N—S[c]	6/18	6/28	7/2	7/8
WC14[a]	大豆	均匀分布		6/19	6/28	7/3	7/6
WC15[a]	玉米	0.76	E—W	6/17	6/28	7/2	7/8
WC16[a]	大豆	0.25[b]；0.76[c]	E—W	6/17	6/29	7/2	7/8
WC17	玉米	0.76	E—W		6/27		7/6
WC18	玉米	0.76	N—S		6/27		7/8
WC19	玉米	0.76	E—W		6/28		7/5
WC20	玉米	0.76	E—W		6/28		7/5
WC21	大豆	0.38	E—W		6/27		7/7
WC22	大豆	0.38	N—S		6/29		7/7
WC23[a]	大豆	0.25	E—W	6/15	6/28	7/2	7/8
WC24[a]	大豆	0.76	N—S	6/15	6/28	7/2	7/8
WC25[a]	玉米	0.76	E—W	6/18	6/29	7/2	7/8
WC26	玉米	0.76	N—S		6/28		7/6
WC27	玉米	0.76	E—W		6/29		7/7
WC28	玉米	0.76	N—S		6/29		7/7
WC32	大豆	0.38	E—W		6/27	7/3	7/8
WC33	玉米	0.76	E—W	6/18	6/27	7/3	7/7

注　a. 代表在站点具有通量观测站；b. 代表在此处选择每个站点的采样位置 1 和 2；c. 代表在此处选择每个站点的采样位置 3。

对于每个大样方的土壤含水量、土壤温度测量，则在每个大样方内，设计了覆盖 800m×800m 方形区域的 14 个采样点，如图 6.20 所示。针对每个采样点，利用手持 Theta Probe 土壤探测仪器和 OS643－LS 红外线温度计进行不同深度的土壤体积含水量测量，并以此，对大样方中 14 个采样点求平均，估算出大样方土壤体积含水量；对于土壤重量含水量和土壤容重计算，在图 6.20 中标记 ALL 的点，利用环刀取样，烘干进行测量[184]。另外，土壤的砂粒、粉粒和黏粒含量则由 CONUS－SOIL 数据集提供[185]。

对每个大样方的地表粗糙度测量，则在每个样方内，选择 4 个代表性位置点。针对每个位置点，利用粗糙度面板分别在平行和垂直作物垄的方向测量一次土壤粗糙度的剖面，并由粗糙度剖面求取每个位置点均方根高度、表面相关长度和自相关函数[186]。

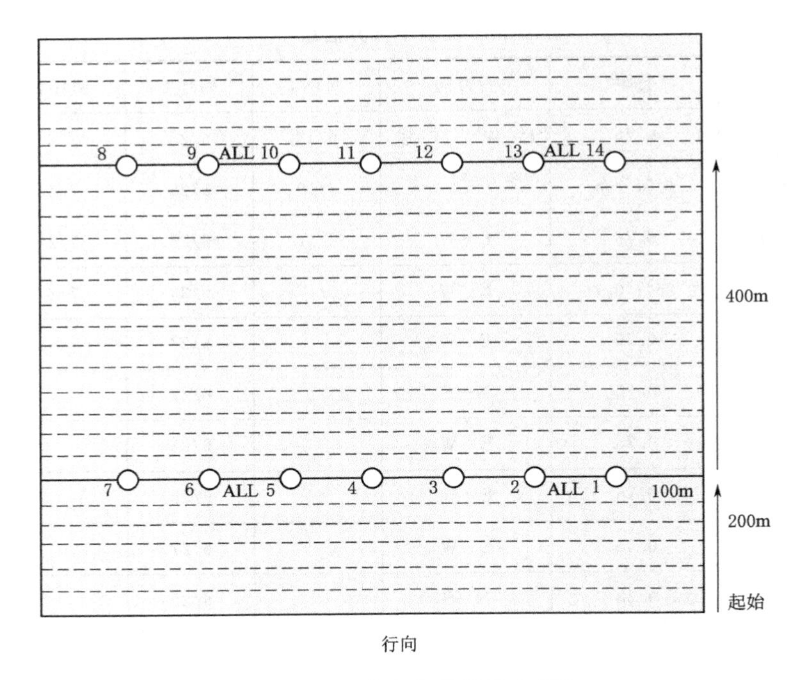

图 6.20　土壤水分采样策略[186]

6.5　主被动微波的土壤水分协同反演与验证

本节选择了 SMEX02 试验中 2002 年 7 月 5 日、7 月 7 日和 7 月 8 日所对应的 PALS L 波段被动微波辐射亮度温度、AirSAR C 波段后主动微波向散射系数数据以及光学遥感和地面同步观测数据开展基于 C 和 L 波段主被动微波遥感协同反演及验证。地面同步观测数据主要利用了 17 个样方的 0～6cm 土壤体积含水量、10cm 土壤温度、土壤粗糙度的均方根高度、土壤容重、土壤砂粒/黏粒含量和植被含水量。为了开展主被动微波的土壤水分协同反演研究，本论文将所使用的数据转换为 800m 和 4000m 两种空间分辨率尺度的栅格数据。对于土壤温度和土壤粗糙度的均方根高度等，需要进行几何定位、空间内插、聚合获取 800m 和 4000m 的栅格数据。对于 PALS、AirSAR 的主被微波数据和 TM5 反演的植被含水量数据，需要进行相应数据的预处理及空间聚合以获得 800m 和 4000m 空间分辨率数据。另外，由于入射角是影响雷达后向散射强度的重要因子，在主被动微波的土壤水分反演中需要针对入射角范围为 20°～60°的 ARISAR 雷达数据进行角度归一化，来去除入射角所引起的雷达后向散射系数的变化影响。本节利用了 2～3 次/d 观测频次的多角度 AirSAR 雷达后向散射系数数据，基于后向散射系数（dB 形式）与入射角的线性关系将 ARISAR 雷达数据的入射角归一化为 45°。线性关系的角度归一化方法具体表达式如下[187]：

$$\sigma_{\mathrm{dB}}^{0}(45°)=\sigma_{\mathrm{dB}}^{0}(\theta_i)+\gamma\cdot(\theta_i-45°) \tag{6.54}$$

式中：γ 为线性关系的系数，通过多次观测数据组成的后向散射系数与入射角数据对集合

线性拟合获得；σ^0_{dB}（45°）为入射角归一化为45°所对应的后向散射系数；$\sigma^0_{dB}(\theta_i)$ 为实测入射角 θ_i 时的后向散射系数；角码 i 为相应像元所对应的观测次数。

最后针对同一像元的多种入射角所归一化的后向散射系数求平均，以作为最终的角度归一化结果。

6.5.1 基于SCA-V算法的被动微波遥感的土壤水分反演与验证

针对预处理后PALS的L波段的800m空间分辨率的微波辐射亮度温度数据，并结合TM5反演的植被含水量以及地面观测的土壤温度、粗糙度均方根高度，采用4.1节所述的单通道SCA-V算法进行被动微波的土壤水分反演，反演结果如图6.21和图6.22所示。

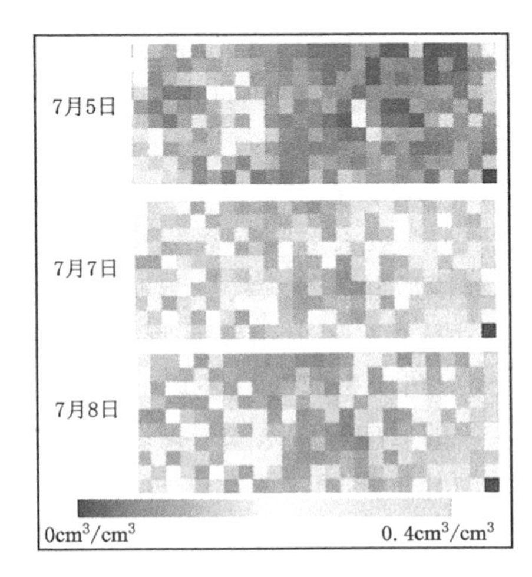

图6.21 基于L波段V极化被动微波辐射亮度温度的土壤水分反演结果

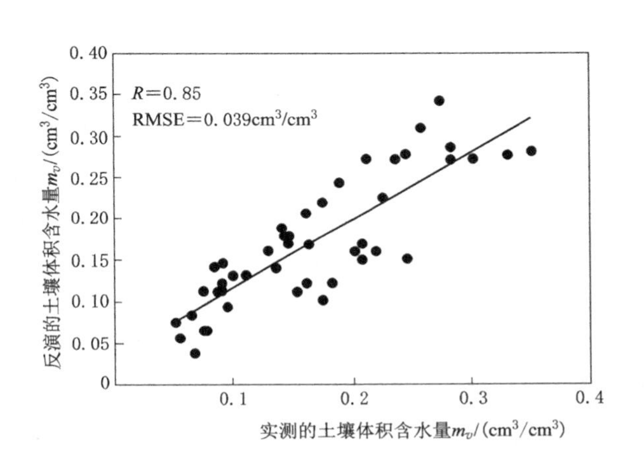

图6.22 基于L波段被动微波辐射亮度温度的土壤水分反演结果与站点实测值的对比图

图6.21显示了2002年7月5日、7月7日和7月8日的L波段辐射亮度温度数据的土壤水分反演结果。从结果中可以看出2002年7月5日到7月7日土壤含水量具有一个明显的干湿变化过程，由7月5日的相对较低的土壤含水量，7月7日和7月8日土壤含水量相对较高，与实际情况一致（研究区在7月6日存在9mm的日降雨）。图6.22显示了7月5日、7月7日和7月8日3天的被动微波土壤水分含量反演结果与站点实测值的对比情况，其中土壤水分含量反演值与站点实测值的相关系数 R 为0.85，均方根误差RMSE为0.039cm^3/cm^3，与微波土壤水分反演产品的精度要求基本一致（RMSE=0.04cm^3/cm^3）。以上结果，表明本节所提出的主被动微波土壤水分协同反演模型中被动微波土壤水分反演算法具有较高的精度。

6.5.2 基于被动微波亮度降尺度的主被动微波土壤水分协同反演与模型验证

针对预处理后PALS的L波段4000m低空间分辨率微波亮度温度数据以及预处理、角度归一化后的AirSAR C波段800m高空间分辨率的后向散射系数（linear形式），首先根据6.2节中所提出基于C波段后向散射系数的L波段辐射亮度温度降尺度的新型算

法，进行 L 波段被动微波辐射亮度温度的降尺度，使得 L 波段微波辐射亮度温度数据的空间分辨率从 4000m 降尺度到 800m，然后基于此，根据 6.1 节中被动微波土壤水分反演算法，并结合地面观测数据和 TM5 植被含水量反演数据，进行被动微波的土壤水分反演以获得 800m 高空间分辨率的土壤水分产品，从而实现主被动微波遥感的土壤水分协同反演。

图 6.23 显示了基于 C 波段主动微波后向散射系数的 L 波段被动微波亮度温度降尺度结果。从图中可以看出 7 月 5 日、7 月 6 日和 7 月 7 日所降尺度到 800m 空间分辨率的亮度温度数据既很好地保持了原空间分辨率亮度温度的空间变化特征，又较准确地刻画出小尺度下亮度温度的细节变化。为了进一步分析降尺度后的亮度温度数据与此尺度下亮度温度实测值的差异和评价亮度温度的降尺度精度，本节分别统计了 7 月 5 日、7 月 6 日、7 月 7 日降尺度后的亮度温度（800m 空间分辨率）与 800m 空间分辨率的亮度实测值的相关系数 R 和均方根误差 RMSE。统计结果如图 6.24 所示，7 月 5 日的相关系数 R 为 0.48、RMSE 为 5.7K，7 月 7 日的相关系数 R 为 0.2、RMSE 为 6.5K，7 月 8 日的相关系数 R 为 0.39、RMSE 为 6.4K。由 3 天数据的对比结果，可以看出 7 月 5 日的降尺度效果最好、7 月 7 日的降尺度效果最差。根据 3 天数据的相关系数 R 统计值，发现 7 月 5 日到 7 月 7 日降尺度后的相关系数变化特征和 AirSAR C 波段后向散射系数与 L 波段亮度温度的相关系数 R 的统计特征基本一致。由于 AirSAR 雷达成像的入射角范围为 20°～60°而 PALS L 波段数据成像的入射角基本上为固定值 45°，入射角所引起的 C 波段后向散射系数变化量直接影响着主动和被动的线性关系。尽管 C 波段的后向散射系数根据线性关系进行了角度归一化，但是角度归一化很难精确去除入射角变化的影响。因此，利用 AirSAR C 波段的后向散射系数和 PALS L 波段亮度温度数据进行亮度温度降尺度时，较高的均方根误差 RMSE 值和较低相关系数 R 值包含了 AirSAR 数据的质量误差。考虑到数据误差因素影响，本节中验证的降尺度精度和误差仍处于合理范围。

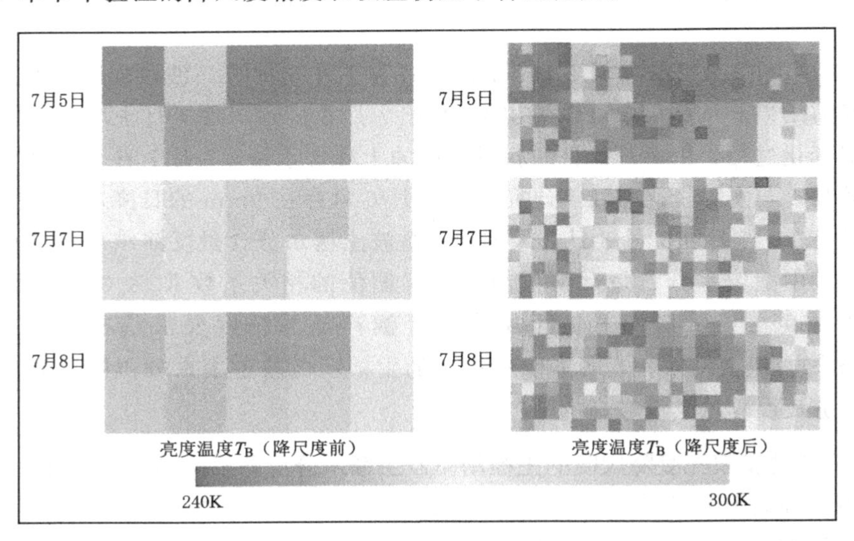

图 6.23　L 波段被动微波辐射亮度温度降尺度结果图

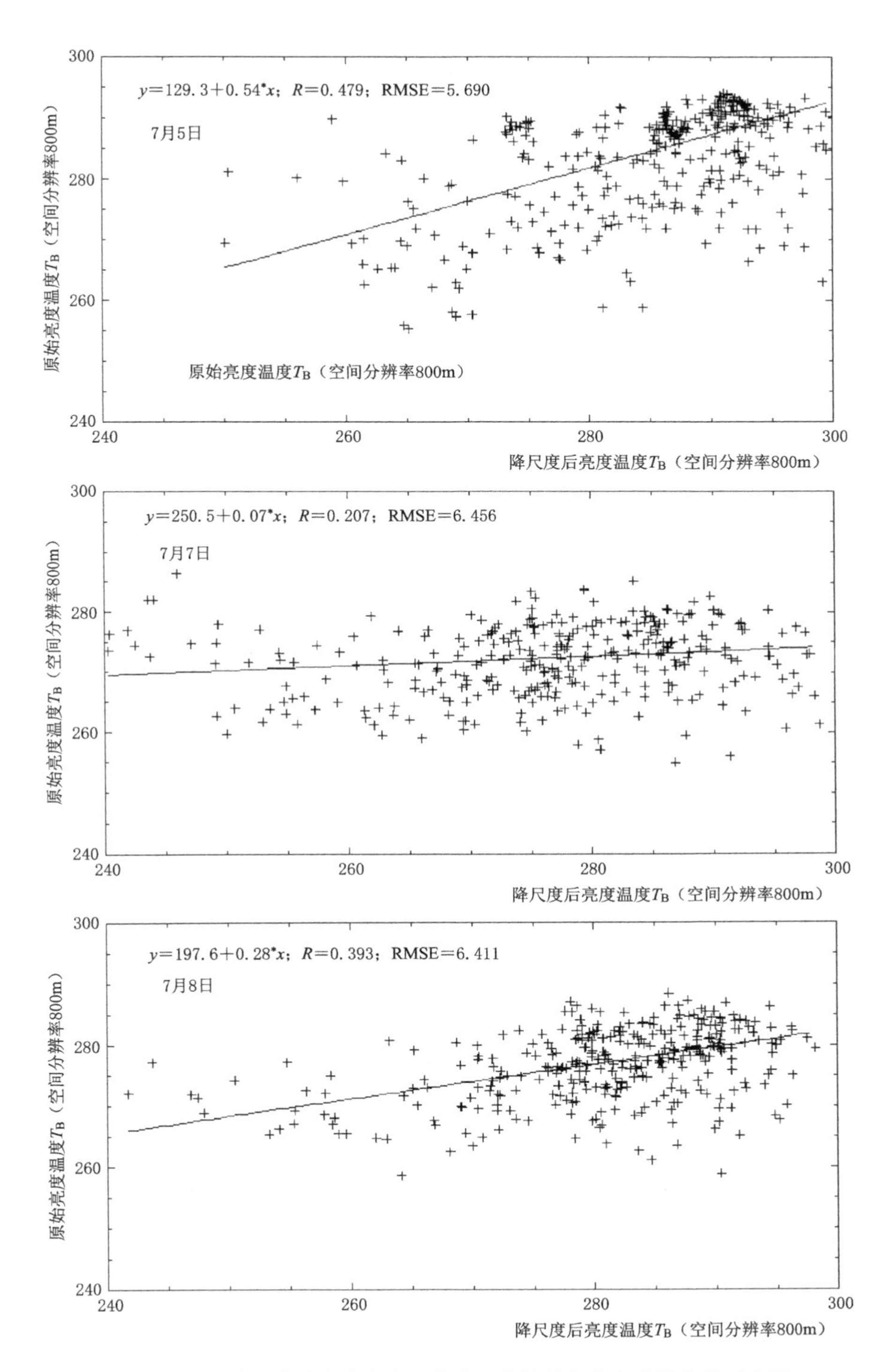

图 6.24 L 波段被动微波亮度温度降尺度结果与真实观测值的对比图

由以上降尺度的亮度温度数据开展的被动微波土壤水分反演结果如图 6.25 和图 6.26 所示。图 6.25 显示了 2002 年 7 月 5 日、7 月 7 日和 7 月 8 日的降尺度后高分辨率 L 波段辐射亮度温度数据的土壤水分反演结果。从结果中可以看出 2002 年 7 月 5 日到 7 月 7 日土壤含水量具有一个明显的干湿变化过程，由 7 月 5 日的相对较低的土壤含水量，7 月 7 日和 7 月 8 日土壤含水量相对较高，与实际情况及图 6.21 结果一致（研究区在 7 月 6 日存在 9mm 的日降雨）。图 6.26 显示了 7 月 5 日、7 月 7 日和 7 月 8 日的 3 天土壤体积含水量站点实测值与基于降尺度后 L 波段被动微波亮度温度的土壤水分反演结果的对比情况，其中土壤水分含量反演结果与站点实测值的相关系数 R 为 0.69，均方根误差 RMSE 为 $0.051cm^3/cm^3$，低于被动微波土壤水分反演产品的精度要求（$RMSE \leqslant 0.04cm^3/cm^3$），但仍高于主动微波土壤水分反演产品的精度要求（$RMSE \leqslant 0.06cm^3/cm^3$）。以上结果，表明本节发展的基于被动微波亮度温度降尺度的主被动微波土壤水分协同反演模型具有较高的精度。

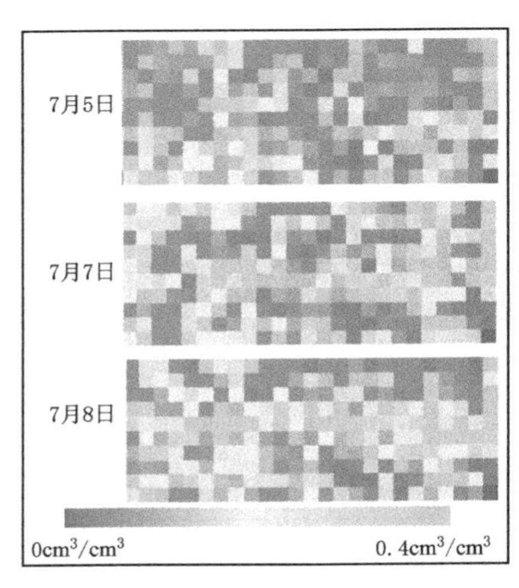

图 6.25　基于降尺度后 L 波段被动微波亮度温度数据的土壤水分反演结果

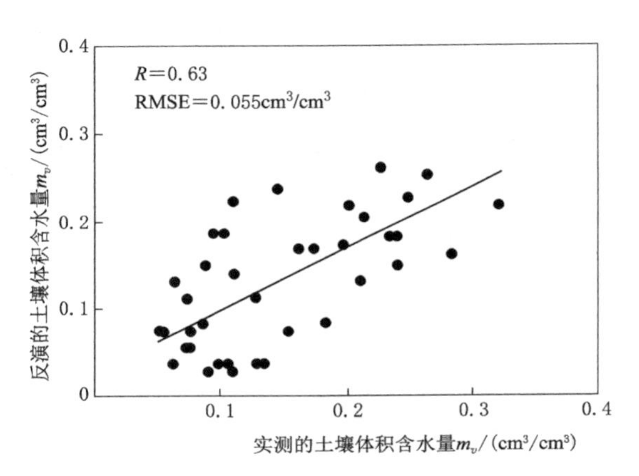

图 6.26　基于降尺度后 L 波段被动微波亮度温度的土壤水分反演结果与站点实测值的对比图

6.5.3　基于土壤水分产品降尺度的主被动微波土壤水分协同反演与模型验证

针对预处理后 PALS 的 L 波段的 4000m 低空间分辨率的被动微波亮度温度数据，首先根据 6.1 节的被动微波遥感的土壤水分反演算法进行土壤水分反演，以获取 4000m 低空间分辨率的土壤水分产品，然后基于此，利用 AirSAR C 波段的 800m 高空间分辨率的主动微波后向散射系数，根据 6.3 节所提出的基于 C 波段后向散射系数的土壤水分反演产品降尺度算法，对 4000m 低空间分辨率的土壤水分产品进行降尺度来获得 800m 高空间分辨率的土壤水分产品，从而实现 C 和 L 波段主被动微波遥感土壤水分协同反演。主被动遥感协同的土壤水分反演结果如图 6.27 和图 6.28 所示。

图 6.27 显示了 2002 年 7 月 5 日、7 月 7 日和 7 月 8 日的基于低空间分辨率的土壤水分反演产品的降尺度结果。从结果中可以看出 2002 年 7 月 5 日到 7 月 7 日土壤含水量具有一个明显的干湿变化过程，由 7 月 5 日的相对较低的土壤含水量，7 月 7 日和 7 月 8 日土壤含水量

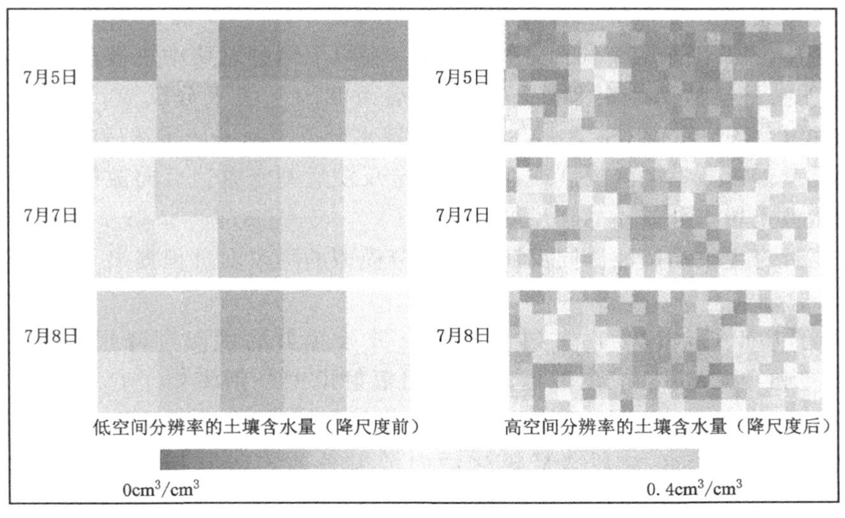

图 6.27　低空间分辨率 L 波段被动微波土壤水分反演产品的降尺度结果图

相对较高，与实际情况及图 6.21、图 6.25 结果基本一致（研究区在 7 月 6 日存在 9mm 的日降雨）。图 6.28 显示了 7 月 5 日、7 月 7 日和 7 月 8 日的 3 天土壤体积含水量站点实测值与基于低空间分辨率土壤水分产品降尺度的主被动微波协同的土壤水分反演结果对比情况，其中土壤水分含量的反演结果与站点实测值的相关系数 R 为 0.71，均方根误差 RMSE 为 $0.053cm^3/cm^3$，低于区域尺度被动微波土壤水分反演产品的理想精度（RMSE $\leqslant 0.04cm^3/cm^3$），但仍高于主动微波土壤水分反演产品的理想精度（RMSE $\leqslant 0.04cm^3/cm^3$）。以上结果，表明本节发展的基于土壤水分产品降尺度的主被动微波土壤水分协同反演模型具有较高的精度。

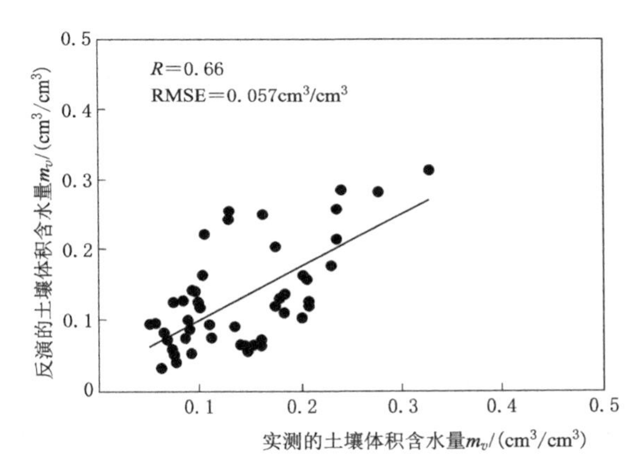

图 6.28　低空间分辨率 L 波段被动微波土壤水分反演产品的降尺度结果与站点实测值的对比图

6.6　小结

本章针对 Sentinel－1 雷达与 SMAP 辐射计亮度温度数据的特点发展了两种新型的基于 C 波段和 L 波段的主被动微波遥感协同的中、高分辨率的土壤水分反演模型。两种模型的具体思路：①先利用高空间分辨率的 C 波段雷达后向散射系数对低空间分辨率的 L 波段辐射计亮度温度数据进行空间降尺度以获取中、高分辨率的 L 波段亮度温度数据，然后对降尺度后中、高空间分辨率的 L 波段亮度温度进行土壤水分反演；②先针对低空间分辨率 L 波段辐射计亮度温度进行土壤水分反演以获取低空间分辨率高精度的土壤水分反演产

品，然后利用高空间分辨率雷达后向散射系数对低空间分辨率的土壤水分产品进行降尺度，进而实现中、高空间分辨率土壤水分反演。在以上两种思路中主被动微波协同反演土壤水分的模型主要包括两个过程：①基于被动微波的土壤水分反演，该反演主要采用 Jackon 的 V 极化单通道算法 SCA－V；②在土壤水分反演前基于雷达后向散射系数进行低空间分辨率亮度温度数据的降尺度或在土壤水分反演后基于雷达后向散射系数进行低空间分辨率被动微波土壤水分产品的降尺度。

本章主要针对主被动微波协同反演土壤水分模型的降尺度过程提出了两种新型的降尺度算法。

1）建立了基于 C 波段后向散射系数的 L 波段辐射亮度温度降尺度算法。首先利用 AIEM 模型和 Tor Vergata 离散后向散射和辐射模型分别模拟了 C、L 波段裸土区和植被区微波 VV 极化后向散射系数和 V 极化发射率之间的关系特征，模拟结果表明，L 波段 V 极化发射率与 C 波段 VV 极化后向散射系数之间同样呈现出 C 波段 V 极化发射率与 C 波段 VV 极化后向散射系数之间的线性特性、L 波段 V 极化发射率与 L 波段 VV 极化后向散射系数之间的线性特征。然后根据被动微波 $\tau-\omega$ 模型和主动微波的后向散射理论构建了具有明确物理意义的后向散射系数与反射率的线性关系，同时引入主动微波的极化分解理论进行主动微波后向散射系数的三分量分解，以此分析主动微波后向散射机制中表面散射、二面散射和体散射三分量的物理关系，并求解线性关系系数的物理表达式，以此发展了一种基于后向散射系数的新型单期瞬时状态的亮度温度空间降尺度算法。最后联合 SMEX02 试验区 PALS 的 L 波段辐射亮度温度和 AirSAR C 波段后向散射系数数据进行亮度温度的降尺度和土壤水分反演。根据实测数据的验证结果表明，发展的基于 C 波段后向散射系数的 L 波段辐射亮度温度的降尺度算法可靠。

2）建立了基于 C 波段后向散射系数的土壤水分产品降尺度算法。首先利用 AIEM 模型和 Tor Vergata 离散后向散射和辐射模型分别模拟了 C 波段裸土区和植被区微波 VV 极化后向散射系数与土壤含水量的关系特征，模拟结果表明，相比 dB 形式的后向散射系数，linear 形式的后向散射系数与土壤含水量之间呈现出较好的线性特征。然后根据后向散射与土壤含水量之间的线性关系发展了一种新型的土壤水分反演算法，其中，考虑了粗尺度内的空间异质性所引起线性系数变化因素，将空间异质性项引入到线性降尺度算法。最后联合 SMEX02 试验区中由 PALS L 波段被动微波反演的低空间分辨率土壤水分产品和 AirSAR C 波段后向散射进行低空间分辨率土壤水分产品降尺，从而实现主被动微波遥感协同反演土壤水分。根据实测数据的验证结果表明，发展的基于 C 波段后向散射系数的土壤水分反演产品的降尺度算法可靠。

参 考 文 献

[1] SENEVIRATNE S I, CORTI T, DAVIN E L, et al. Investigating soil moisture - climateinteractions in a changing climate: A review [J]. Earth Science Reviews, 2010, 99 (3): 125 - 161.

[2] 张北赢，徐学选，李贵玉，等. 土壤水分基础理论及其应用研究进展 [J]. 中国水土保持科学，2007，5 (2)：122 - 129.

[3] 邱扬，傅伯杰，王军，等. 土壤水分时空变异及其与环境因子的关系 [J]. 生态学杂志，2007，26 (1)：100 - 107.

[4] 林洁，陈效民，张勇. 气候变化与土壤湿度关系的研究进展 [J]. 土壤通报，2012，43 (5)：1271 - 1276.

[5] DIRMEYER P A. A History and Review of the Global Soil Wetness Project (GSWP) [J]. Journal of Hydrometeorology, 2010, 12 (5): 729 - 749.

[6] 杨涛，宫辉力，李小娟，等. 土壤水分遥感监测研究进展 [J]. 生态学报，2010，30 (22)：6264 - 6277.

[7] SCHAEFER G L, COSH M H, JACKSON T J. The USDA Natural Resources Conservation Service Soil Climate Analysis Network (SCAN) [J]. Journal of Atmospheric & Oceanic Technology, 2007, 24 (12): 2073.

[8] G. BLÖSCHL, Sivapalan M. Scale issues in hydrological modelling: A review [J]. Hydrological Processes, 1995, 9 (3 - 4): 251 - 290.

[9] ENTIN J K, ROBOCK A, VINNIKOV K Y, et al. Temporal and spatial scales of observed soil moisture variations in the extratropics. [J]. Journal of Geophysical Research Atmospheres, 2000, 105 (D9): 11865 - 11877.

[10] ENTEKHABI D, NJOKU E G, NEILL P E O, et al. The Soil Moisture Active Passive (SMAP) Mission [J]. Proceedings of the IEEE, 2010, 98 (5): 704 - 716.

[11] DOBSON M, ULABY F. Active microwave soil moisture research [J]. IEEE Transactions on Geoscience and Remote Sensing, 1986, GE - 24: 23 - 36.

[12] ZRIBI M, BAGHDADI N, HOLAH N, et al. New methodology for soil surface moisture estimation and its application to ENVISAT - ASAR multi - incidence data inversion [J]. Remote Sensing of Environment, 2005, 96 (3): 485 - 496.

[13] BAGHDADI N, CAMUS P, BEAUGENDRE N, et al. Estimating Surface Soil Moisture from TerraSAR - X Data over Two Small Catchments in the Sahelian Part of Western Niger [J]. Remote Sensing, 2011, 3 (6): 1266 - 1283.

[14] ULABY F, MOORE R, FUNG A. Microwave remote sensing: active and passive. Radar remote sensing and surface scattering and emission theory. Upper Saddle River, New Jersey: Addison - Wesley, 1982.

[15] FUNG A, LI Z, CHEN K. Backscattering from a randomly rough dielectric surface [J]. IEEE Transactions on Geosciences and Remote Sensing, 1992, 30: 356 - 369.

[16] FUNG A. Microwave scattering and emission models and their applications [M]. Norwood, MA: Artech House Inc, 1994.

[17] CHEN K, WW T, TSAY M, et al. Note on the multiple scattering in an IEM model [J]. IEEE Transactions on Geoscience and Remote Sensing, 2000, 38: 249 - 256.

[18] FUNG A, CHEN K. An update on the IEM surface backscattering model [J]. IEEE Geoscience and Remote Sensing Letters, 2004, 1: 75 - 77.

[19] FUNG A, CHEN K. Microwave emission and scattering models for users [M]. Artech House, 2010.

[20] WU T, CHEN K. A reappraisal of the validity of the IEM Model for backscattering from rough surface [J]. IEEE Transactions on Geosciences and Remote Sensing, 2004, 42: 743-753.

[21] RAHMAN M, MORAN M, THOMA D, et al. A derivation of roughness correlation length for parameterizing radar backscatter models [J]. International Journal of Remote Sensing, 2007, 28: 3995-4012.

[22] WANG S, LI X, HAN X, et al. Estimation of surface soil moisture and roughness from multi-angular ASAR imagery in the Watershed Allied Telemetry Experimental Research (WATER) [J]. Hydrology and Earth System Sciences, 2011, 15 (139): 1415-1426.

[23] VAN DER VELDE R, SU Z, VAN OEVELEN P, et al. Soil moisture mapping over the central part of the Tibetan Plateau using a series of ASAR WS images [J]. Remote Sensing of Environment, 2012, 120: 175-187.

[24] MIRSOLEIMANI H, SAHEBI M, BAGHDADI N, et al. Bare Soil Surface Moisture Retrieval from Sentinel-1 SAR Data Based on the Calibrated IEM and Dubois Models Using Neural Networks [J]. Sensors, 2019, 19 (14): 3209.

[25] EZZAHAR J, OUAADI N, ZRIBI M, et al. Evaluation of backscattering models and support vector machine for the retrieval of bare soil moisture from Sentinel-1 data [J]. Remote Sensing, 2019, 12 (1): 72.

[26] DUBOIS P, VAB ZYL J, ENGMAN T. Measuring soil moisture with imaging radars [J]. IEEE Transactions on Geoscience and Remote Sensing, 1995, 33: 915-926.

[27] OH Y, SARABANDI K, UUABY F. An empirical model and an inversion technique for radar scattering from bare soil surfaces [J]. IEEE Transactions on Geoscience and Remote Sensing, 1992, 30, 370-381.

[28] PANCIERA R, TANASE M, LOWELL K, et al. Evaluation of IEM, Dubois, and Oh radar backscatter models using airborne L-Band SAR [J]. IEEE Transactions on Geoscience and Remote Sensing, 2014, 52: 4966-4979.

[29] CHOKER M, BAGHDADI N, ZRIBI M, et al. Dubois and IEM Backscatter Models Using a Large Dataset of SAR Data and Experimental Soil Measurements [J]. Water, 2017, 9 (1): 38.

[30] SINGH A, GAURAV K, MEENA G, et al. Estimation of soil moisture applying modified Dubois model to Sentinel-1: A regional study from central India [J]. Remote Sensing, 2020, 12, 2266.

[31] CAPODICI F, MALTESE A, CIRAOLO G, et al. Coupling two radar backscattering models to assess soil roughness and surface water content at farm scale [J]. Hydrological Sciences Journal, 2013, 58 (8): 1677-1689.

[32] SHI J, WANG J, HSU A, et al. Estimation of bare surface soil moisture and surface roughness parameter using L-band SAR image data [J]. IEEE Transactions on Geoscience and Remote Sensing, 1997, 35: 1254-1266.

[33] 刘万侠，刘旭拢，王娟，等. 华南农作物覆盖区土壤水分 ENVISAT-ASAR 与 MODIS 数据联合反演算法研究 [J]. 干旱地区农业研究，2008 (3): 39-43.

[34] BAI X, HE B, LI X, et al. First Assessment of Sentinel-1A Data for Surface Soil Moisture Estimations Using a Coupled Water Cloud Model and Advanced Integral Equation Model over the Tibetan Plateau [J]. Remote Sensing, 2017, 9 (7): 714.

[35] BAO Y, LIN L, WU S, et al. Surface soil moisture retrievals over partially vegetated areas from the synergy of Sentinel-1 and Landsat 8 data using a modified water-cloud model [J]. Internation-

al Journal of Applied Earth Observations and Geoinformation，2018，72：76 - 85.

[36] ATTEMA E，ULABY F. Vegetation modeled as a water cloud [J]. John Wiley & Sons，Ltd，1978，13 (2)：357 - 364.

[37] BINDLISH R，BARROS A. Parameterization of vegetation backscatter in radar based soil moisture estimation [J]. Remote Sensing of Environment，2001，76：130 - 137.

[38] BOUSBIH S，ZRIBI M，EL HAJJ M，et al. Soil moisture and irrigation mapping in a semi - arid region，based on the synergetic use of Sentinel - 1 and Sentinel - 2 data [J]. Remote Sensing，2018 10：1953.

[39] ZRIBI M，MUDDU S，BOUSBIH S，et al.. Analysis of L - Band SAR Data for Soil Moisture Estimations over Agricultural Areas in the Tropics [J]. Remote Sensing，2019，11 (9)：1122.

[40] ULABY F. SARABANDI K，MCDONALD K，et al. Michigan microwave canopy scattering model [J]. International Journal of Remote Sensing，1990，11 (7)：1223 - 1253.

[41] TOURE A，THOMSON K，EDWARDS G. Adaptation of the MIMICS backscattering model to the agricultural context - wheat and canola at L and C bands [J]. IEEE Transactions on Geoscience and Remote Sensing，1994，32：47 - 61.

[42] 鲍艳松，刘良云，王纪华. 综合利用光学、微波遥感数据反演土壤湿度研究 [J]. 北京师范大学学报（自然科学版），2007 (3)：228 - 233.

[43] 余凡，赵英时. ASAR 和 TM 数据协同反演植被覆盖地表土壤水分的新方法 [J]. 中国科学：地球科学，2011，41 (4)：532 - 540.

[44] SONG X，MA J，LI X，et al. First Results of Estimating Surface Soil Moisture in the Vegetated Areas Using ASAR and Hyperion Data：The Chinese Heihe River Basin Case Study [J]. Remote Sensing，2014，6 (12)：55 - 69.

[45] PATHE C，WAGNER W，SABEL D，et al. Using ENVISAT ASAR global mode data for surface soil moisture retrieval over Oklahoma，USA [J]. IEEE Transactions on Geoscience and Remote Sensing，2009，47：468 - 480.

[46] BAUER - MARSCHALLINGER B，FREEMAN V，Cao S，et al. Toward global soil moisture monitoring with Sentinel - 1：Harnessing assets and overcoming obstacles [J]. IEEE Transactions on Geoscience and Remote Sensing，2019，57：520 - 539.

[47] PALOSCIA S，PAMPALONI P，PETTINATO S，et al (2008). A comparison of algorithms for retrieving soil moisture from ENVISAT/ASAR images [J]. IEEE Transactions on Geoscience and Remote Sensing，2008，46：3274 - 3284.

[48] EL HAJJ M，BAGHDADI N，ZRIBI M，et al. Synergic Use of Sentinel - 1 and Sentinel - 2 Images for Operational Soil Moisture Mapping at High Spatial Resolution over Agricultural Areas [J]. Multidisciplinary Digital Publishing Institute，2017，9 (12)：1292.

[49] EL HAJJ M，BAGHDADI N，ZRIBI M，et al. Comparative analysis of the accuracy of surface soil moisture estimation from the C - and L - bands [J]. International Journal of Applied Earth Observations and Geoinformation，2019，82：101888.

[50] MEESTERS A，DE JEU R，OWE M. Analytical derivation of the vegetation optical depth from the microwave polarization difference index [J]. IEEE Geoscience and Remote Sensing Letters，2005，2：121 - 123.

[51] THEIS S，BLANCHARD B，NEWTON R. Utilization of vegetation indices to improve microwave soil moisture estimates over agricultural lands [J]. IEEE Transactions on Geoscience and Remote Sensing，1984，GE - 22，490 - 496.

[52] PALOSCIA S，MACELLONI G，SANTI E. A multifrequency algorithm for the retrieval of soil

moisture on a large scale using microwave data from SMMR and SSM/I satellites [J]. IEEE Transactions on Geoscience and Remote Sensing, 2001, 39: 1655 - 1661.

[53] LACAVA T, BROCCA L, CALICE G, et al. Soil moisture variations monitoring by AMSU - based soil wetness indices: A long - term inter - comparison with ground measurements [J]. Remote Sensing of Environment, 2010, 114 (10): 2317 - 2325.

[54] MALLICK K, BHATTACHARYA B, PATEL N. Estimating volumetric surface moisture content for cropped soils using a soil wetness index based on surface temperature and NDVI [J]. Agricultural and Forest Meteorology, 2009, 149 (8): 1327 - 1342.

[55] KARTHIKEVAN L, PAN M, WANDERS N, et al. Wood. Four decades of microwave satellite soil moisture observations: Part 1. A review of retrieval algorithms [J]. Advances in Water Resources, 2017, 109: 106 - 120.

[56] WANG J, SHIUE J, SCHMUGGE T, et al. The L - band PBMR measurements of surface soil moisture in FIFE [J]. IEEE Transactions on Geoscience and Remote Sensing, 1990, 28: 906 - 914.

[57] HAN X, DUAN S, HUANG C, et al. Cloudy land surface temperature retrieval from three - channel microwave data [J]. International Journal of Remote Sensing, 2018, 40: 1793 - 1807.

[58] HOLMES T, DE JEU R, OWE M, et al. Land surface temperature from Ka band (37GHz) passive microwave observations [J]. John Wiley & Sons, Ltd, 2009, 114 (D4): 113.

[59] CHOUDHURY B, SCHMUGGE T, Chang A, et al. Effect of surface roughness on the microwave emission from soils [J]. John Wiley & Sons, Ltd, 1979, 84 (C9): 5699 - 5706.

[60] OWE M, DE JEU R, WALKER J. A methodology for surface soil moisture and vegetation optical depth retrieval using the microwave polarization difference index [J]. IEEE Transactions on Geoscience and Remote Sensing, 2001, 39: 1643 - 1654.

[61] OWE M, JEU R, HOLMES T. Multisensor historical climatology of satellite - derived global land surface moisture [J]. John Wiley & Sons, Ltd, 2008, 113 (F1): 196 - 199.

[62] PAN M, SAHOO A, WOOD E. Improving soil moisture retrievals from a physically - based radiative transfer model [J]. Remote Sensing of Environment, 2014, 140: 130 - 140.

[63] WIGNERON J, WALDTEUFEL P, CHANZY A, et al. Two - Dimensional Microwave Interferometer Retrieval Capabilities over Land Surfaces (SMOS Mission) [J]. Remote Sensing of Environment, 2000, 73 (3): 270 - 282.

[64] NJOKU E, LI L. Retrieval of land surface parameters using passive microwave measurements at 6 - 18GHz [J]. IEEE Transactions on Geoscience and Remote Sensing, 1999, 37: 79 - 93.

[65] KARTHIKEYAN L, PAN M, KONINGS A, et al. Simultaneous retrieval of global scale Vegetation Optical Depth, surface roughness, and soil moisture using X - band AMSR - E observations [J]. Remote Sensing of Environment, 2019, 234, 111473.

[66] KONINGS A, PILES M, RÖTZER K, et ali. Vegetation optical depth and scattering albedo retrieval using time series of dual - polarized L - band radiometer observations [J]. Remote Sensing of Environment, 2016, 172: 178 - 189.

[67] PARRENS M, WIGNERON J, RICHAUME P, et al. Global - scale surface roughness effects at L - band as estimated from SMOS observations [J]. Remote Sensing of Environment, 2016, 181: 122 - 136.

[68] ALI I, GREIFENEDER F, STAMENKOVIC J, NEUMANN M, NOTARNICOLA C. Review of Machine Learning Approaches for Biomass and Soil Moisture Retrievals from Remote Sensing Data [J]. Remote Sensing, 2015, 7 (12): 221 - 236.

[69] FANG K, PAN M, SHEN C. The value of SMAP for long - term soil moisture estimation with the help of deep learning [J]. IEEE Transactions on Geoscience and Remote Sensing, 2019, 57: 2221 -

2233.

[70] MAO H, KATHURIA D, DUFFIELD N, et al. Gap filling of high - resolution soil moisture for SMAP/Sentinel - 1: A two - layer machine learning - based framework [J]. Water Resources Research, 2019, 55, 6986 - 7009.

[71] O'NEILL P, CHAUHAN N, JACKSON T. Use of active and passive microwave remote sensing for soil moisture estimation through corn [J]. International Journal of Remote Sensing, 1996, 17 (10): 1851 - 1865.

[72] CHAUHAN N. Soil moisture estimation under a vegetation cover: combined active passive microwave remote sensing approach [J]. International Journal of Remote Sensing, 1997, 18 (5): 1079 - 1097.

[73] LEE K H, ANAGNOSTOU E N. A combined passive/active microwave remote sensing approach for surface variable retrieval using Tropical Rainfall Measuring Mission observations [J]. Remote Sensing of Environment, 2004, 92 (1): 112 - 125.

[74] 武胜利. 基于TRMM的主被动微波遥感结合反演土壤水分算法研究 [D]. 北京：中国科学院遥感应用研究所，2006.

[75] 李芹. 青藏高原地区主被动微波遥感联合反演土壤水分的研究 [D]. 北京：首都师范大学，2011.

[76] GUERRIERO L, FERRAZZOLI P, VITTUCCI C, et al. L - Band Passive and Active Signatures of Vegetated Soil: Simulations With a Unified Model [J]. Journal of Technology & Science, 2016, 9: 2520 - 2531.

[77] JAGDHUBER T, KONINGS A, MCCOLL K, et al. Physics - based modeling of active and passive microwave covariations over vegetated surfaces [J]. IEEE Transactions on Geoscience & Remote Sensing, 2019, 57: 788 - 802.

[78] PENG J, LOEW A, MERLIN O, et al. A review of methods for downscaling remotely sensed soil moisture [J]. Reviews of Geophysics, 2017, 55: 341 - 366.

[79] ULABY F T, LONG D G, Blackwell W J, et al. Microwave radar and radiometric remote sensing [M]. The University of Michigan Press, 2015.

[80] 杜今阳. 多极化雷达反演植被覆盖地表土壤水分研究 [D]. 北京：中国科学院遥感应用研究所，2006.

[81] JONG - SENLEE, ERICPOTTIER. 极化雷达成像基础与应用 [M]. 北京：电子工业出版社，2013.

[82] 李震，廖静娟. 合成孔径雷达地表参数反演模型与方法 [M]. 北京：科学出版社，2011.

[83] CHEN K S, Wu T D, TSANG L, et al. Emission of rough surfaces calculated by the integral equation method with comparison to three - dimensional moment method simulations [J]. IEEE Transactions on Geoscience & Remote Sensing, 2003, 41 (1): 90 - 101.

[84] DUBOIS P C, VANZYL J. Corrections to Measuring Soil Moisture with Imaging Radars [J]. IEEE Transactions on Geoscience and Remote Sensing, 1995, 33 (6): 1340.

[85] OH Y, SARABANDI K, ULABY F T. An inversion algorithm for retrieving soil moisture and surface roughness from polarimetric radar observation [C] //Proceedings of the 1994 IEEE International Symposium on Geoscience and Remote Sensing, 1994: 1582 - 1584.

[86] OH Y, SARABANDI K, ULABY F T. Semi - empirical model of the ensemble - averaged differential Mueller matrix for microwave backscattering from bare soil surfaces [J]. IEEE Transactions on Geoscience and Remote Sensing, 2002, 40 (6): 1348 - 1355.

[87] OH Y. Quantitative retrieval of soil moisture content and surface roughness from multipolarized radar observations of bare soil surfaces [J]. IEEE Transactions on Geoscience and Remote Sensing, 2004, 42 (3): 596 - 601.

[88] BAGHDADI N, ZRIBI M. Evaluation of radar backscatter models IEM, OH and Dubois using experimental observations [J]. International Journal of Remote Sensing, 2006, 27 (18): 3831 - 3852.

[89] WANG J, CHOUDHURY B. Remote sensing of soil moisture content, over bare field at 1. 4GHz frequency [J]. John Wiley & Sons, Ltd, 1981, 86 (C6): 5277 - 5282.

[90] SHI J, CHEN K S, LI Q, et al. A parameterized surface reflectivity model and estimation of bare - surface soil moisture with L - band radiometer [J]. IEEE Transactions on Geoscience & Remote Sensing, 2002, 40 (12): 2674 - 2686.

[91] BRACAGLIA M, FERRAZZOLI P, GUERRIERO L. A fully polarimetric multiple scattering model for crops [C]. Geoscience and Remote Sensing Symposium, 1995. IGARSS '95. 'Quantitative Remote Sensing for Science and Applications', International. IEEE, 1995, 1339 (2).

[92] FERRAZZOLI P, GUERRIERO L. Passive microwave remote sensing of forests: a model investigation [J]. IEEE Transactions on Geoscience & Remote Sensing, 1996, 34 (2): 433 - 443.

[93] VECCHIA A D, FERRAZZOLI P, GUERRIERO L, et al. Influence of geometrical factors on crop backscattering at C - band [J]. IEEE Transactions on Geoscience & Remote Sensing, 2006, 44 (4): 778 - 790.

[94] MO T, CHOUDHURY B, SCHMUGGE T, et al. A model for microwave emission from vegetation - covered fields [J]. John Wiley & Sons, Ltd, 1982, 87 (C13): 11229 - 11237.

[95] HANS J, LIEBE. An updated model for millimeter wave propagation in moist air [J]. John Wiley & Sons, Ltd, 1985 , 20 (5): 1069 - 1089.

[96] DOBSON M C, ULABY F T. Preliminaly Evaluation of the SIR - B Response to Soil Moisture, Surface Roughness, and Crop Canopy Cover [J]. IEEE Transactions on Geoscience & Remote Sensing, 1986, GE - 24 (4): 517 - 526.

[97] KERR Y, WALDTEUFEL P, RICHAUME P, et al. The SMOS soil moisture retrieval algorithm. IEEE Transactions on Geoscience & Remote Sensing, 2012, 50, 1384 - 1403.

[98] JACKSON T J, SCHMUGGE T J. Vegetation effects on the microwave emission of soils [J]. Remote Sensing of Environment, 1991, 36 (3): 203 - 212.

[99] JACKSON T J, O'NEILL P E. Attenuation of soil microwave emission by corn and soybeans at 1. 4 and 5GHz [J]. IEEE Transactions on Geoscience & Remote Sensing, 2002, 28 (5): 978 - 980.

[100] SMITH S S. Soil characterization by radio frequency electrical dispersion [M]. University of California, Davis. , 1971.

[101] RAY P S. Broadband complex refractive indices of ice and water [J]. Applied Optics, 1972, 11 (8): 1836 - 1844.

[102] HOEKSTRA P, DELANEY A. Dielectric properties of soils at UHF and microwave frequencies [J]. Journal of Geophysical Research, 1974, 79 (11): 1699 - 1708.

[103] NEWTON R W. Microwave remote sensing and its applation to soil moisture detection [J]. 1979.

[104] HALLIKAINEN M T, ULABY F T, DOBSON M C, et al. Microwave Dielectric Behavior of Wet Soil - Part 1: Empirical Models and Experimental Observations [J]. IEEE Transactions on Geoscience & Remote Sensing, 1985, 23 (1): 25 - 34.

[105] CURTIS J O. Microwave dielectric behavior of soils. Report 1: Summary of related research and applications [J]. IEEE Transactions on Microwave Theory & Techniques, 1993, 31 (31): 596 - 600.

[106] CURTIS J O, WEISS JR C A, EVERETT J B. Effect of Soil Composition on Complex Dielectric Properties [R]. Army engineer waterways experiments station vicksburs ms environmental lab, 1995.

[107] GRIFFTHS D J. Instructor's Solutions Manual for Introduction to Electrodynamics Third Edition

[M]// Instructor's solutions manual, Introduction to electrodynamics, third edition. Prentice Hall, 1999.

[108] 刘丛强，等. 生物地球化学过程与地表物质循环 [M]. 北京：科学出版社，2007.

[109] CAMPBELL J E. Dielectric properties of moist soils at RF and microwave frequencies [M]. Dartmouth College, 1988.

[110] MINASNY B. Microwave dielectric behavior of wet soils [J]. 2006.

[111] WANG J R, SCHMUGGE T J. An empirical model for the complex dielectric permittivity of soils as a function of water content. [J]. IEEE Transactions on Geoscience & Remote Sensing, 1980, GE-18 (4): 288-295.

[112] HILLEL D. Fundamentals of soil physics [M]. Academic press, 2013.

[113] MIRONOV V L, DOBSON M C, KAUPP V H, et al. Generalized refractive mixing dielectric model for moist soils [J]. IEEE Transactions on Geoscience & Remote Sensing, 2004, 42 (4): 773-785.

[114] MIRONOV V L, KOSOLAPOVA L G, FOMIN S V. Soil Dielectric Model Accounting for Contribution of Bound Water Spectra through Clay Content [C]. Progress in Electromagnetics Research Symposium, 2008.

[115] MIRONOV V L, KOSOAPOVA L G, FOMIN S V. Physically and Mineralogically Based Spectroscopic Dielectric Model for Moist Soils [J]. IEEE Transactions on Geoscience & Remote Sensing, 2009, 47 (7): 2059-2070.

[116] MIRONOV V L, FOMIN S V. Temperature and Mineralogy Dependable Model for Microwave Dielectric Spectra of Moist Soils [J]. Piers Online, 2009, 5 (5): 411-415.

[117] DOBSON M C, ULABY F T, HHALLIKAINEN M T, et al. Microwave Dielectric Behavior of Wet Soil-Part II: Dielectric Mixing Models [J]. IEEE Transactions on Geoscience & Remote Sensing, 1985, GE-23 (1): 35-46.

[118] PEPLINSKI N R, ULABY F T, DOBSON M C. Dielectric properties of soils in the 0.3-1.3-GHz range [J]. IEEE Transactions on Geoscience & Remote Sensing, 1995, 33 (3): 803-807.

[119] 郭鹏. 基于 SMAP 的被动微波土壤水分反演 [D]. 北京：中国科学院大学，2013.

[120] XIE S, LIU L, ZHANG X, et al. Automatic Land-Cover Mapping using Landsat Time-Series Data based on Google Earth Engine [J]. Remote Sensing, 2019, 11 (24): 3023.

[121] 刘良云. 植被定量遥感原理与应用 [M]. 北京：科学出版社，2014.

[122] 江海英，柴琳娜，贾坤，等. 联合 PROSAIL 模型和植被水分指数的低矮植被含水量估算 [J]. 遥感学报，2021，25 (4)：1025-1036.

[123] JACQUEMOUD S, VERHOEF W, BARET F, et al. PROSPECT plus SAIL models: A review of use for vegetation characterization [J]. Remote Sensing of Environment, 2009, 113: S56-S66.

[124] KATJA BERGER, ATZBERGER CLEMENT, DANNER MARTIN, et al. Evaluation of the PROSAIL Model Capabilities for Future Hyperspectral Model Environments: A Review Study [J]. Remote Sensing, 2018, 10 (2): 85.

[125] FERET, J B, FRANCOIS, et al. Optimizing spectral indices and chemometric analysis of leaf chemical properties using radiative transfer modeling [J]. Remote Sens Environ, 2011, 115 (10): 2742-2750.

[126] 蔡庆空，李二俊，陶亮亮，等. PROSAIL 模型和水云模型耦合反演农田土壤水分 [J]. 农业工程学报，2018，34 (20)：117-123.

[127] MARTIN DANNER, BERGER KATJA, WOCHER MATTHIAS, et al. Fitted PROSAIL Parameterization of Leaf Inclinations, Water Content and Brown Pigment Content for Winter Wheat

and Maize Canopies [J]. Remote Sensing, 2019, 11 (10): 1150.

[128] BO-CAI GAO. NDWI—A normalized difference water index for remote sensing of vegetation liquid water from space [J]. Remote Sensing of Environment, 1995, 58 (3): 257-266.

[129] H-S SRIVASTAVA, PATEL P, NAVALGUND R-R, et al. Retrieval of surface roughness using multi-polarized Envisat-1 ASAR data [J]. Geocarto International, 2008, 23 (1): 67-77.

[130] GUILHERME-KRUGER BARTELS, CASTRO NILZA-MARIA-DOS-REIS, PEDROLLO OLAVO, et al. Soil moisture estimation in two layers for a small watershed with neural network models: Assessment of the main factors that affect the results [J]. CATENA, 2021, 207105631.

[131] EBRAHIM B, PAHEDING S, SIDDIQUE N, et al. Estimation of root zone soil moisture from ground and remotely sensed soil information with multisensor data fusion and automated machine learning [J]. Remote Sensing of Environment, 2021, 260112434.

[132] LUCA P, NOTARNICOLA CLA, BERTOLDI G, et al. Estimation of Soil Moisture in Mountain Areas Using SVR Technique Applied to Multiscale Active Radar Images at C-Band [J]. IEEE Journal of Selected Topics in Applied Earth Observations and Remote Sensing, 2015, 8 (1): 262-283.

[133] DIMITRIOS-D ALEXAKIS, MEXIS FILIPPOS-DIMITRIOS-K, VOZINAKI ANTHI-EIRINI-K, et al. Soil Moisture Content Estimation Based on Sentinel-1 and Auxiliary Earth Observation Products. A Hydrological Approach [J]. Sensors (Basel, Switzerland), 2017, 17 (6): 1455.

[134] ANN-KATHRIN HOLTGRAVE, FÖRSTER MICHAEL, GREIFENEDER FELIX, et al. Estimation of Soil Moisture in Vegetation-Covered Floodplains with Sentinel-1 SAR Data Using Support Vector Regression [J]. PFG-Journal of Photogrammetry, Remote Sensing and Geoinformation Science, 2018, 86 (2): 85-101.

[135] LINGLIN Z, SHUN H, DAXIANG X, et al. Multilayer Soil Moisture Mapping at a Regional Scale from Multisource Data via a Machine Learning Method [J]. Remote Sensing, 2019, 11 (3): 284.

[136] 吴颖菊. 基于雷达和光学数据的土壤水分降尺度研究 [D]. 徐州：中国矿业大学，2021.

[137] 王雅婷. 基于 SVR 的鄂尔多斯风沙滩地区土壤水分遥感反演方法研究 [D]. 西安：长安大学，2019.

[138] 周志华. 机器学习 [J]. 中国民商，2016，3 (21)：93.

[139] BECKER, F. B. J. Choudhury. Relative sensitivity of normalized difference vegetation Index (NDVI) and microwave polarization difference Index (MPDI) for vegetation and desertification monitoring [J]. Remote Sensing of Environment, 1988, 24 (2): 297-311.

[140] SHI J, et al. Microwave vegetation indices for short vegetation covers from satellite passive microwave sensor AMSR-E [J]. Remote Sensing of Environment, 2008, 112 (12): p. 4285-4300.

[141] OGILVY J A, J R. Foster, Rough surfaces: gaussian or exponential statistics [J]. Journal of Physics D: Applied Physics, 1989, 22 (9): 1243.

[142] WIGNERON J P, et al. Characterizing the dependence of vegetation model parameters on crop structure, incidence angle, and polarization at L-band [J]. IEEE Transactions on Geoscience and Remote Sensing, 2004, 42 (2): 416-425.

[143] SANTI E, et al. Ground-Based Microwave Investigations of Forest Plots in Italy [J]. IEEE Transactions on Geoscience and Remote Sensing, 2009, 47 (9): 3016-3025.

[144] FERRAZZOLI P, L Guerriero J P WIGNERON. Simulating L-band emission of forests in view of future satellite applications [J]. IEEE Transactions on Geoscience and Remote Sensing, 2002, 40 (12): 2700-2708.

[145] KURUM M, et al. Effective tree scattering and opacity at L-band. Remote Sensing of Environ-

ment, 2012, 118: 1-9.

[146] Grant J P, et al. Calibration of the L-MEB Model Over a Coniferous and a Deciduous Forest [J]. IEEE Transactions on Geoscience and Remote Sensing, 2008, 46 (3): 808-818.

[147] DELLA VECCHIA A, et al. A large scale approach to estimate L band emission from forest covered surfaces, in Proc [C]. 2nd Recent Adv. Quantitative Remote Sens., J. A. Sobrino, Ed. 2006: Valencia, Spain. 925-930.

[148] KERR Y H, WALDTEUFEL P, RICHAUME P, et al. SMOS level 2 processor soil moisture algorithm theoretical basis document (ATBD) [R]. SM-ESL (CBSA), CESBIO, Toulouse, SO-TN-ESL-SM-GS-0001, V5. a, 15/03, 2006.

[149] ZHAO T, et al. Refinement of SMOS Multiangular Brightness Temperature Toward Soil Moisture Retrieval and Its Analysis Over Reference Targets [J]. IEEE Journal of Selected Topics in Applied Earth Observations and Remote Sensing, 2015, 8 (2): 589-603.

[150] ESCORIHUELA M J, et al. A Simple Model of the Bare Soil Microwave Emission at L-Band [J]. IEEE Transactions on Geoscience and Remote Sensing, 2007, 45 (7): 1978-1987.

[151] SAATCHI S S, et al. Benchmark map of forest carbon stocks in tropical regions across three continents [J]. Proceedings of the National Academy of Sciences, 2011, 108 (24): 9899-9904.

[152] LAWRENCE H, et al. Comparison between SMOS Vegetation Optical Depth products and MODIS vegetation indices over crop zones of the USA [J]. Remote Sensing of Environment, 2014, 140: 396-406.

[153] SALA O E, W K LAUENROTH. Small rainfall events: An ecological role in semiarid regions [J]. Oecologia, 1982, 53 (3): 301-304.

[154] HUXMAN T E, et al. Precipitation pulses and carbon fluxes in semiarid and arid ecosystems [J]. Oecologia, 2004, 141 (2): 254-268.

[155] OGLE K, J F REYNOLDS. Plant responses to precipitation in desert ecosystems: integrating functional types, pulses, thresholds, and delays [J]. Oecologia, 2004, 141 (2): 282-294.

[156] CHEN L, et al. A Parameterized Surface Emission Model at L-Band for Soil Moisture Retrieval [J]. IEEE Geoscience and Remote Sensing Letters, 2010, 7 (1): 127-130.

[157] ZHAO T J, et al. Parametric exponentially correlated surface emission model for L-band passive microwave soil moisture retrieval [J]. Physics and Chemistry of the Earth, Parts A/B/C, 2015, 83-84: 65-74.

[158] ZRIBI M, A GORRAB, N BAGHDADI. A new soil roughness parameter for the modelling of radar backscattering over bare soil [J]. Remote Sensing of Environment, 2014, 152: 62-73.

[159] SMITH A B, et al. The Murrumbidgee soil moisture monitoring network data set [J]. Water Resources Research, 2012, 48 (7).

[160] PEISCHL S, et al. Towards validation of SMOS using airborne and ground data over the Murrumbidgee catchment [C]. in 18th World IMACS/MODSIM Congress. 2009, Cairns, Australia, 2009.

[161] ALBERGEL C, et al. Evaluation of remotely sensed and modelled soil moisture products using global ground-based in situ observations [J]. Remote Sensing of Environment, 2012, 118: 215-226.

[162] JACKSON T J, et al. Validation of Advanced Microwave Scanning Radiometer Soil Moisture Products [J]. IEEE Transactions on Geoscience and Remote Sensing, 2010, 48 (12): 4256-4272.

[163] JACKSON T J, et al. Validation of Soil Moisture and Ocean Salinity (SMOS) Soil Moisture Over Watershed Networks in the U. S [J]. IEEE Transactions on Geoscience and Remote Sensing,

2012, 50 (5): 1530 - 1543.

[164] WIGNERON J P, L Laguerre, Y H KERR. A simple parameterization of the L - band microwave emission from rough agricultural soils [J]. IEEE Transactions on Geoscience & Remote Sensing, 2001, 39 (8): 1697 - 1707.

[165] JACKSON T J, VINE D M L, HSU A Y, et al. Soil moisture mapping at regional scales using microwave radiometry: the Southern Great Plains Hydrology Experiment [J]. IEEE Transactions on Geoscience & Remote Sensing, 1999, 37 (5): 2136 - 2151.

[166] NJOKU E G, ENTEKHABI D. Passive microwave remote sensing of soil moisture [J]. Remote Sensing of Environment, 1996, 14 (1): 135 - 151.

[167] JACKSON T J. III. Measuring surface soil moisture using passive microwave remote sensing [J]. Hydrological Processes, 1993, 7 (2): 139 - 152.

[168] O' NEILL P, CHAN S, NJOKU E, et al. SMAP Level 2 & 3 Soil Moisture (Passive) Algorithm Theoretical Basis Document (ATBD) [J]. Initial Release, Version, 2012, 1.

[169] HAJNSEK I, POTTIER E, CLOUDE S R. Inversion of surface parameters from polarimetric SAR [J]. IEEE Trans Geosci Remote Sensing, 2013, 41 (4): 727 - 744

[170] RICE S O. Reflection of electromagnetic waves from slightly rough surfaces [J]. Communications on Pure & Applied Mathematics, 1951, 4 (2 - 3): 351 - 378.

[171] VALENZUELA G. Depolarization of EM waves by slightly rough surfaces [J]. IEEE Transactions on Antennas & Propagation, 1967, 15 (4): 552 - 557.

[172] FREEMAN A, DURDEN S L. A three - component scattering model for polarimetric SAR data [J]. IEEE Transactions on Geoscience & Remote Sensing, 1998, 36 (3): 963 - 973.

[173] CLOUDE S. Polarisation: applications in remote sensing [M]. Oxford University Press, 2010.

[174] HAJNSEK I, JAGDHUBER T, SCHON H, et al. Potential of estimating soil moisture under vegetation cover by means of PolSAR [J]. IEEE Transactions on Geoscience and Remote Sensing, 2009, 47 (2): 442 - 454.

[175] LEE B J, KHUU V P, ZHANG Z. Partially coherent spectral transmittance of dielectric thin films with rough surfaces [J]. Journal of thermophysics and heat transfer, 2005, 19 (3): 360 - 366.

[176] CLOUDE S R, FORTUNY J, LOPEZ - SANCHEZ J M, et al. Wide - band polarimetric radar inversion studies for vegetation layers [J]. IEEE Transactions on Geoscience and Remote Sensing, 1999, 37 (5): 2430 - 2441.

[177] DAS N N, ENTEKHABI D, NJOKU E G. An Algorithm for Merging SMAP Radiometer and Radar Data for High - Resolution Soil - Moisture Retrieval [J]. IEEE Transactions on Geoscience & Remote Sensing, 2011, 49 (5): 1504 - 1512.

[178] PILES M, ENTEKHABI D, CAMPS A. A Change Detection Algorithm for Retrieving High - Resolution Soil Moisture From SMAP Radar and Radiometer Observations [J]. IEEE Transactions on Geoscience & Remote Sensing, 2009, 47 (12): 4125 - 4131.

[179] PLAN E. Soil Moisture Experiments in 2002 (SMEX02) [R]. NASA, 2002.

[180] NARAYAN U, LAKSHMI V, NJOKU E G. Retrieval of soil moisture from passive and active L/S band sensor (PALS) observations during the Soil Moisture Experiment in 2002 (SMEX02) [J]. Remote Sensing of Environment, 2004, 92 (4): 483 - 496.

[181] JACKSON T. SMEX02 Airborne Synthetic Aperture Radar (AIRSAR) Data, Iowa, Version 1 [R]. Boulder, Colorado USA. NASA National Snow and Ice Data Center Distributed Active Archive Center, 2004.

[182] JACKSON T J, CHEN D, COSH M, et al. Vegetation water content mapping using Landsat data

derived normalized difference water index for corn and soybeans [J]. Remote Sensing of Environment, 2004, 92 (4): 475 - 482.

[183] ANDERSON M. SMEX02 Watershed Vegetation Sampling Data, Walnut Creek, Iowa, Version 1 [R]. Boulder, Colorado USA. NASA National Snow and Ice Data Center Distributed Active Archive Center, 2003.

[184] JACKSON T, M COSH. SMEX02 Watershed Soil Moisture Data, Walnut Creek, Iowa, Version 1 [R]. Boulder, Colorado USA. NASA National Snow and Ice Data Center Distributed Active Archive Center, 2003.

[185] MILLER D A, WHITE R A. A conterminous United States multilayer soil characteristics dataset for regional climate and hydrology modeling [J]. Earth interactions, 1998, 2 (2): 1 - 26.

[186] JACKSON T, M COSH W P DULANEY, L McKee. SMEX02 Land Surface Information: Geolocation, Surface Roughness, and Photographs, Version 1 [R]. Boulder, Colorado USA. NASA National Snow and Ice Data Center Distributed Active Archive Center, 2004.

[187] GAUTHIER Y, BERNIER M, FORTIN J P. Aspect and incidence angle sensitivity in ERS - 1 SAR data [J]. International Journal of Remote sensing, 1998, 19 (10): 2001 - 2006.

彩　　插

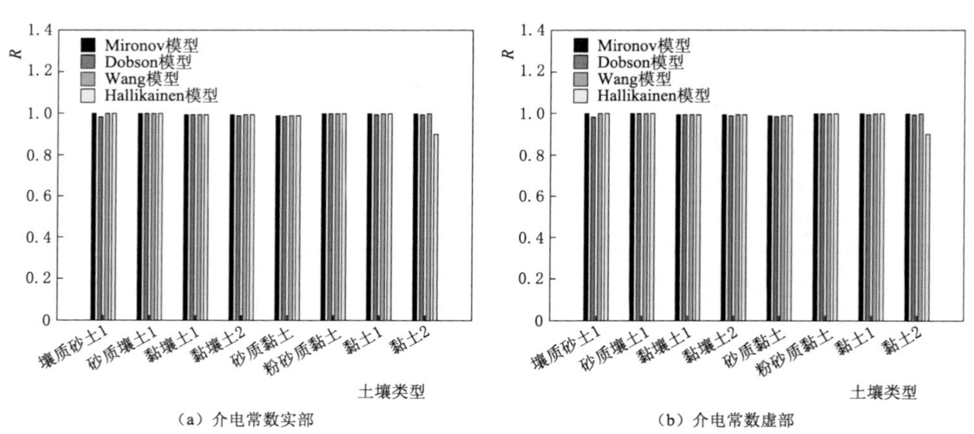

（a）介电常数实部　　（b）介电常数虚部

图 3.17　不同质地的土壤介电常数随土壤含水量变化的四种模型模拟值 R 统计图

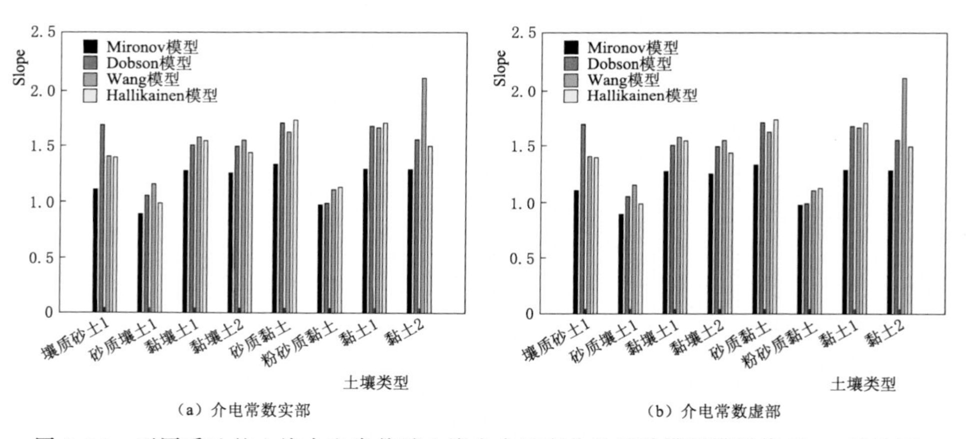

（a）介电常数实部　　（b）介电常数虚部

图 3.18　不同质地的土壤介电常数随土壤含水量变化的四种模型模拟值 Slope 统计图

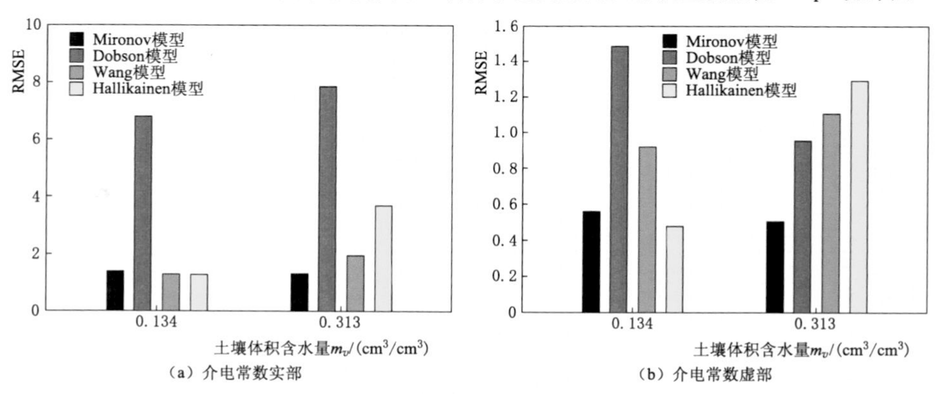

（a）介电常数实部　　（b）介电常数虚部

图 3.22　不同土壤含水量的壤质砂土 2 土壤介电常数随温度变化的 4 种模型模拟值 RMSE 统计图

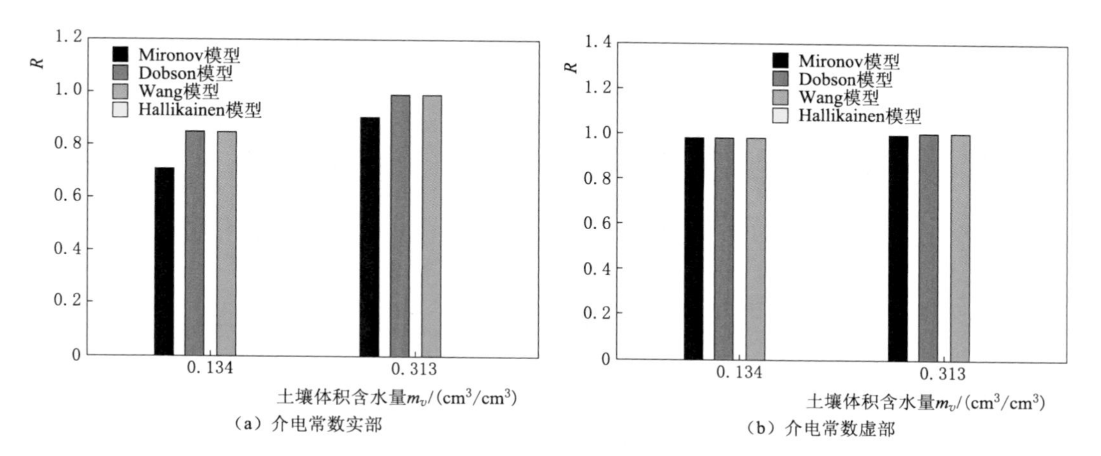

（a）介电常数实部　（b）介电常数虚部

图 3.23　不同土壤含水量的壤质砂土 2 土壤介电常数随温度变化的 4 种模型模拟值 R 统计图

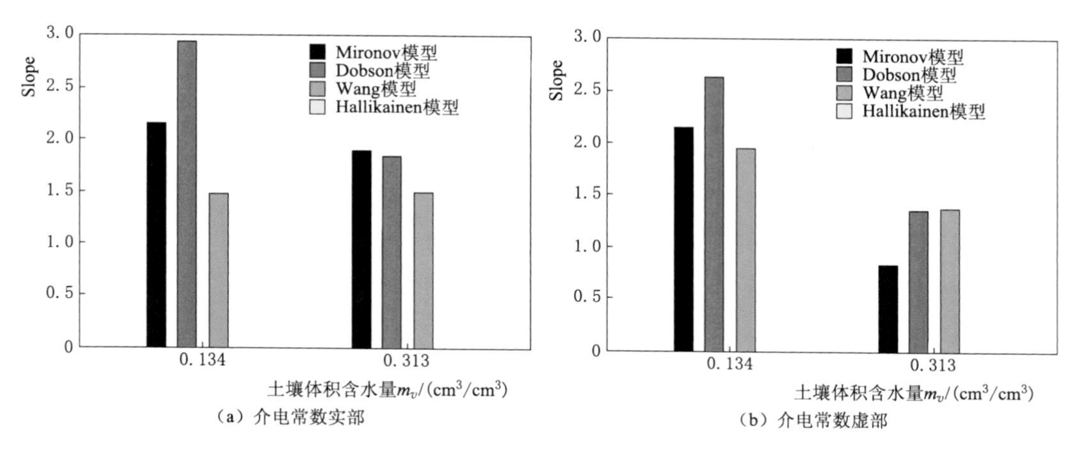

（a）介电常数实部　（b）介电常数虚部

图 3.24　不同土壤含水量的壤质砂土 2 土壤介电常数随温度变化的 4 种模型模拟值 Slope 统计图

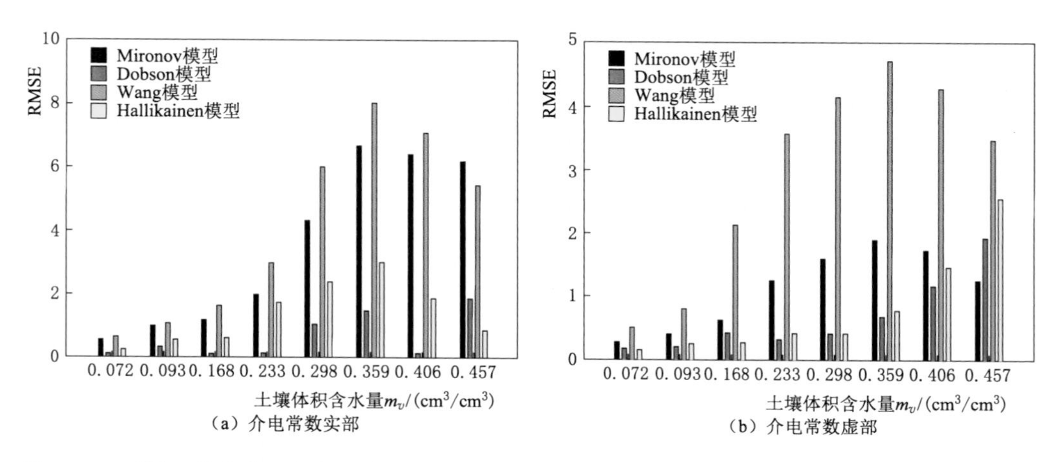

（a）介电常数实部　（b）介电常数虚部

图 3.25　不同土壤含水量的粉砂壤土 1 土壤介电常数随温度变化的 4 种模型模拟值 RMSE 统计图

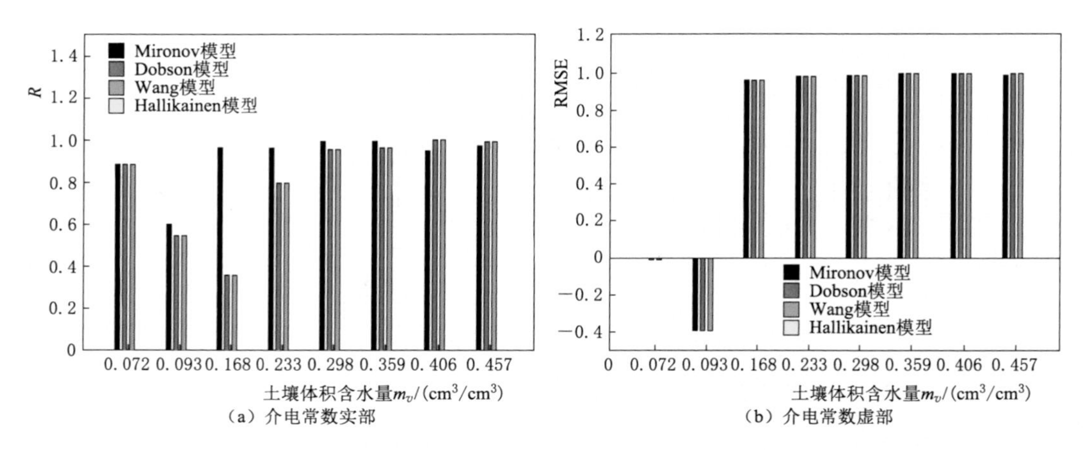

图 3.26　不同土壤含水量的粉砂壤土 1 土壤介电常数随温度变化的 4 种模型模拟值 R 统计图

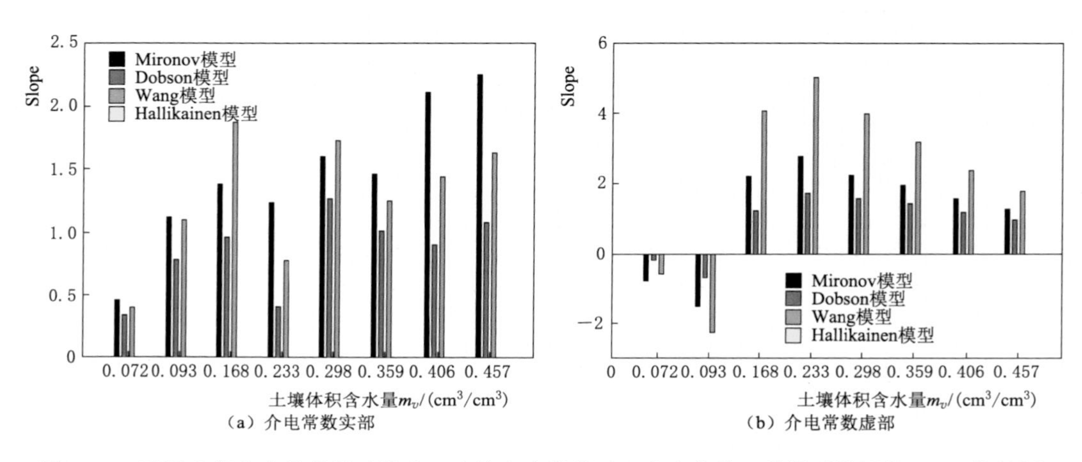

图 3.27　不同土壤含水量的粉砂壤土 1 土壤介电常数随温度变化的 4 种模型模拟值 Slope 统计图

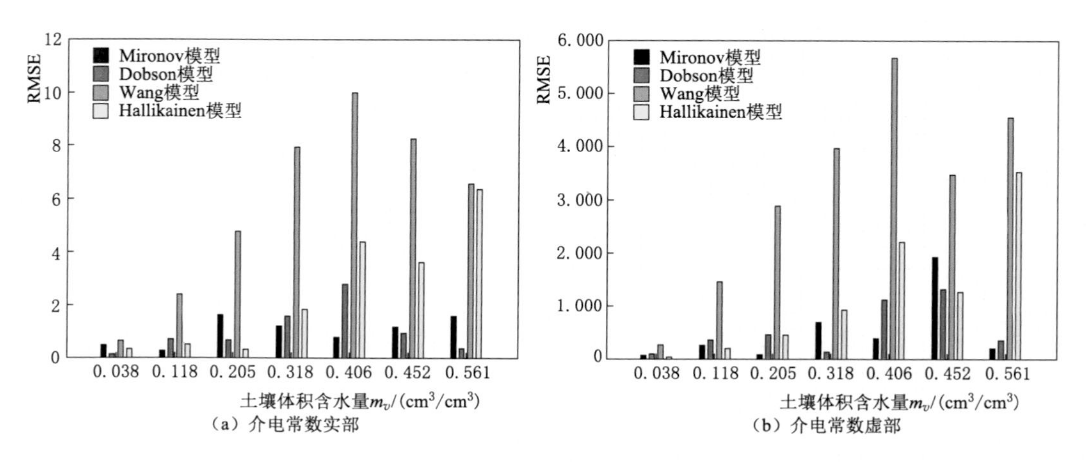

图 3.28　不同土壤含水量的黏土 3 土壤介电常数随温度变化的 4 种模型模拟值 RMSE 统计图

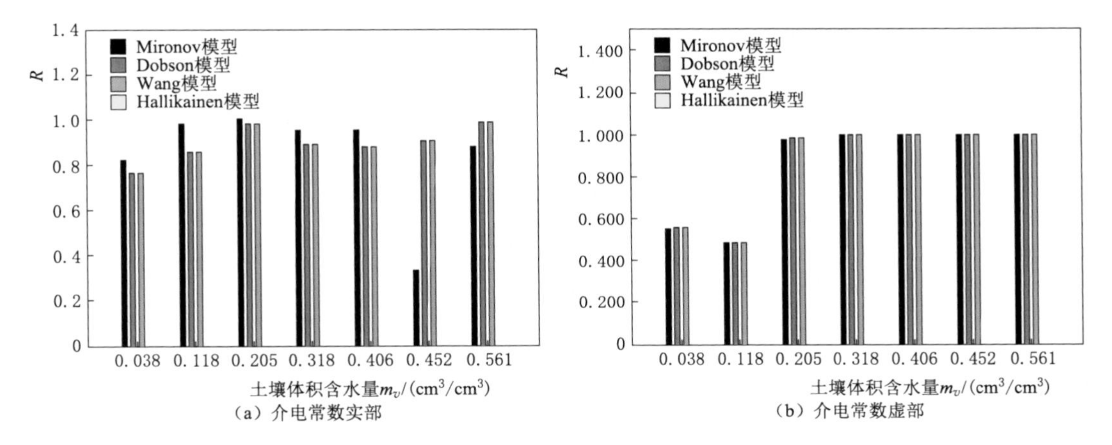

图 3.29　不同土壤含水量的黏土 3 土壤介电常数随温度变化的 4 种模型模拟值 R 统计图

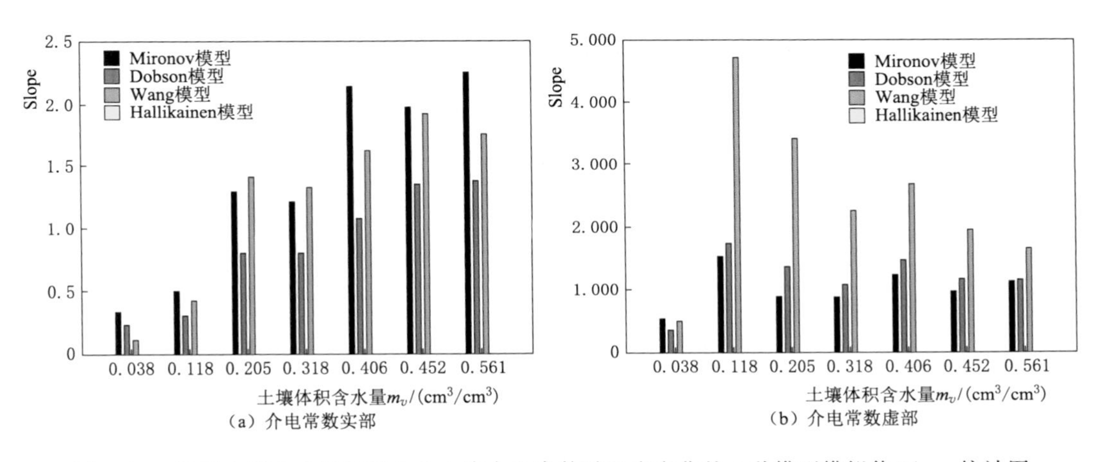

图 3.30　不同土壤含水量的黏土 3 土壤介电常数随温度变化的 4 种模型模拟值 Slope 统计图

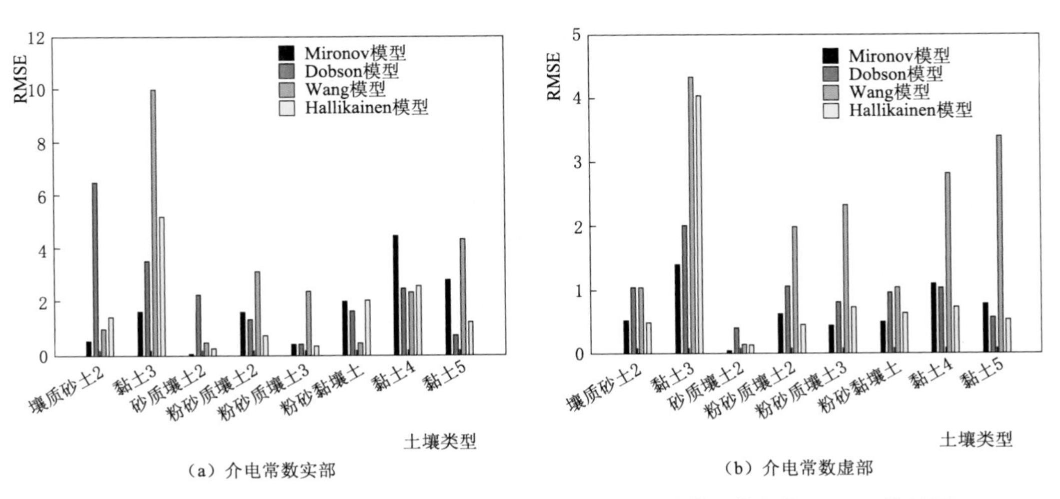

图 3.39　不同土壤类型土壤介电常数随频率变化的 4 种模型模拟值 RMSE 统计图

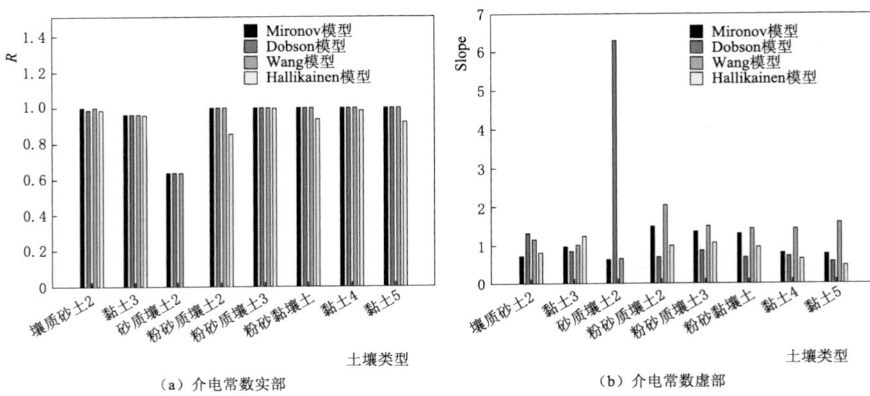

（a）介电常数实部　（b）介电常数虚部

图 3.40　不同土壤类型土壤介电常数随频率变化的 4 种模型模拟值 R 统计图

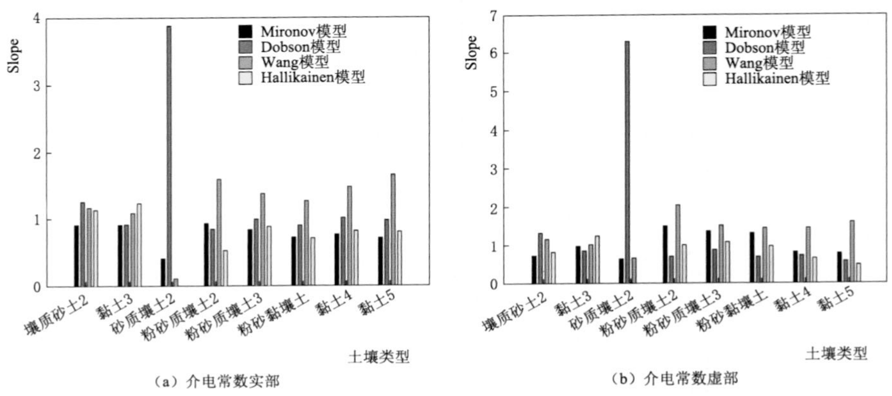

（a）介电常数实部　（b）介电常数虚部

图 3.41　不同土壤类型土壤介电常数随频率变化的 4 种模型模拟值 Slope 统计图

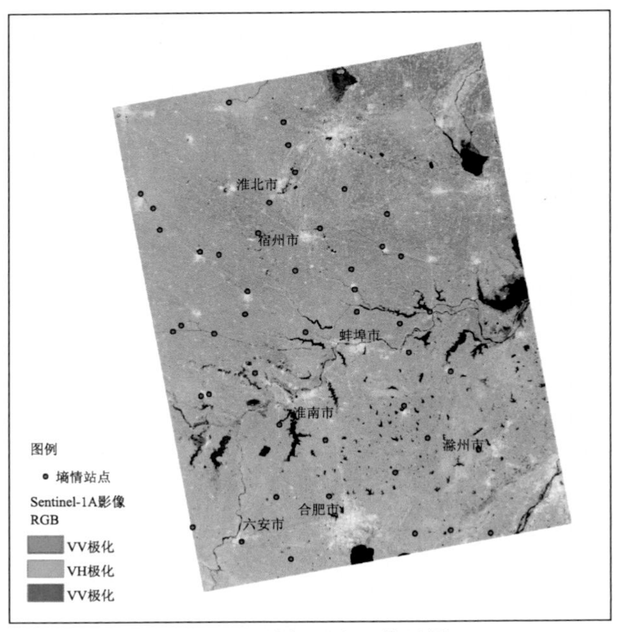

图 4.1　研究区地理位置图

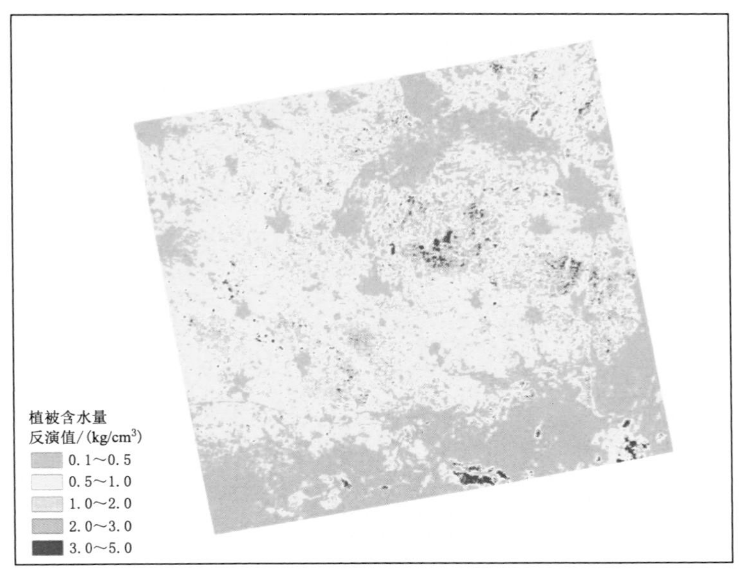

图 4.11　2019 年 5 月 17 日安徽省北部地区植被冠层含水量空间分布图

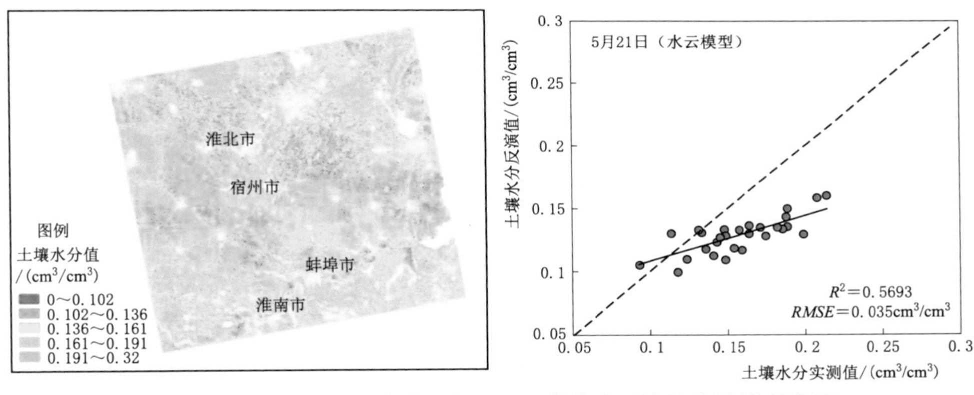

图 4.13　5 月 21 日安徽省北部地区土壤水分反演结果及精度验证

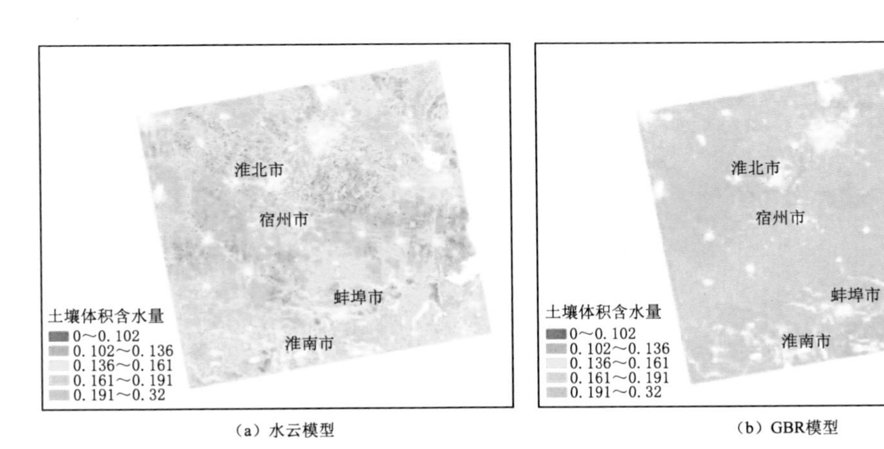

图 4.22　基于两种方法的安徽省北部地区 5 月 21 日土壤水分反演结果

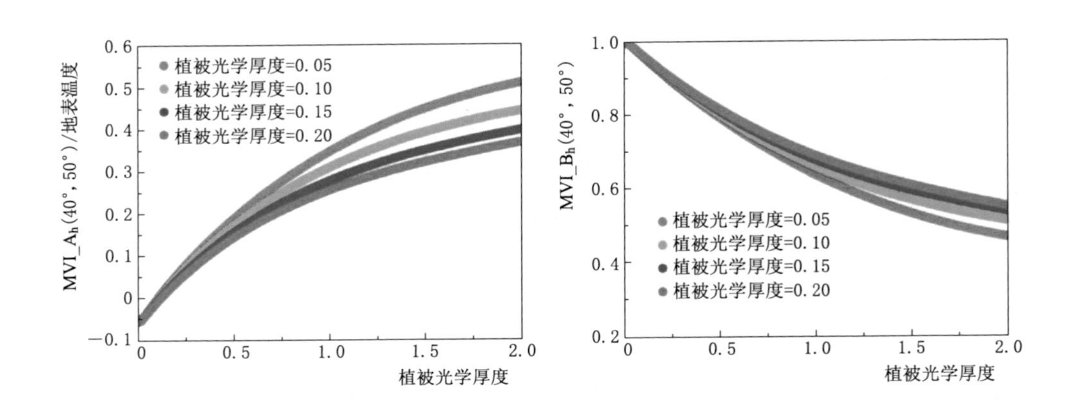

图 5.3　观测角组合为（40°，50°）的 MVIs

注：其中植被光学厚度变化范围为 0.0～2.0，植被单次散射反照率的值分别为 0.05，0.10，0.15，0.20。

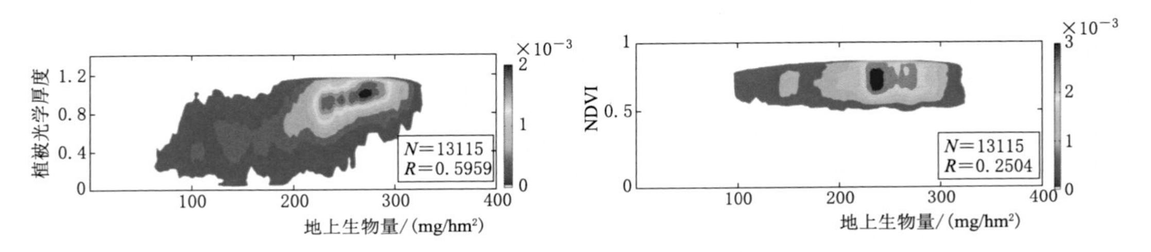

图 5.8　常绿阔叶林的地上生物量与植被光学厚度、NDVI 的对比密度图

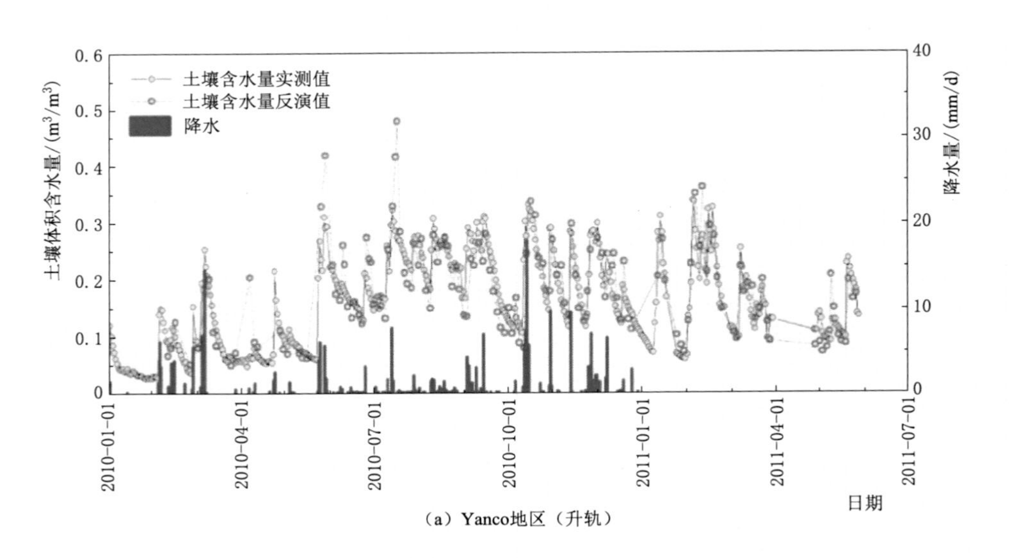

(a) Yanco地区（升轨）

图 5.15（一）　澳大利亚 Yanco 地区地表土壤水分反演结果

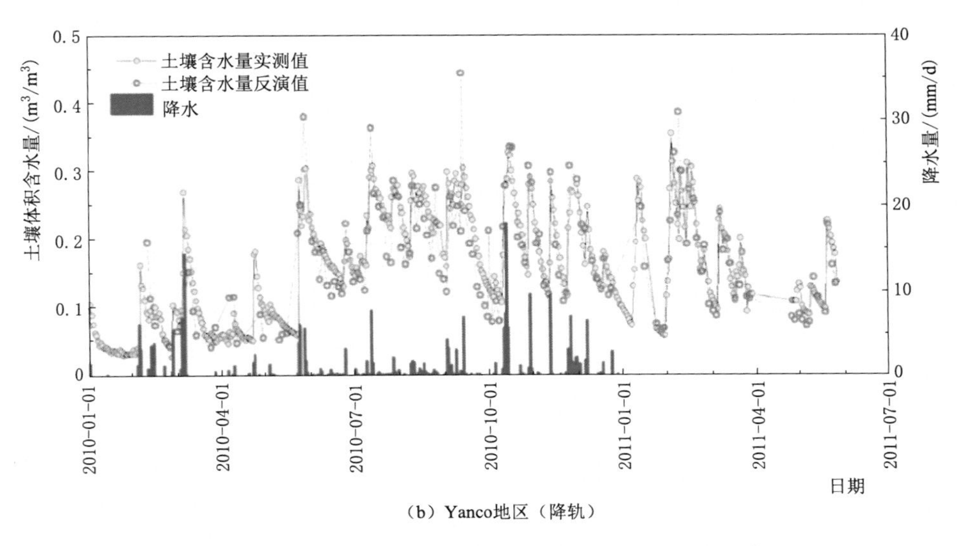

(b) Yanco地区（降轨）

图 5.15（二） 澳大利亚 Yanco 地区地表土壤水分反演结果

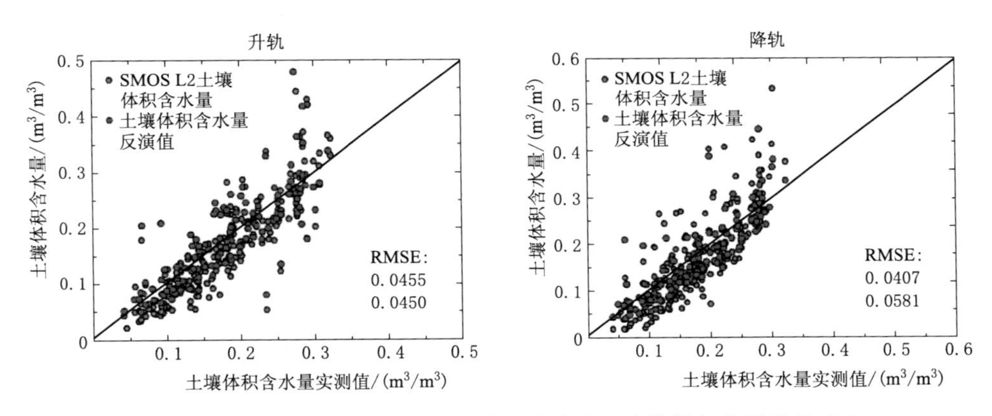

图 5.16 澳大利亚 Yanco 地区地表土壤水分反演结果与实测值的对比

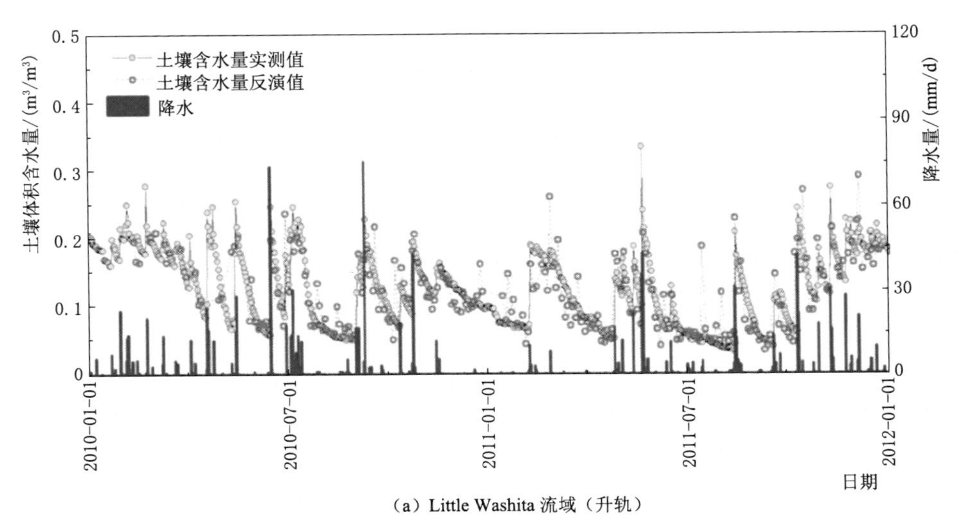

(a) Little Washita 流域（升轨）

图 5.18（一） 美国 Little Washita Watershed 地区地表土壤水分反演结果

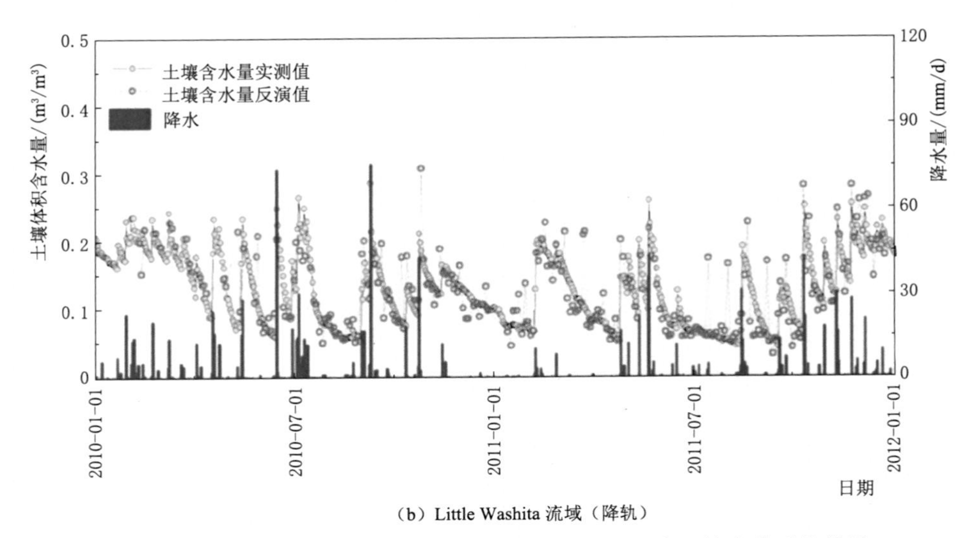

(b) Little Washita 流域（降轨）

图 5.18（二）　美国 Little Washita Watershed 地区地表土壤水分反演结果

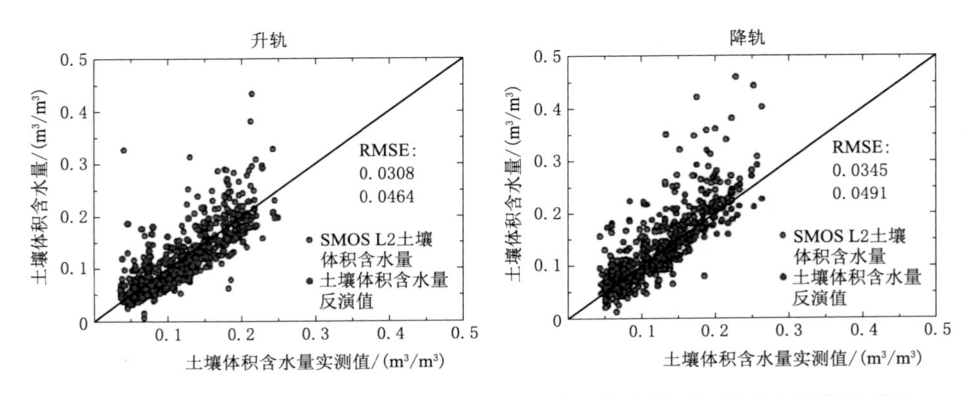

图 5.19　美国 Little Washita Watershed 地区地表土壤水分反演结果实测值的对比

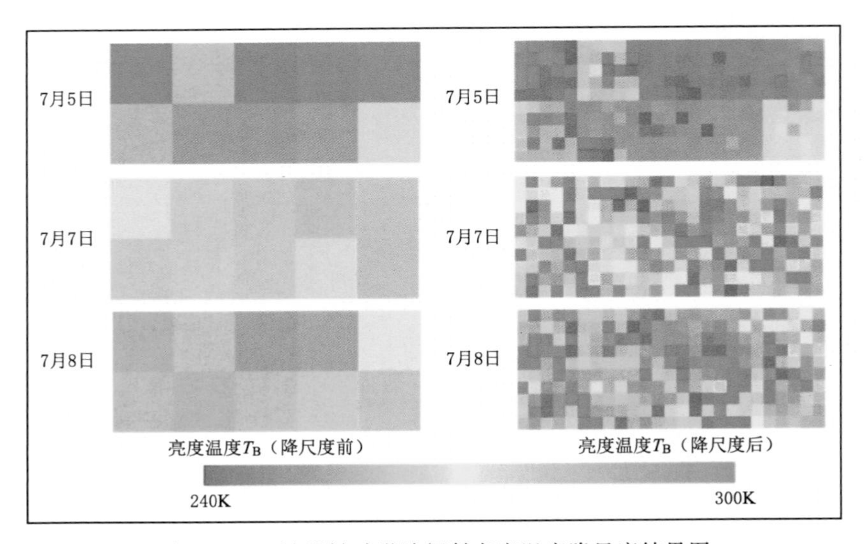

图 6.23　L 波段被动微波辐射亮度温度降尺度结果图

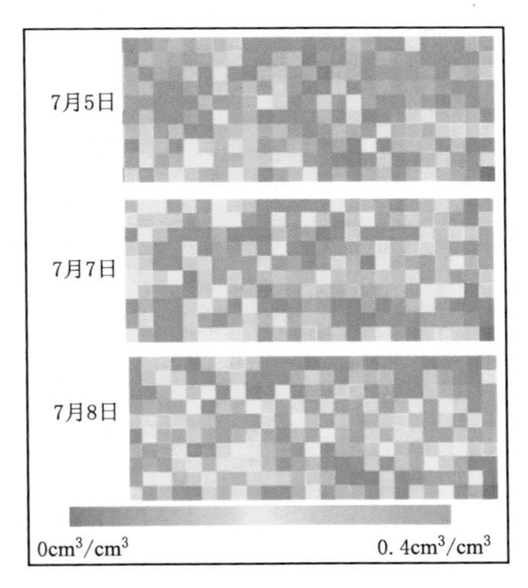

图 6.25　基于降尺度后 L 波段被动微波亮度温度数据的土壤水分反演结果

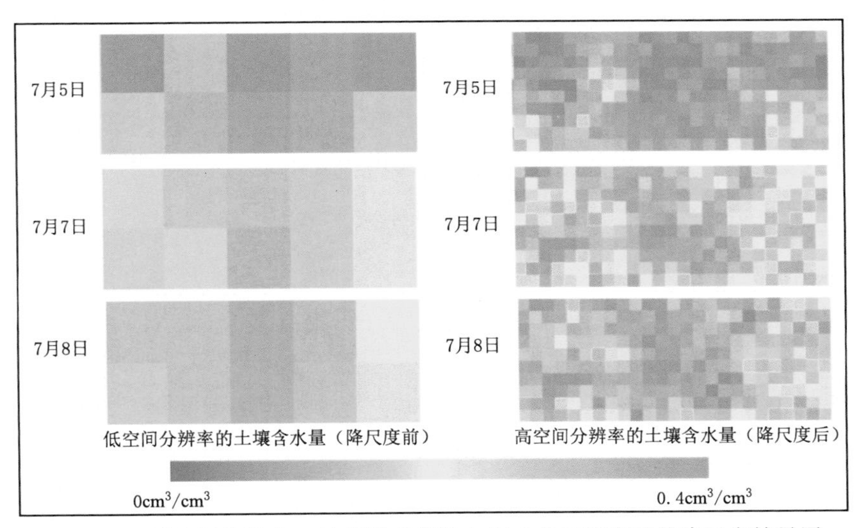

图 6.27　低空间分辨率 L 波段被动微波土壤水分反演产品的降尺度结果图